絶対に公立トップ校に行きたい人のための

谷津綱一

数学の最強ワザ 120

高校入試

かんき出版

はじめに

　本書は、高校受験で **どうしても公立トップ校に行きたい！** と考えている中学生のための受験参考書です。

　その中でも、**数学で得点を稼ぎたい**という高い目標を持って、これから高校入試の学習を本格的に始める受験生に適した設定になっています。

　本書は、わかったつもりを狙った参考書ではありません。

　唯一の目的は、**数学で高得点を取って合格すること**です。本書を購入いただいた方を**第一志望校に合格させたい**との願いを込めて執筆しました。

　本書の成功は、みなさんが志望校に合格することです。

他の数学参考書とはちがう **本書のポイント**

▶ 中学教科書までの範囲内で深く掘り下げるから、意欲あるすべての受験生が理解することができる。

　公立高校入試は、小・中学校で習うことがらから出題されます。その一方で、複数の分野にまたがったものや、時に小学校の知識を発展させた小中の融合問題も出題されます。

　こうした融合問題は難問に分類されることが多くありますが、本書ではこれを中学教科書までの範囲内で説明しているので、これまで学習した内容で十分に対応できるようになります。

▶ 全範囲を網羅するのではなく、点数の差がつきやすい関数や図形をメインにしている。

　関数のほとんどは図形との融合問題です。したがって、関数を得意にするには図形の学習を並行して行うことが欠かせません。また、その図形には、小学校の知識の延長や発展させたものが含まれます。この部分は小中学校の教科書ではカバーしきれない内容なので、本書はこれらを体系的にまとめて、自己学習ができるようにしてあります。

▶ 公式を覚えて運用するタイプの参考書ではなく、考える力を身につけることを目的としている。

　大学入試改革や学習指導要領の改訂の影響もあり、高校入試も「考え方を見る問題」が増えつつあります。クイズのような一問一答の形式ではなく、途中の解法を記述させるものも以前よりグンと多くなりました。

　内容を理解することはもちろんのこと、自分の言葉で解法を表現できなければなりません。本書の解法は、その一助になるはずです。

　以上をご理解のうえで、お手に取ってもらえれば幸いです。

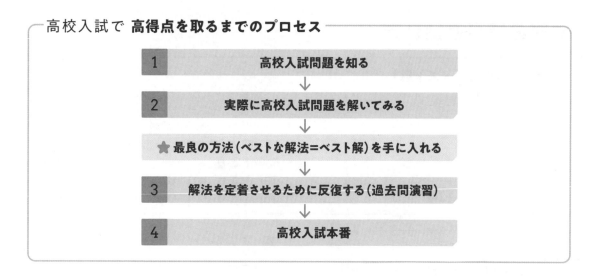

高校入試で **高得点を取るまでのプロセス**

1 高校入試問題を知る

↓

2 実際に高校入試問題を解いてみる

↓

★ 最良の方法（ベストな解法＝ベスト解）を手に入れる

↓

3 解法を定着させるために反復する（過去問演習）

↓

4 高校入試本番

　高校入試問題は教わった内容を単元別に確認するものではなく、多くは単元の融合問題です。

　まずはどのような出題なのか、目を通して触れてみることからはじめましょう。そこで実際に、関数や図形の問題を解いてみましょう。また、高校入試対策の参考書などを活用することで、高校入試問題の解き方がわかってきます。

　そのうえで、高得点に届くようになるかそうでないかのちがいは、「★最良の方法（ベストな解法＝ベスト解）を手に入れる」をきちんと経由するかどうかです。

　というのも、同じ公立高校を受験する生徒の学力差はほとんど無いに等しく、ごくわずかな差で合否が分かれるからです。

　手間取らずに解法を頭に置き、正確に文字に起こし速く計算する。入試本番はこれの秒単位の争いです。さらに近年では、**解法を記述させる問題が増えている**ので、なおさら正しく考えて解くことの重要性は高まっています。

　知っていれば目の前の問題が確実に速く解けるようになる最良の方法、それが『ベスト解』です。本書には、この『ベスト解』を120項目掲載しました。

　小中学校の知識のみで問題を解決でき、また応用も利いて、どのような難問でも対処できるようになっています。

　『ベスト解』をマスターすることは、**問題の本質を理解すること**でもあり、出題側もそれを意識しているので、実際の試験に強いのです。

　本書では、入試本番で差がつくと言われる分野や単元を集めました。

　中でも「関数」は、解き方により、かかる時間や計算の煩雑さに大きな差ができ、時間のロスに陥りやすい、「**わかっていても答えを出せない**」典型的な分野です。

　また、「図形」は、出題のポイントに気づかなければ、「**あなたにとっては難問**」として重くのしかかります。

　こうした分野の克服こそ、「ベスト解」が重要な役割を果たします。

　問題の本質と根幹に向き合う**「ベスト解」**は、**高校入試数学において圧倒的に有利な戦いを展開する切り札**になるでしょう。

本書の特長と使い方

　本書には**120**の「ベスト解」があります。

　はじめから順番に身につけていくこともできますし、受験前に必要な分野や単元を選んで学習することもできます。

レベル4	発 展	➡より差がつく発展的な内容
レベル3	応 用	➡トップ校に合格するために身につけたい内容
レベル2	標 準	➡トップ校を狙う人が必ず知っておくべき内容
レベル1	基 礎	➡入試に必要な基礎的な内容

▶ ベスト解 001 ～ 120

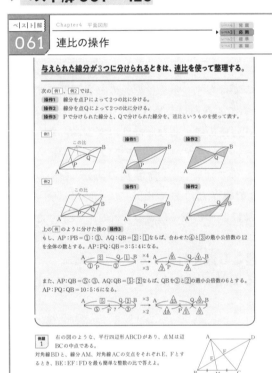
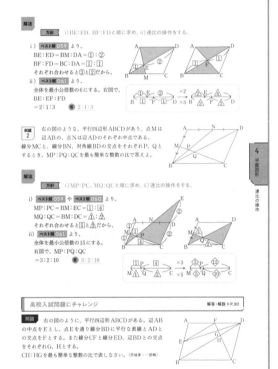

ベスト解 }　その単元を考えるうえで**必ず身につけてほしい重要事項**の説明。また、**成り立つ理由**が書かれています。ここが本書の最も大事なところなので、必ず目を通してください。理由を理解しないで先へ進むと、後につまずくきっかけになります（多くの大人がここで失敗しています）。

例題　「ベスト解」の**実際の運用方法**をここで知ります。
もしもすぐに「ベスト解」と連動できなければ、「方針」をヒントに進めてください。

解法　**正しく解き、正解するための手順**を解説しています。アプローチの仕方をくわしく示しているので、近年増加している記述式答案の参考にもなります。答案練習のつもりで手順を確認してください。
「ベスト解 → 例題 → 解法」を1セットにして、理解できるまで繰り返し何度も読むことで、力がつきます。

方針 }　「ベスト解」を具体的にどの場面で使うかのヒントです。

高校入試問題にチャレンジ

いわゆる**実戦問題**です。「ベスト解 → 例題 → 解法」が理解できたら、こちらに進んでください。時間制限を設けずにじっくり考えてください。

▶ もっとベスト解を使いこなすための6つのポイント

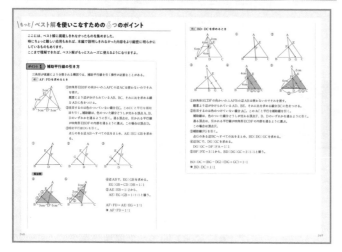

本編に載せきれなかったポイントを集めました。時にちょっと難しい応用もあれば、本編で説明しきれなかった内容をより厳密に明らかにしているものもあります。

ここまで理解できれば、「ベスト解」がもっとスムーズに使えるようになります。

▶ 別冊　解答・解説

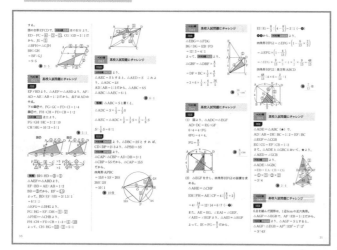

高校入試問題にチャレンジ の解き方を解説しています。

正解・不正解に関わらず、別冊の解法に目を通して、「ベスト解」の使い方を確認し、定着させ自分のものとしてください。

　用意するのは**ノート**と**筆記用具**です。

　繰り返し学習するために、できるだけノートに書くようにするとよいでしょう。

　計算の過程は消さずにそのまま残しておきましょう。後で自分のミスのくせを洗い出すことができます。

　また、図はできるだけ自らの手で描くことをお勧めします。入試問題の図は必ずしも正しく描かれているとは限らないからです。感覚をつかむために精密に描きたいなら定規を用い、そうでなく必要な部分などを強調して性質を知りたいなら手描きで題意をとらえるのがよいでしょう。

　また定規は、入試会場に持ち込める種類が都道府県により異なります。調べて普段からそれを使うようにしておけば準備は万全です。

　いずれにしても大切なことは、**できるまで（定着するまで）何度も繰り返す根気強さ**です。**本書を根気強く繰り返し、第一志望校合格を勝ち取ってください。**

2021年　谷津綱一

Contents

Chapter5

立体図形

001 数の周期をとらえる

数が繰り返されるときは、周期で割ったあまりを見る。

次のように、数が繰り返される列がある。

例1 1、－3、0、－2、4、1、－3、0、－2、4、1、－3、…

例2 0.443244324432…

A 周期のとらえ方

下記のように、周期となる数で割ることで、場所が特定できる。

例1 では、1、－3、0、－2、4が繰り返されるから周期5

  1 →5で割ると1あまる場所（1番目、6番目、…）

－3 →5で割ると2あまる場所（2番目、7番目、…）

  0 →5で割ると3あまる場所（3番目、8番目、…）

－2 →5で割ると4あまる場所（4番目、9番目、…）

  4 →5で割り切れる場所（5番目、10番目、…）

例2 では、4432が繰り返されるから周期4

4 →4で割ると1あまる場所と2あまる場所

      （小数第1位、小数第2位、小数第5位、小数第6位、…）

3 →4で割ると3あまる場所（小数第3位、小数第7位、…）

2 →4で割り切れる場所（小数第4位、小数第8位、…）

B 周期ごとの和

和を求めるには、周期1セット分の和を用意する。

例1 では周期1セット分の和は、$1+(-3)+0+(-2)+4=0$

1番目から5番目までの数の和なら、1セット分だから、$0 \times 1 = 0$

1番目から11番目までの数の和なら、1番目から10番目までの2セット分をまず加えて、

    $0 \times 2 = 0$

そこから11番目の数1を加え、$0 + 1 = 1$

例2 では周期1セット分の和は、$4+4+3+2=13$

小数第1位から小数第12位までの12個の数の和ならば、3セット分あるから、

    $13 \times 3 = 39$

小数第1位から小数第19位までの19個の数の和ならば、

（小数第1位から小数第20位）－ 小数第20位

$= 13 \times 5 - 2 = 63$

例題 下のように1、a、3、bが繰り返し並んでいる。ただし、a、bは定数とする。

（1番目）（2番目）（3番目）（4番目）（5番目）（6番目）（7番目）（8番目）（9番目）
1 、 a 、 3 、 b 、 1 、 a 、 3 、 b 、 1 、 …

このとき、次の問いに答えよ。〈福井県〉

(1) 310番目は何か。1、a、3、bのいずれかを書き、その理由を言葉や数、式などを使って説明せよ。

(2) 1番目から9番目までの和が17、1番目から310番目までの和が623であるとき、a、bの値を求めよ。

解法

方針 **ベスト解001A** より周期を知る。周期で割ったあまりを見る。

1、a、3、bが繰り返されるから**周期4** 分類すれば、

1→ 4で割ると1あまる場所

a→ 4で割ると2あまる場所

3→ 4で割ると3あまる場所

b→ 4で割り切れる場所

(1) 310番目は、$310 \div 4 = 77$ あまり2だからa　　　**答** a

(2) **ベスト解001B** より、周期1セット分の和は、$1+a+3+b = a+b+4$

1番目から9番目までに2セット含まれ、1、a、3、b、1、a、3、b、1

和は、$2(a+b+4)+1 = 2a+2b+9$

これが17だから、$2a+2b+9 = 17$ →$a+b = 4$ (…❶)

1番目から310番目まで、77セット含まれ、

（308番目）（309番目）（310番目）
1、a、3、b、…、1、a、3、b 、 1 、 a

和は、$77(a+b+4)+1+a$

これが623だから、$77(a+b+4)+1+a = 623$ →$77(a+b+4)+a = 622$ (…❷)

ここで❷の$a+b$に❶を代入して、$77(4+4)+a = 622$、$616+a = 622$、$a = 6$

❶より$b = -2$　　　**答** $a = 6$、$b = -2$

高校入試問題にチャレンジ 解答・解説 ▶ P.3

問題 $\dfrac{3}{7} = 0.42857142857142\cdots$である。この数の小数部分を左から順にみていくと、3番目にある8は1回目の8、7番目にある4は2回目の4である。このとき、次の(1)〜(3)の問いに答えなさい。〈宮崎県〉

(1) 3回目の1が出てくるのは左から数えて何番目か求めなさい。

(2) n回目の8が出てくるのは左から数えて何番目か、nを使って表しなさい。

(3) この数の小数部分に表される数字を左から順に $4+2+8+5+7+1+4+2+\cdots$ とたしていく。このとき、その和が400をはじめて越えるのは、左から数えて何番目までをたしたときか求めなさい。

002　周期ごとに分類する

繰り返しが見えないものでも周期があるか試し、現れた周期でグループにする。

例 $\dfrac{1}{n}$（nは2以上の1けた自然数）で、小数部分に繰り返しの周期があるnは、

3、6、7、9

$\dfrac{1}{3}$（$= 0.333\cdots$）、$\dfrac{1}{6}$（$= 0.1666\cdots$）、$\dfrac{1}{7}$（$= 0.142857142857\cdots$）、$\dfrac{1}{9}$（$= 0.111\cdots$）

例題1　自然数を2乗、3乗、4乗、…したときの一の位の数を考える。例えば、3を3乗すると $3^3 = 27$ になるので、一の位の数字は7である。このようにして調べた一の位の数を表のようにまとめた。次の(1)、(2)に答えなさい。〈島根県・一部略〉

(1) 1または5のように、2乗、3乗、4乗、…したときの一の位の数がいつも同じである自然数はいろいろ考えられる。このような自然数のうち、1、5以外の自然数を2つ答えなさい。

(2) 表に現れる数の規則性を考えて、3を30乗したときの一の位の数を求めなさい。

自然数	1	2	3	4	5	6	...
2乗	1	4	9	6	5	6	...
3乗	1	8	7	4	5	...	
4乗	1	6	1	6	5	...	
5乗	1	2	3	4	5	...	
...	...	...	...	...	...	...	

解法　(1) 一の位の数字が1、5、6、0のときは、何乗しても一の位の数字が変わらないグループといえる。

答 （例）6、10、11、15、…など

自然数	1	2	3	4	5	6	7	8	9	0
2乗	1	4	9	6	5	6	9	4	1	0
3乗	1	8	7	4	5	6	3	2	9	0
4乗	1	6	1	6	5	6	1	6	1	0
5乗	1	2	3	4	5	6	7	8	9	0
...	...	...	...	...	...	...	...	...	...	...

(2)

方針　周期がわかるので、それで割り、分類すればよい。

周期があるかを調べると、9、7、1、3の周期4

一の位が9　→2乗、6乗、10乗、…　（4で割ると2あまる数）

一の位が7　→3乗、7乗、11乗、…　（4で割ると3あまる数）

一の位が1　→4乗、8乗、12乗、…　（4で割り切れる数）

一の位が3　→5乗、9乗、13乗、…　（4で割ると1あまる数）

30乗は、$30 \div 4 = 7$ あまり2だから9　　答 9

ワンポイントアドバイス

一の位だけなら、$3^2 = 9$、$3^3 = 27$、$3^4 = 81$、$3^5 = 243$ とわざわざ計算しなくてもよい。

3乗ならば、2乗の一の位の9に3をかけ、その一の位だけを見る。$9 \times 3 = 27 \rightarrow 7$

4乗ならば、3乗の一の位の7に3をかけ、その一の位だけを見る。$7 \times 3 = 21 \rightarrow 1$

5乗ならば、4乗の一の位の1に3をかけ、その一の位だけを見る。$1 \times 3 \rightarrow 3$

例題 2 与えられた自然数について、次の〔ルール〕に従って繰り返し操作を行う。

> 〔ルール〕 ・その自然数が偶数ならば2でわる。
> ・その自然数が奇数ならば3をたす。

例えば、与えられた自然数が10のとき、

$10 \underset{\text{1回目の操作}}{\rightarrow} 5 \underset{\text{2回目の操作}}{\rightarrow} 8 \underset{\text{3回目の操作}}{\rightarrow} 4 \underset{\text{4回目の操作}}{\rightarrow} 2 \underset{\text{5回目の操作}}{\rightarrow} 1 \underset{\text{6回目の操作}}{\rightarrow} \cdots$

となり、5回目の操作のあとではじめて1が現れる。

このとき、次の(1)〜(3)の各問いに答えなさい。〈佐賀県・一部略〉

(1) 与えられた自然数が7のとき、何回目の操作のあとで、はじめて1が現れるか求めなさい。

(2) 1から9までの自然数の中で、何回操作を行っても1が現れない自然数をすべて求めなさい。

(3) 与えられた自然数が4のとき、何回目の操作のあとで、25回目の1が現れるか求めなさい。

解法

(1) $7 \rightarrow 10 \rightarrow 5 \rightarrow 8 \rightarrow 4 \rightarrow 2 \rightarrow 1$　　**答** 6回目

(2) (1)の操作から、与えられた自然数が7、5、8、4、2、1の場合は1になることがわかり、周期は同じグループで、これらは題意を満たしていない。次に9のときを調べると、$9 \rightarrow 12 \rightarrow 6 \rightarrow 3 \rightarrow 6 \rightarrow 3 \rightarrow \cdots$と、6と3が循環して1にならない。この式から、与えられた自然数が3のときと6のときも周期は同じグループである。これですべての数を調べたので、

答 3、6、9

(3) 周期を調べると、$4 \rightarrow 2 \rightarrow 1 \rightarrow 4 \rightarrow 2 \rightarrow 1 \rightarrow \cdots$と繰り返されるから周期3

25回目の1は、$25 \times 3 = 75$個目の数だから、74回目の操作　　**答** 74回目

高校入試問題にチャレンジ

解答・解説 ▶ P.3

問題 図のように、1から12までの数が書かれたカードが並んでいる。駒を、あるカードの上に置き、駒の進め方のようにカードの上を進めていく。

例えば、表のように、1回目に7のカードの上に駒を置いた場合、2回目は、7つ進めて、2のカードの上に駒を置く。3回目は、2つ進めて、4のカードの上に駒を置く。〈長野県・一部略〉

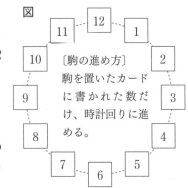

図

〔駒の進め方〕
駒を置いたカードに書かれた数だけ、時計回りに進める。

回　数	1回目 → 2回目 → 3回目 → ⋯
カードの数	7　→　2　→　4　→　⋯

(1) 1回目に1、10のカードの上に駒を置く。1、10のどちらの場合にも、3回目以降は、駒を置くカードの数に共通するきまりがあらわれる。そのきまりを書きなさい。

(2) 10回目に駒を置くカードの数が12になるのは、1回目にどのカードの上に駒を置いたときか。そのカードの数をすべて求めなさい。

ベ|ス|ト|解

003　正方形から公約数を求める

長方形から正方形を切り取れば、縦と横の最大公約数がわかる。

⑦ 縦と横の辺の長さが30と72の長方形を準備する

⑦ 1辺30の正方形を切り取る。残りは縦と横の辺が30と12の長方形。

⑦ そこから1辺12の正方形を切り取る。残りは、縦と横の辺が6と12の長方形。

⑦ 1辺6の正方形を切り取れば、もう残らない。

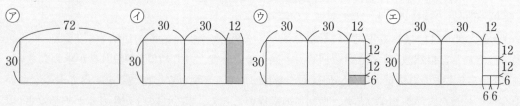

これは、72と30の最大公約数を求めているのと同じである。途中でできた正方形もすべて6の倍数で、72と30の最大公約数は6とわかる。

この考え方はユークリッドの互除法といい、また、正方形の枚数は連分数展開の際の整数部分でもある。

例題　縦の長さが$a$cm、横の長さが$b$cmの長方形の用紙から、正方形を切り取る作業を次の【手順】にしたがって行う。ただし、a、bは整数で、用紙は1目もり1cmの方眼用紙とする。

【手順】用紙の短い方の辺を1辺とする正方形を切り取る。残った用紙が正方形でないときは、残った用紙の短い方の辺を1辺とする正方形を切り取る。残った用紙が正方形になるまで、繰り返し正方形を切り取っていく。

例えば、$a=4$、$b=7$のときの作業は次のようになる。

まず、**図1**のような縦の長さが4cm、横の長さが7cmの長方形の用紙から、この用紙の短い方の辺を1辺とする正方形を切り取る。その切り取り方は**図2**のようになる。次に、残った縦の長さが4cm、横の長さが3cmの長方形の用紙から、短い方の辺を1辺とする正方形を切り取る。同様に、残った用紙が正方形になるまで切り取る。

すると、$a=4$、$b=7$のときの正方形の切り取り方は**図3**のようになり、全部で5枚の正方形ができる。

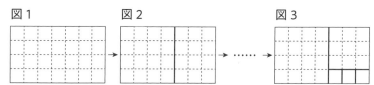

図1　　　　図2　　　　図3

このとき、次の問いに答えなさい。〈愛媛県・一部略〉

(1)　$a=4$、$b=13$のとき、上の**図3**にならって正方形の切り取り方をかけ。

(2)　$a=8$、$b=13$のとき、全部で何枚の正方形ができるか求めよ。

解法

方針 4と13、8と13はともに最大公約数は1だから、1辺1cmの正方形が残る。

(1) 図のようになる。

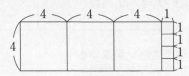

(2) 図のようになり6枚 **答** 6枚

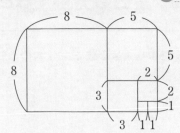

ワンポイントアドバイス

$(a, b) = (1, 2)$、$(2, 3)$、$(3, 5)$、$(5, 8)$、$(8, 13)$、$(13, 21)$、…と増やしていけば、

$\dfrac{2}{1} = 2$、$\dfrac{3}{2} = 1.5$、$\dfrac{5}{3} ≒ 1.67$、$\dfrac{8}{5} = 1.6$、$\dfrac{13}{8} = 1.625$、$\dfrac{21}{13} ≒ 1.615$、…と黄金比に近づく。

高校入試問題にチャレンジ

解答・解説 ▶ P.3

問題 図1のような、縦$a$cm、横$b$cmの長方形の紙がある。この長方形の紙に対して次のような【操作】を行う。ただし、a、bは正の整数であり、$a < b$とする。

【操作】 長方形の紙から短い方の辺を1辺とする正方形を切り取る。残った四角形が正方形でない場合には、その四角形から、さらに同様の方法で正方形を切り取り、残った四角形が正方形になるまで繰り返す。

例えば、図2のように、$a = 3$、$b = 4$の長方形の紙に対して【操作】を行うと、1辺3cmの正方形の紙が1枚、1辺1cmの正方形の紙が3枚、全部で4枚の正方形ができる。

このとき、次の(1)、(2)、(3)、(4)の問いに答えなさい。〈栃木県〉

(1) $a = 4$、$b = 6$の長方形に対して【操作】を行ったとき、できた正方形のうち最も小さい正方形の1辺の長さを求めなさい。

(2) nを正の整数とする。$a = n$、$b = 3n + 1$の長方形に対して【操作】を行ったとき、正方形は全部で何枚できるか。nを用いた式で表しなさい。

(3) ある長方形の紙に対して【操作】を行ったところ、3種類の大きさの異なる正方形が全部で4枚できた。これらの正方形は、1辺の長さが長い順に、12cmの正方形が1枚、$x$cmの正方形が1枚、$y$cmの正方形が2枚であった。このとき、x、yの連立方程式をつくり、x、yの値を求めなさい。

(4) $b = 56$の長方形の紙に対し【操作】を行ったところ、3種類の大きさの異なる正方形が全部で5枚できた。このとき、考えられるaの値をすべて求めなさい。

図1

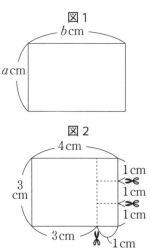

$b$cm

$a$cm

図2

4cm

3cm

3cm

1cm

1cm

1cm

3cm

1cm

004 素数や素因数分解

自然数は、素因数分解すると数の素性がわかる。

A 素数とは、2より大きな数で、"$1 \times \bigcirc$の形"にしか分解できない数をいう

$2 = 1 \times 2$

$3 = 1 \times 3$

$4 = 1 \times 4 = 2 \times 2$

$5 = 1 \times 5$

$6 = 1 \times 6 = 2 \times 3$

$\cdots$

素数の現れ方に特別な規則はないから、書き出して調べる。

B 素数の積に分けることを、素因数分解という

$4 = 2^2$、$6 = 2 \times 3$、$8 = 2^3$、$\cdots$

素因数分解の表し方は1通りしかない。

また、素因数分解されるならば素数ではない。

例題 1 次の各問いに答えなさい。〈佐賀県〉

(1) 10以下の素数をすべて書きなさい。

(2) 次の自然数の中から素数をすべて選び、書きなさい。

12、23、35、37、49、50、51、71、85、87、91

(3) ある素数xを2乗したものに52を加えた数は、xを17倍した数に等しい。このとき、素数xを求めなさい。

解法

(1) **答** 2、3、5、7

1は除く、$4 = 2^2$、$6 = 2 \times 3$、$8 = 2^3$、$9 = 3^2$、$10 = 2 \times 5$と、**ベスト解004B** より、素因数分解されるので素数ではない。

(2) **答** 23、37、71

$12 = 2^2 \times 3$、$35 = 5 \times 7$、$49 = 7^2$、$50 = 2 \times 5^2$、$51 = 3 \times 17$、$85 = 5 \times 17$、

$87 = 3 \times 29$、$91 = 7 \times 13$

(3) $x^2 + 52 = 17x$と立式される。

$x^2 - 17x + 52 = 0$、$(x - 13)(x - 4) = 0$、$x = 4$、13

xは素数なので、$x = 13$ **答** 13

別解

$17x - x^2 = 52$

$x(17 - x) = 13 \times 2^2$

とすれば、素数xは2または13であることがわかる。

機械的に二次方程式を解くのではなく、素数の性質を深く活用している。

ワンポイントアドバイス

次の方法を"エラトステネスの篩"という。

まず、2を残し他の2の倍数をすべて消す。次に残った数のうち、3を残し他の3の倍数を
すべて消す。さらに、残った数のうち5を残し他の5の倍数をすべて消す。

② ③ 4 ⑤ 6 7 8 9 10 11 12 13 14 15 16 17 18 19 20
21 22 23 24 25 26 27 28 29 30 31 32 33 34 35 36 37 38 39 40
41 42 43 44 45 46 47 48 49 50 51 52 53 54 55 56 57 58 59 60
61 62 63 64 65 66 67 68 69 70 71 72 73 74 75 76 77 78 79 80
81 82 83 84 85 86 87 88 89 90 91 92 93 94 95 96 97 98 99 100

これを続けると残るのが、2、3、5、7、11、13、17、19、23、29、31、37、41、43、47、
53、59、61、67、71、73、79、83、89、97でこれが100以下の素数である。

例題 2 次の素因数分解をしなさい。

(1) 18 　　　 (2) 60 　　　 (3) 200 　　　 (4) 3000

解法

(1) $18 = 2 \times 3^2$ 　　**答** 2×3^2

(2) $60 = 2^2 \times 3 \times 5$ 　　**答** $2^2 \times 3 \times 5$

(3) $200 = 2^3 \times 5^2$ 　　**答** $2^3 \times 5^2$

(4) $3000 = 2^3 \times 3 \times 5^3$ 　　**答** $2^3 \times 3 \times 5^3$

(1)	(2)	(3)	(4)
2)18	2)60	2)200	2)3000
3) 9	2)30	2)100	2)1500
3	3)15	2) 50	2) 750
	5	5) 25	3) 375
		5	5) 125
			5) 25
			5

ワンポイントアドバイス

このように、割り算が下りていくような書き方を"連除法"
という。どのような順番で割っても結果は同じになる。

高校入試問題にチャレンジ

解答・解説 ▶ P.4

問題 1からnまでのすべての自然数の積を$<n>$と表す。

例えば、$<2> = 1 \times 2 = 2$、$<5> = 1 \times 2 \times 3 \times 4 \times 5 = 120$である。

このとき、次の(1)〜(4)の各問いに答えなさい。〈佐賀県・一部略〉

(1) $<6>$を素因数分解して、次のように表したとき、 (ア) 、 (イ) にあてはまる数をそれ
ぞれ求めなさい。

$<6> = 2^{(ア)} \times 3^{(イ)} \times 5$

(2) $<10>$の末尾に連続して並ぶ0の個数を求めなさい。ただし、末尾に連続して並ぶ0の個数と
は、例えば10000の場合は4個、102000の場合は3個である。

ヒント 例題2で、末尾に並ぶ0の個数と素因数2と5の積(2×5)の関係に注目する。

(3) $<n>$の末尾に連続して並ぶ0の個数が6個となるような自然数nのうち、最も小さいものを求
めなさい。

(4) $<15>$の千の位の数を求めなさい。

べ|ス|ト|解

Chapter1 数と式

レベル4 | 発展
レベル3 | 応用
レベル2 | 標準
▶ レベル1 | 基礎

005 数式で説明する

数を説明するときは、文字の置き方を工夫する。

A 連続する数（n を整数として）

整数　　n、$n+1$、$n+2$、$n+3$、… や $n-1$、n、$n+1$、$n+2$、…

偶数　　$2n$、$2n+2$、$2n+4$、$2n+6$、… や $2n-2$、$2n$、$2n+2$、$2n+4$、…

奇数　　$2n+1$、$2n+3$、$2n+5$、… や $2n-1$、$2n+1$、$2n+3$、…

最も小さな奇数を $2n+1$ とすれば、

1、	3、	5、	7、	9、	…
$2n+1$	$2n+3$	$2n+5$	$2n+7$	$2n+9$	

2　2　2　2

最も小さな偶数を $2n$ とすれば、

2、	4、	6、	8、	10、	…
$2n$	$2n+2$	$2n+4$	$2n+6$	$2n+8$	

2　2　2　2

※連続する奇数や偶数を、n、$n+2$、$n+4$、… と表さないのがポイント。

3の倍数　　$3n$、$3n+3$、$3n+6$、… や $3n-3$、$3n$、$3n+3$、…

5の倍数　　$5n$、$5n+5$、$5n+10$、… や $5n-5$、$5n$、$5n+5$、…

B 連続しない数（m、n を整数として）

整数　　m と n

偶数　　$2m$ と $2n$

奇数　　$2m+1$ と $2n+1$

C その他（文字を整数として）

3で割ると1あまる　　$3n+1$

3で割ると2あまる　　$3n+2$

2けたの数　　$10a+b$

3けたの数　　$100a+10b+c$

3けたの数 $100a+10b+c$ の各位の数の和　　$a+b+c$

例題 1　「連続する3つの奇数で、最も小さい奇数と最も大きい奇数の和は、中央の奇数の2倍になる」ことを、n を整数として、連続する3つの奇数のうち、最も小さい奇数を $2n+1$ と表し、説明しなさい。〈秋田県・表現改〉

解法

方針　仮に連続する3つの奇数を13、15、17とすれば、$13+17=15\times2$ は成り立つから正しそう。 **ベスト解 005 A** より、それを文字で説明する。

説明　連続する3つの奇数を、$2n+1$、$2n+3$、$2n+5$ と表せば、
$$(2n+1)+(2n+5)=4n+6=2(2n+3)$$
したがって、連続する3つの奇数で、最も小さい奇数と最も大きい奇数の和は、中央の奇数の2倍になる。

例題 2

次は、先生とAさんの会話です。
これを読んで、下の(1)、(2)に答えなさい。〈埼玉県〉

先　生「右の図のように、11から50までの自然数を並べます。
　　　　この中で、11と13のように、『差が2である2つの素
　　　　数』の組は全部で4組あります。残りの3組をすべて
　　　　答えてください。」

⑪ 12 ⑬ 14 15 16 17 18 19 20
21 22 23 24 25 26 27 28 29 30
31 32 33 34 35 36 37 38 39 40
41 42 43 44 45 46 47 48 49 50

Aさん「　　　　です。」

先　生「そのとおりです。では、『差が2である2つの素数』の間にある自然数は、何の倍数ですか。」

Aさん「6の倍数だと思います。」

先　生「そうですね。その理由を考えてみましょう。」

(1) 　　　　にあてはまる、『差が2である2つの素数』の組を書きなさい。

(2) 11以上の自然数について、『差が2である2つの素数』の間にある自然数は6の倍数です。その理由を説明しなさい。

解法

(1) 　**答** 17と19、29と31、41と43

(2)

方針

（素数・間・素数）という3つの数のセットを具体的に見れば、
(11・12・13)、(17・18・19)、(29・30・31)、(41・42・43) これがヒント。

ベスト解005A

より、それを文字で説明する。

説明

文字を使って示すと次のようになる。nを整数として、

❶ 2の倍数について、下の㋐と㋑のいずれかに分類される。

（素数・間・素数）＝ ㋐$(2n-1,\ 2n,\ 2n+1)$、㋑$(2n,\ 2n+1,\ 2n+2)$

11より大きな素数は2の倍数でないので、㋑になることはなく間の数は㋐$2n$である。

❷ 3の倍数について、下の㋒と㋓と㋔のいずれかに分類される。

（素数・間・素数）＝ ㋒$(3n-1,\ 3n,\ 3n+1)$、㋓$(3n,\ 3n+1,\ 3n+2)$、

㋔$(3n-2,\ 3n-1,\ 3n)$

11より大きな素数は3の倍数ではないので、㋓や㋔にならず間の数は㋒$3n$である。

❶❷より、間の数は6の倍数である。

別解

連続する3つの数を選べば必ず2の倍数が含まれ、また必ず3の倍数が含まれる。

11以上の素数は2の倍数でも3の倍数でもないから、間にある自然数は2の倍数であり3の倍数でもあるから6の倍数である。

高校入試問題にチャレンジ

解答・解説 ▶ P.4

問題1

連続する4つの奇数の和は、8の倍数になることを説明しなさい。〈長崎県・一部改〉

問題2

【予想】「連続する3つの自然数について、最も小さい自然数と最も大きい自然数の積に1をたした数は、いつでも中央の数の2乗になる。」について、
この【予想】が正しいことを証明しなさい。〈岡山県・一部略〉

006 切り取った数表

表の一部が切り取られていたら、すべてを1文字で表す。

例題1

右の図は、あるクラスの座席を出席番号で表したものです。

この図中の $\begin{array}{|c|c|}\hline 13 & 8 \\\hline 14 & 9 \\\hline\end{array}$ のような4つの整数の組 $\begin{array}{|c|c|}\hline c & a \\\hline d & b \\\hline\end{array}$ について考える。

このとき、$bc - ad$ の値はつねに5になることを、a を用いて証明しなさい。〈栃木県〉

教卓

26	21	16	11	6	1
27	22	17	12	7	2
28	23	18	13	8	3
29	24	19	14	9	4
30	25	20	15	10	5

解法

証明 右図のように、ベスト解006 より、

$b = a + 1$、$c = a + 5$、$d = a + 6$ と表せる。

よって、$bc - ad = (a+1)(a+5) - a(a+6)$

$= (a^2 + 6a + 5) - (a^2 + 6a) = a^2 + 6a + 5 - a^2 - 6a$

$= 5$

例題2

自然数を1から順に9個ずつ各段に並べ、縦、横3個ずつの9個の数を□で囲み、□内の左上の数を a、右上の数を b、左下の数を c、右下の数を d、真ん中の数を x とする。たとえば、右の**表**の□では、$a = 5$、$b = 7$、$c = 23$、$d = 25$、$x = 15$である。

次の(1)、(2)の問いに答えなさい。〈鹿児島県・一部略〉

表

1段目	1	2	3	4	5	6	7	8	9
2段目	10	11	12	13	14	15	16	17	18
3段目	19	20	21	22	23	24	25	26	27
4段目	28	29	30	31	…

(1) a を x を使って表せ。

(2) $M = bd - ac$ とするとき、次の(ア)、(イ)の問いに答えよ。

(ア) a、b、c、d をそれぞれ x を使って表すことで、M の値は4の倍数になることを証明せよ。

(イ) a が1段目から10段目までにあるとき、一の位の数が4になる M の値は何通りあるか。

解法

例から、右図のようになる。

(1) 答 $a = x - 10$

(2)(ア) 証明

$b = x - 8$、$c = x + 8$、$d = x + 10$

$M = (x-8)(x+10) - (x-10)(x+8)$

$= (x^2 + 2x - 80) - (x^2 - 2x - 80)$

$= 4x$　　よって、4の倍数になる。

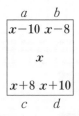

（イ）　$M = 4x$より、xの一の位の数は1または6

ここでaは1段目から10段目にあるから、xは2段目から11段目になる。

よって、$9 < x \leqq 99$　←9×11

またxは表の両端にはないから、9で割ると1あまる数と、9の倍数にはならない。

$x = 11$、16、21、26、31、41、51、56、61、66、71、76、86、96　　**答** 14通り

高校入試問題にチャレンジ　　　　　　　　　　　解答・解説 ▶ P.4

問題1　下の表は、1段目に、1から20までの自然数を、2段目に、1から20までの自然数を2乗した数を、それぞれ小さい順に左からかいたものの一部である。

1	2	3	4	5	6	…	20	←1段目
1	4	9	16	25	36	…	400	←2段目

この表において、$\begin{array}{|c|c|}\hline 2 & 3 \\\hline 4 & 9 \\\hline\end{array}$ のように並んだ4つの数の組を $\begin{array}{|c|c|}\hline x & a \\\hline b & c \\\hline\end{array}$ とする。

4つの数x、a、b、cの和が242となるとき、xについての2次方程式をつくり、xの値を求めなさい。

〈山口県〉

問題2　右の**図1**のように、長方形の紙に40行、5列のます目が書かれており、1行目の1列目から、1から自然数を小さい順に5個ずつ書いていき、各行とも5列目にきたら、次の行の1列目に移り、続けて順番に自然数を書いていく。自然数を書いた後、右下の**図3**のように、長方形の紙の2つの縦の辺が重なるようにつなげて円筒にする。また。下の**図2**は、円筒に書かれている自然数nと、その上下左右に書かれている4つの自然数a、b、c、dを抜き出したものであり、4つの自然数a、b、c、dの和をXとする。

このとき、次の(1)～(3)の問いに答えなさい。ただし、nは6以上195以下の自然数とする。〈新潟県〉

図1

	1列目	2列目	3列目	4列目	5列目
1行目	1	2	3	4	5
2行目	6	7	8	9	10
3行目	11	12	13	14	15
・	・	・	・	・	・
・	・	・	・	・	・
・	・	・	・	・	・
・	・	・	・	・	・
・	・	・	・	・	・
40行目	196	197	198	199	200

図2

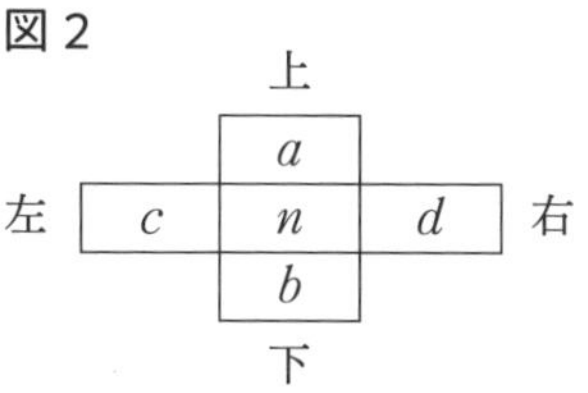

上

$\begin{array}{ccc} & a & \\ c & n & d \\ & b & \end{array}$

左　　　　　右

下

図3

5	1
10	6
15	11
20	16
25	21
30	26
35	31
40	36

(1)　$n = 7$、$n = 15$、$n = 76$のときのXの値を、それぞれ答えなさい。

(2)　次の(ア)、(イ)の問いに答えなさい。

（ア）　nが、**図1**の2列目のます目にあるとき、Xをnを用いて表しなさい。

（イ）　nが、**図1**の1列目のます目にあるとき、Xをnを用いて表しなさい。

(3)　Xの値が6の倍数になるようなnの値は何個あるか。求めなさい。

ベスト解 007　表中の適切な数

一定規則の表では、行（段）や列の倍数がカギとなる。そこで表に数を加えたり表を作り変えたりするとよい。

例題1　右のように、自然数が左から順に並んでいる**表1**がある。1行目は1からはじまり、1つずつ大きくなり、2行目は1からはじまり、2つずつ大きくなり、3行目は1からはじまり、3つずつ大きくなり、以下1からはじまり、同じように数が増えていく。この表の12行目、10列目の数はいくつか。

表1
	1列目	2列目	3列目	4列目	...
1行目	1	2	3	4	
2行目	1	3	5	7	
3行目	1	4	7	10	
4行目	1	5	9	13	
⋮					

解法　表1の1行目をそのままに、ベスト解007 より、新たに表2を作る。

〔表2のルール〕

・2行目は、1行目の数を2倍する

・3行目は、1行目の数を3倍する

・以下同様に、n行目は、1行目の数をn倍する

すると表2の12行目は、1行目の12倍だから、表2において12行目は12、24、36、…

よって10列目の数は、$10 \times 12 = 120$

さて表2は、もとの表1と比べて、2行目はすべて1だけ数が大きく、3行目は2、4行目は3だけ大きい。

すると表2の12行目は、表1より11大きいので、

$120 - 11 = 109$　　**答** 109

表2
	1列目	2列目	3列目	4列目	...
1行目	1	2	3	4	
2行目	2	4	6	8	
3行目	3	6	9	12	
4行目	4	8	12	16	
⋮					

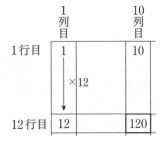

例題2　右の図のように、自然数を規則的に書いていく。各行の左端の数は、2から始まり上から下へ順に2ずつ大きくなるようにする。さらに、2行目以降は左から右へ順に1ずつ大きくなるように、2行目には2個の自然数、3行目には3個の自然数、…と行の数と同じ個数の自然数を書いていく。このとき、次の問いに答えなさい。〈富山県・一部改〉

(1)　n行目の左端の数をnで表しなさい。

(2)　31は何個あるか求めなさい。

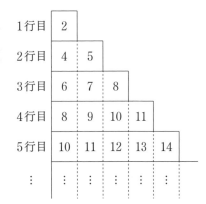

解法 (1) 左端の数は、1行目は2、2行目は4、3行目は6、… だから2n **答** $2n$

(2)

方針 ベスト解007 より、各行の最後にもう一つ数を付け加えてみる。

表に色を付けた部分を書きたす。

すると色が付いているのは、3の倍数で、それ
も行の3倍の数が並んでいる。

よって、n行目に書きたされるのは$3n$

このことから、元の図のn行目右端の数は、

$3n-1$

つまり、n行目にある数は、$2n$から$3n-1$

さて31は、各行に1つずつしかないから、どの行に入っているか調べる。

$2n \leqq 31 \leqq 3n-1$を満たせばよいから、

$2n \leqq 31 \qquad n \leqq 15.5 \quad (\cdots \text{❶})$

$3n-1 \geqq 31 \qquad n \geqq \dfrac{32}{3} (\fallingdotseq 10.6\cdots) \quad (\cdots \text{❷})$

❶と❷から、$n = 11、12、13、14、15$ **答** 5個

1行目	2	3			
2行目	4	5	6		
3行目	6	7	8	9	
4行目	8	9	10	11	12

：

| n行目 | $2n$ | | | | … | $3n-1$ | $3n$ |

ワンポイントアドバイス

例題1では2行目は2ずつ、3行目は3ずつ、…数が大きくなるから、2行目は2の倍数、3行目は3の倍数を並べるとよい。

例題2では、表に不自然に3の倍数がないので、3の倍数を加えることで表が整った。

このように、表に隠された、ウラの規則を見つけ出すことが大事。

高校入試問題にチャレンジ

解答・解説 ▶ P.5

問題 右の表のように、連続する自然数を1から順に規則的に書いていく。上の段から順に1段目、2段目、3段目、…、左の列から順に1列目、2列目、3列目、…とする。たとえば、8が書かれているのは3段目の2列目である。このとき、次の問い(1)、(2)に答えよ。〈京都府・一部略〉

(1) n段目のn列目に書かれている数をnを用いて表せ。

(2) 87段目の93列目に書かれている数を求めよ。

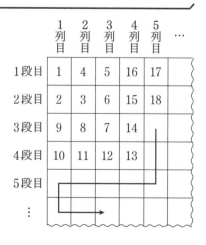

	1列目	2列目	3列目	4列目	5列目	…
1段目	1	4	5	16	17	
2段目	2	3	6	15	18	
3段目	9	8	7	14		
4段目	10	11	12	13		
5段目						
：						

008 表中の数の和

規則がある数の和は、対称移動や回転移動した表を加える。

例　$1+2+7+8+13+14+19+20$

同じものを逆順に（対称移動）し、これらの和をとる。

$$
\begin{array}{r}
1+\ 2+\ 7+\ 8+13+14+19+20 \\
+\quad 20+19+14+13+\ 8+\ 7+\ 2+\ 1 \\
\hline
21+21+21+21+21+21+21+21=(1+20)\times 8\div 2=84
\end{array}
$$

差が一定な自然数の列を加えるものは、**ガウスの和**とも呼ばれる。

例題　1から100までの自然数が1つずつ書かれた100枚のカードがある。まず、この100枚のカードの中から2の倍数が書かれたカードを取り除き、残ったカードの中から5の倍数が書かれたカードを取り除く。

次に、**表**のように、残ったカード全部を、カードに書かれた数が小さいものから順に、1行目の1列目から矢印に沿って並べていく。

このとき、(1)、(2)の各問いに答えなさい。〈佐賀県・誘導略〉

表

	1列目	2列目	3列目	4列目
1行目	1 →	3 →	7 →	9
2行目	□ ←	□ ←	□ ←	□
3行目	□ →	□ →	□ →	□
4行目	□ ←	□ ←	□ ←	□
⋮	⋮	⋮	⋮	⋮

(1)　並べたカードは全部で何枚か、求めなさい。

(2)　並べたカード全部について、カードに書かれている数の和を求めなさい。

解法　(1)　一の位が1、3、7、9の周期4のグループが、

全部で10セットあるから、$4\times 10=40$　**答** 40枚

(2)　表をすべて埋めて完成させた［表①］と、 ベスト解008 より、これを逆の順に並べた

［表②］を用意する。そしてこれらの、それぞれの各列、各行をたし合わせたものが［表③］。

［表①］

1行目	1	3	7	9
2行目	19	17	13	11
3行目	21	23	27	29
...				
10行目	99	97	93	91

+

［表②］

1行目	99	97	93	91
2行目	81	83	87	89
3行目	79	77	73	71
...				
10行目	1	3	7	9

=

［表③］

1行目	100	100	100	100
2行目	100	100	100	100
3行目	100	100	100	100
...				
10行目	100	100	100	100

100と書かれたカードが40枚あることになり、これは表の**2つ分**にあたり、

$$
\begin{array}{r}
1+\ 3+\ 7+\ 9+\cdots +91+93+97+99 \\
+\quad 99+97+93+91+\cdots +\ 9+\ 7+\ 3+\ 1 \\
\hline
\underbrace{100+100+100+100+\cdots +100+100+100+100}_{40個}
\end{array}
$$

つまり和は、$100\times 40\div 2=2000$　**答** 2000

問題　右の**表1**は、かけ算の九九を表にしたものである。太郎さんは、**表1**の太枠の中に書かれた81個の数字の合計を工夫して求めようとした。

次の (1)、(2) の問いに答えなさい。〈岐阜県・一部改〉

(1)　太郎さんは、**表1**の太枠の中から一部を取り出し、4段4列の**表2**を作った。さらに、**表2**をもとに次のように**表3**、**表4**、**表5**をそれぞれ作り、**表2**に書かれた16個の数字の合計を考えた。

表1
かける数

	1	2	3	4	5	6	7	8	9
1	1	2	3	4	5	6	7	8	9
2	2	4	6	8	10	12	14	16	18
3	3	6	9	12	15	18	21	24	27
4	4	8	12	16	20	24	28	32	36
5	5	10	15	20	25	30	35	40	45
6	6	12	18	24	30	36	42	48	54
7	7	14	21	28	35	42	49	56	63
8	8	16	24	32	40	48	56	64	72
9	9	18	27	36	45	54	63	72	81

（左側縦書き：かけられる数）

表3は、**表2**の数字を左右対称に並べ替えたもの。
表4は、**表2**の数字を上下対称に並べ替えたもの。
表5は、**表2**の数字を左右対称に並べ替え、さらに上下対称に並び替えたもの。

表2

1	2	3	4
2	4	6	8
3	6	9	12
4	8	12	16

表3

4	3	2	1
8	6	4	2
12	ア	6	3
16	12	8	4

表4

4	8	12	16
3	6	9	12
2	4	6	8
1	2	3	4

表5

16	12	8	4
12	9	6	3
8	6	4	2
4	3	2	1

次の文章は、太郎さんの考えをまとめたものである。それぞれに当てはまる数を書きなさい。

　表2、**表3**、**表4**、**表5**について、各表の上から3段目、左から2列目に書かれた数字は、順に、6、　ア　、4、6であり、合計は　イ　となる。同様に、他の位置に書かれた数字について、各表の上からa段目、左からb列目に書かれた数字をa、bを使って表すと、順に、ab、$a($　ウ　$-b)$、$($　エ　$-a)b$、$($　エ　$-a)($　ウ　$-b)$であり、合計すると　オ　となる。

　したがって、**表2**に書かれた16個の数字の合計は $\dfrac{\boxed{オ} \times 16}{\boxed{カ}}$ で計算できる。

(2)　**表1**の太枠の中に書かれた81個の数字の合計を求めなさい。

ベ|ス|ト|解

Chapter1 数と式

009

レベル4 発展
レベル3 応用
▶ レベル2 標準
レベル1 基礎

平方数

正方形に並べると、総数は平方数になる。

1^2、2^2、3^2、4^2、…、n^2 という、2乗された形で表される数を **平方数** あるいは **四角数** という。
図式化すると正方形とつながるので、注意したい。

例題 正方形のタイルを1番目に1個、2番目には4個、…と、前の正方形の右側と下側を囲むように並べ、新しい正方形を作っていく。

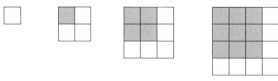

1番目　　2番目　　3番目　　　　4番目

このとき、次の(1)、(2)の問いに答えよ。

(1) 5番目のタイルの数はいくつか。

(2) n 番目と $(n+1)$ 番目のタイルの数の差が、x 番目のタイルの総数と同じになるとする。

例えば、4番目と5番目のタイルの数の差は9個で、この数は3番目のタイルの総数と同じだから、$n=4$ のとき $x=3$ が成り立っている。このような n の最小の値は $n=4$ である。

2番目の n の値とそのときの x の値はいくつか。

解法

方針 タイルの数は平方数になっている。

(1) x 番目のタイルの総数は x^2 個だから、$5^2 = 25$ **答** 25個

(2) n 番目のタイルの総数は n^2 個、$n+1$ 番目のタイルの総数は $(n+1)^2$ 個

すると、n 番目と $(n+1)$ 番目のタイルの数の差は $(n+1)^2 - n^2$

これが、x 番目のタイルの総数 x^2 個と同じになるのだから、$(n+1)^2 - n^2 = x^2$

整理して、$2n+1 = x^2$、$2n = x^2 - 1$、$2n = (x+1)(x-1)$

ここで左辺は偶数だから、右辺も偶数になる。

そこでこの式を満たす x は、小さい順に $x = 3$、5、… で、2番目は $x = 5$　このとき、

$2n = (5+1)(5-1) = 24$、$n = 12$。すると $13^2 - 12^2 = 5^2$ だから、確かに正しい。

答 $n = 12$、$x = 5$

※小さい順に書き出せば、$5^2 - 4^2 = 3^2$、$13^2 - 12^2 = 5^2$、$25^2 - 24^2 = 7^2$、$41^2 - 40^2 = 9^2$

ワンポイントアドバイス
$a^2 - b^2 = c^2 (a^2 = b^2 + c^2)$ の組み合わせを、**ピタゴラス数** という。

ワンポイントアドバイス

入試の出題はないが、$1^2+2^2+3^2+4^2$の**平方数の和**は、次のように計算できる。

まず、$1^2+2^2+3^2+4^2$を、

$1+2\times2+3\times3+4\times4=1+(2+2)+(3+3+3)+(4+4+4+4)$として、プレート㋐のように書き出す。

そして ベスト解008 のように、これを回転移動した、プレート㋑とプレート㋒を準備し、それぞれの場所の数字を加えたのがプレート㋓である。

この表からわかるように、数字の和はすべて9になり、それが$1+2+3+4=10$（個）あるが、これはプレート3枚分だから、$9\times10\div3=30$と和を計算できる。

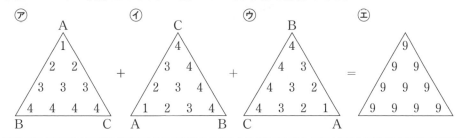

高校入試問題にチャレンジ

解答・解説 ▶ P.6

問題 灰色と白色の同じ大きさの正方形のタイルをたくさん用意した。これらのタイルを使って、下の図のように、灰色のタイルを1個おいて、1番目の正方形とし、2番目以降は、正方形の四隅のうち、左下隅に灰色のタイルをおいて、灰色のタイルと白色のタイルが縦横いずれも交互になるようにすき間なく並べて、大きな正方形をつくっていく。できあがった正方形の1辺に沿って並んだタイルの個数が1個、2個、3個、…のとき、それぞれできあがった正方形を、1番目、2番目、3番目、…とする。このとき、次の(1)～(3)の問いに答えなさい。〈新潟県〉

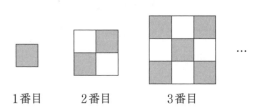

1番目　　2番目　　3番目

(1) 5番目の正方形には、灰色のタイルと白色のタイルがそれぞれ何個使われているか。その個数を答えなさい。

(2) 次の(ア)、(イ)の問いに答えなさい。

　(ア) $2k-1$番目（奇数番目）の正方形には、灰色のタイルと白色のタイルがそれぞれ何個使われているか。kを用いて答えなさい。ただし、kは自然数とする。

　(イ) $2k$番目（偶数番目）の正方形には、灰色のタイルと白色のタイルがそれぞれ何個使われているか。kを用いて答えなさい。ただし、kは自然数とする。

(3) 灰色のタイルを221個使ってできる正方形は、何番目の正方形か求めなさい。

ベスト解

010

奇数の和から平方数へ

奇数の和から、平方数ができる。

$1+3+5+\cdots+(2n-3)+(2n-1)$ という 1 から始まる連続する奇数の和は、

ベスト解008 より、逆向きに並べ、その 2 つの和をとる。

$$
\begin{array}{cccccc}
1 & + & 3 & + & 5 & +\cdots+(2n-3)+(2n-1) \\
+ & (2n-1)+(2n-3)+(2n-5)+\cdots+ & 3 & + & 1 \\
\hline
2n & + & 2n & + & 2n & +\cdots+ \quad 2n \quad + \quad 2n
\end{array}
= 2n \times n \times \frac{1}{2} = n^2
$$

n個

このことから、

1、$1+3=2^2$、$1+3+5=3^2$、$1+3+5+7=4^2$、$\cdots$、と表せる。

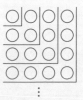

図で示すと
こうなる

例題　下は同じ大きさのタイルを並べた図である。1番目には1個を置き、2番目は1番目の下に3つ増やす。3番目は2番目の下に5つ増やし、$\cdots$というように、図のように下に次々とタイルを増やしていき並べていくことにする。また、もし、3番目ならば1段目に1個、2段目に3個、3段目に5個という。

1番目　　2番目　　　3番目　　　　　4番目

このとき、次の(1)～(4)の各問いに答えよ。

(1)　5番目のタイルの数はいくつか。

(2)　6番目に増やしたタイルの数はいくつか。

(3)　下から3段目までのタイルをすべて加えると、その数の和が33になる。これは何番目のときか。

(4)　奇数番目を考える。ちょうど真ん中の段のタイルの数が19個であった。このときタイルの数はいくつか。

解法

方針　**ベスト解010** にあるように、奇数の和から平方数が現れる。

タイルの数は次のようになる。

	1番目	2番目	3番目	4番目	5番目	
増えた数	1	3	5	7	9	$\cdots$
総数	1	$1+3=4$	$1+3+5=9$	$1+3+5+7=16$		

(1) n番目のタイルの数はn^2個だから、$5^2 = 25$　　**答** 25個

(2) 増えたタイルの数に着目すると、順に、1、3、5、7、…、$2n-1$だから、6番目は

$2 \times 6 - 1 = 11$　　**答** 11個

　　別解 6番目の数は、$6^2 = 36$だから、5番目から6番目で増えたタイルの数は、

$36 - 25 = 11$

(3)

> **方針**　　**ベスト解005A** を使い、最下段を文字で置く。

n番目のタイルの数はn^2個　ここから、下から3段を除いた$(n-3)$番目のタイルの数は
$(n-3)^2$個

$n^2 - (n-3)^2 = 33$、$n^2 - (n^2 - 6n + 9) = 33$、$6n = 42$、整理して、$n = 7$となる。

答 7番目

　　別解 n番目の最下段は$2n-1$　下から順に$2n-3$、$2n-5$

$(2n-1) + (2n-3) + (2n-5) = 33$、$6n = 42$、$n = 7$

(4) $2m - 1 = 19$として、$m = 10$　このように真ん中が10段目だから、全部で19段ある。

$19^2 = 361$　　**答** 361個

　　別解 3番目の真ん中の段は3個　5番目の真ん中の段は5個

このようにn番目の真ん中の段はn個である。

$n = 19$だから、$19^2 = 361$

高校入試問題にチャレンジ

解答・解説 ▶ P.6

問題　　同じ大きさの立方体の積木がある。

このとき、次の各問いに答えなさい。〈沖縄県〉

(1) 積木を、**図1**のように $\boxed{\square 1}$ は1個、$\boxed{\square 2}$ は
3個、$\boxed{\square 3}$ は5個、…と規則的に置いていく。
$\boxed{\square 5}$ をつくるときに必要な積木の個数を求
めなさい。

図1

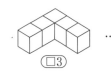

$\boxed{\square 1}$　　$\boxed{\square 2}$　　$\boxed{\square 3}$　…

(2) 次の**図2**のように、**図1**の積木を

$\boxed{1段}$は$\boxed{\square 1}$の1段

$\boxed{2段}$は$\boxed{\square 1}$と$\boxed{\square 2}$の2段

$\boxed{3段}$は$\boxed{\square 1}$と$\boxed{\square 2}$と$\boxed{\square 3}$の3段

…

図2

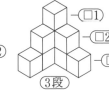

$\boxed{1段}$　　　$\boxed{2段}$　　　$\boxed{3段}$　…

と規則的に積み上げる。

このとき、次の問いに答えなさい。

(ア) $\boxed{5段}$をつくるときに必要な積木の個数を求めなさい。

(イ) $\boxed{n段}$をつくるときに必要な積木の個数を、nを使った式で表しなさい。

(ウ) 積木が全部で2018個あるとき、最大 $\boxed{あ}$ 段まで積み上げることができ、$\boxed{い}$ 個
あまる。$\boxed{あ}$、$\boxed{い}$ にあてはまる数を求めなさい。

011 平方数を三角数に分ける塗り分け

隣り合う三角数の和があれば、平方数を頭に置く。
その逆に、平方数は2つの三角数に分ける。

三角数とは、$1+2+\cdots+n$ の和で表される数のこと。

例 1、3（＝1＋2）、6（＝1＋2＋3）、
　　10（＝1＋2＋3＋4）、15（＝1＋2＋3＋4＋5）、…

```
 ○      ○       ○        ○○
       ○○     ○○○     ○○○
             ○○○○   ○○○○  …
                      ○○○○○
 1     3       6        10
```

$1+2+\cdots+n$ の和は、**ベスト解008** より、同じものを逆向きに並べ、その2つの和をとることで計算できる。

$$
\begin{array}{cccccc}
1 & + & 2 & + & \cdots & +(n-1)+ & n \\
+\ n & +(n-1) & + & \cdots & + & 2 & + & 1 \\
\hline
(n+1)+ & (n+1)+ & \cdots & +(n+1)+ & (n+1)
\end{array}
$$

n個

左記より、
$$1+2+\cdots+n$$
$$=(n+1)\times n\times\frac{1}{2}$$
$$=\frac{n(n+1)}{2}\quad(\bigstar)$$

この n に1から順に代入すれば、n番目の三角数がわかる。

また、$1+3=4$、$3+6=9$、$6+10=16$、…
のように隣り合う三角数の和は平方数（四角数）となり、その逆に平方数は2つの三角数に分けることができる。

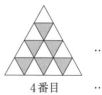

```
 1      4        9           16
 ●     ●○      ●○○        ●●○○
       ○○      ●○○        ●○○○
               ○○○        ●○○○
                           ○○○○
 1     1+3     3+6         6+10
```

例題　図のように、同じ大きさの正三角形の白いタイルと黒いタイルをすき間なくしきつめて、1番目、2番目、3番目、4番目、…、n番目までの正三角形をつくります。
このとき、次の各問いに答えなさい。〈埼玉県〉

```
  △      △      △        △
        △▲    △▲△     △▲△
               △▲△▲    △▲△▲  …
                         △▲△▲△
1番目   2番目    3番目        4番目      …
```

(1) 下の表は、1番目、2番目、3番目、4番目、…、n番目までの正三角形をつくるのに必要な白いタイルと黒いタイルの枚数についてまとめたものです。　ア　と　イ　にあてはまる数をそれぞれ書きなさい。

	1	2	3	4	…	7	…	n
白いタイル（枚）	1	3	6	10	…	ア	…	
黒いタイル（枚）	0	1	3	6	…	イ	…	
タイルの合計（枚）	1	4	9	16	…		…	

(2) n番目の正三角形をつくるのに必要な黒いタイルの枚数を a 枚とするとき、a を、n を使った式で表しなさい。

解法

> **方針** タイルの合計は平方数。 **ベスト解011** より、白いタイルと黒いタイルの枚数は、隣り合う三角数になっている。

(1) 7番目のタイルの合計は、$7^2 = 49$

白いタイルの枚数は三角数だから、 **ベスト解011** ★に$n = 7$を代入し、

$$\frac{7(7+1)}{2} = 28 \quad \cdots ア$$

イ$\cdots 49 - 28 = 21$ **答** ア 28 イ 21

> **別解** 黒いタイルは、白いタイルの1つ前と同じだから、6番目の三角形で★に$n = 6$を代入して、$\dfrac{6(6+1)}{2} = 21$

(2)
> **方針** 黒いタイルの枚数は **ベスト解011** より、全体から白いタイルの枚数を引く。

n番目のタイルの合計は、n^2　白いタイルは★より、$\dfrac{n(n+1)}{2}$

よって黒いタイルは、$a = n^2 - \dfrac{n(n+1)}{2} = \dfrac{2n^2 - n^2 - n}{2} = \dfrac{n^2 - n}{2}$　　**答** $a = \dfrac{n^2 - n}{2}$

高校入試問題にチャレンジ

解答・解説 ▶ P.7

問題 同じ大きさの立方体の白い箱と黒い箱をそれぞれいくつか用意し、規則的に置いていく。
箱の置き方は、**図1**のように、まず1番目として、白い箱を1つ置く。
2番目は、1番目の白い箱の上の面と左右の面が見えなくなるように、黒い箱を置く。
次に、3番目は、2番目の黒い箱の上の面と左右の面が見えなくなるように、白い箱を置く。
このように、上の面と左右の面が見えなくなるように、白い箱と黒い箱を交互に置いていく。
なお、いずれの場合も面と面をきっちり合わせて置いていくものとする。

図1

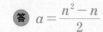

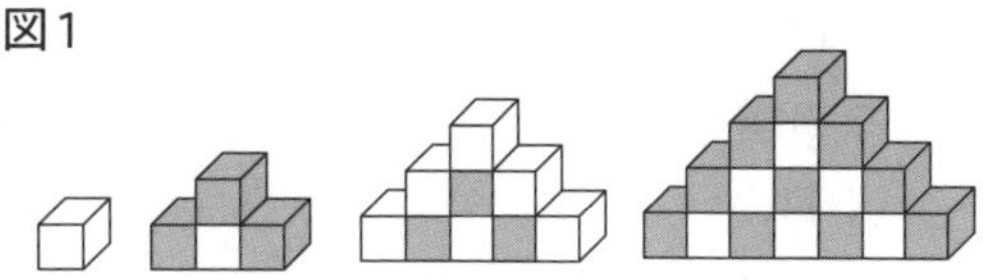

1番目　2番目　　3番目　　　4番目　　…

次の**表1**は、上の規則に従って箱を置いたときの順番と、白い箱の個数と黒い箱の個数についてまとめたものである。
下の(1)、(2)に答えなさい。

〈和歌山県〉

表1

順番（番目）	1	2	3	4	5	6	…	n	$n+1$	…
白い箱の個数（個）	1	1	6	6	*	ア	…	*	*	…
黒い箱の個数（個）	0	3	3	10	*	イ	…	*	*	…
箱の合計個数（個）	1	4	9	16	*	*	…	*	*	…

*は，あてはまる数や式を省略したことを表している。

(1) **表1**中の ア 、 イ にあてはまる数をかきなさい。

(2) nが奇数であるとき、白い箱の個数と黒い箱の個数について、$(n+1)$番目からn番目を引いた差を、それぞれ数またはnの式で表しなさい。

012 総数が三角数の塗り分け

三角数の交互の塗り分けは、平方数を取り去り三角数の2倍を残す。

三角数6 − 平方数4 = 三角数1×2
三角数10 − 平方数4 = 三角数3×2
三角数15 − 平方数9 = 三角数3×2
三角数21 − 平方数9 = 三角数6×2

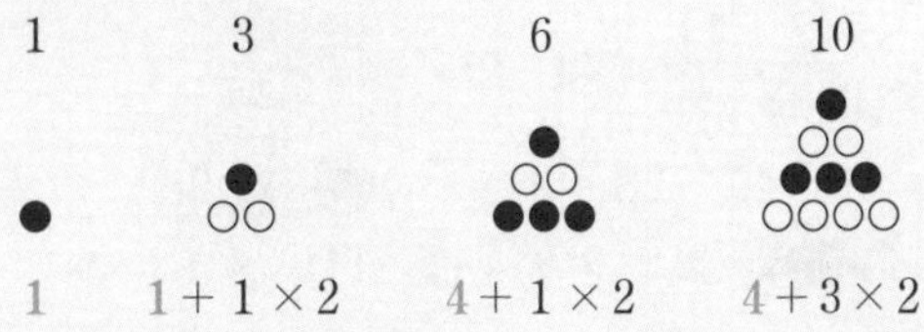

1	3	6	10
1	1+1×2	4+1×2	4+3×2

※平方数●印、三角数○印

例題　下の**図1**のように、同じ大きさの青紙と白紙がたくさんある。これらの青紙と白紙を、**図2**のように、交互に一定の規則にしたがって、1番目、2番目、3番目、4番目、…と並べて階段状の図形をつくっていく。表は、**図2**で、各図形をつくるときに使った青紙の枚数、白紙の枚数、紙の総枚数をまとめたものである。

このとき、あとの(1)〜(4)の問いに答えなさい。〈千葉県〉

図1　　　　　図2
青紙　白紙　1番目　2番目　3番目　4番目　…
　　　　　　　　　　　　　　　　　　　　　…

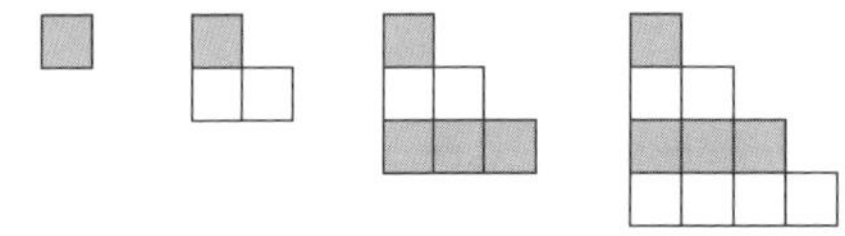

表

	1番目	2番目	3番目	4番目	5番目	6番目	…
青紙の枚数	1	1	4	4	(ア)		…
白紙の枚数	0	2	2	6		(イ)	…
紙の総枚数	1	3	6	10			…

(1) 表の(ア)、(イ)に入る数をそれぞれ書きなさい。

(2) 青紙の枚数がはじめて36枚になるのは何番目のときか、求めなさい。

(3) 30番目のとき、紙の総枚数は何枚になるか、求めなさい。

(4) 紙の総枚数が1275枚のとき、白紙の枚数は何枚になるか、求めなさい。

解法

方針　紙の総数が三角数に、青紙が平方数になっている。

(1)

	5番目	6番目
青紙の枚数	(ア)9	9
白紙の枚数		(イ)
紙の総数		21

(ア)…青紙は、1+3+5=9（枚）　**答** 9

(イ)…紙の総数は三角数で、6番目は、1+2+3+4+5+6=21

これより、21−9=12（枚）　**答** 12

(2) まず偶数番目に着
目する。

	2番目	4番目	6番目	8番目	…	$2n$番目
青紙の枚数	1	4	9	16		n^2

$n^2 = 36$、$n = 6$だから
12番目はこうなる。ところでその1つ前も同じなので11（番目）　**答** 11番目

(3) 三角数の式を使って、$\dfrac{30(30+1)}{2} = 465$（枚）　**答** 465枚

(4)

方針　**ベスト解012** より、総数の三角数は何番目？→青紙は平方数→
白紙の三角数の順で計算する。

$\dfrac{n(n+1)}{2} = 1275$、$n^2 + n - 2550 = 0$、

$(n+51)(n-50) = 0$、$n = 50$だから50番目
すると右の表の（ウ）は$50 \div 2 = 25$より、25^2
よって白紙の枚数は、$1275 - 625 = 650$（枚）　**答** 650枚

	50番目
青紙の枚数	（ウ）25^2
白紙の枚数	
紙の総数	1275

別解 （25番目の三角数）$\times 2$としても計算できる。

高校入試問題にチャレンジ

解答・解説 ▶ P.7

問題　同じ大きさの正方形の形をした黒のタイルと白のタイルを使い、□□□の【手順】で、
下の**図**のように模様を作っていく。また、下の**表**は、模様の番号、黒のタイルの枚数と白のタイル
の枚数についてまとめたものである。このとき、あとの問いに答えなさい。〈富山県・一部改〉
　ただし、**表**は、あてはまる数を一部省略している。

【手順】
ア　黒のタイルを1枚置いたものを1番目の模様とする。
イ　1番目の模様の下に、左端をそろえて白のタイルをすき間なく2枚置いたものを2番目の
　　模様とする。
ウ　2番目の模様の下に、左端をそろえて黒のタイルをすき間なく3枚置いたものを3番目の
　　模様とする。
エ　以下、このような作業を繰り返して、4番目の模様、5番目の模様、…とする。

　例えば、5番目の模様であれば、一番下のタイルは必ず5枚置くことになる。

(1)　**表**のA、Bにあてはまる数を
　それぞれ求めなさい。

(2)　黒のタイルと白のタイルが、
　それぞれ200枚ずつある。
　【手順】にしたがって、できるだ
　け多くのタイルを使って模様を作
　るとき、黒のタイルと白のタイル
　はそれぞれ何枚使うか求めなさい。

図

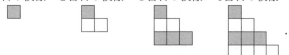

1番目の模様　2番目の模様　3番目の模様　4番目の模様　…

表

模様の番号（番目）	1	2	3	4	5	6	…
黒のタイルの枚数（枚）	1	1	4	4	A		…
白のタイルの枚数（枚）	0	2	2	6		B	…

Chapter2　関数のグラフ

013 軸と平行に引いた線分の長さ

線分が軸と平行ならば、その長さは各座標の差からわかる。

例
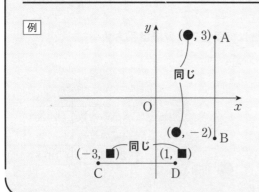

y軸と平行

線分ABの長さ⇒点Aと点Bのy座標の差

$3 - (-2) = 5$

x軸と平行

線分CDの長さ⇒点Cと点Dのx座標の差

$1 - (-3) = 4$

例題1　関数のグラフ $y = 2x$ 上に点Pを、グラフ $y = \dfrac{8}{x}$ 上に点Qをとる。2点PとQを結んだ直線は x 軸と平行であるとする。y 軸上に y 座標が3である点Aをとる。

直線PQがこの点Aを通るとき、線分PQの長さはいくつか。

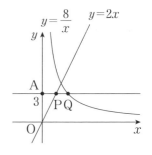

解法

方針 ＜ベスト解013＞ より、2点P、Qの x 座標の差をとる。

Pの y 座標は3なので、Pの x 座標は $3 = 2x$、$x = \dfrac{3}{2}$

Qの y 座標は3なので、$3 = \dfrac{8}{x}$、$x = \dfrac{8}{3}$

PQ＝（点Qの x 座標）－（点Pの x 座標）

$PQ = \dfrac{8}{3} - \dfrac{3}{2} = \dfrac{16-9}{6} = \dfrac{7}{6}$　答 $\dfrac{7}{6}$

ワンポイントアドバイス
座標の**大きい方 － 小さい方**
と計算するとよい。

例題2　右図で、y 軸に平行な直線 l と、直線 $y = -x + 6$ と $y = \dfrac{1}{3}x$ との交点をそれぞれP、Qとする。

(1) 直線 l が、x 軸上の $x = 3$ を通るとき、線分PQの長さを求めよ。

(2) 線分PQの長さが(1)と同じになる直線 l の位置は他にもうひとつある。このときの点Pの x 座標を求めよ。

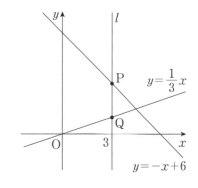

32

解法

方針 より、2点P、Qのy座標の差をとる。

(1) $y=-x+6$に$x=3$を代入し、$y=3$から、P(3, 3)

$y=\dfrac{1}{3}x$に$x=3$を代入し、$y=1$から、Q(3, 1)

PQ$=3-1=2$ **答** $\underline{2}$

(2) もう一つは、2直線の交点Rより右側にある。

直線lのx座標をaとして、

$y=-x+6$に$x=a$を代入し、$y=-a+6$

$y=\dfrac{1}{3}x$に$x=a$を代入し、$y=\dfrac{1}{3}a$

PQ$=$（点Qのy座標）$-$（点Pのy座標）$=2$

となればよいから、

$\dfrac{1}{3}a-(-a+6)=2$、$\dfrac{1}{3}a+a-6=2$、$\dfrac{4}{3}a=8$、

$a=8\times\dfrac{3}{4}=6$ **答** $\underline{x=6}$

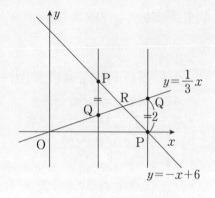

別解 (1)の点Pと、(2)で求める点Pは、2直線の

交点Rについて対称。

Rのx座標は、

$\dfrac{1}{3}x=-x+6$、$\dfrac{1}{3}x+x=6$、$\dfrac{4}{3}x=6$、

$x=6\times\dfrac{3}{4}=\dfrac{9}{2}$

このことから、もうひとつの点Pのx座標は、

$\dfrac{9}{2}+\left(\dfrac{9}{2}-3\right)=6$ $x=6$

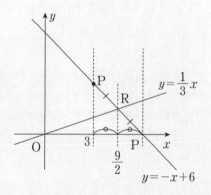

高校入試問題にチャレンジ

解答・解説 ▶ P.8

問題 右の図のように、2つの関数$y=\dfrac{a}{x}$ $(a>0)$、$y=-\dfrac{5}{4}x$

のグラフ上で、x座標が2である点をそれぞれA、Bとする。

AB$=6$となるときのaの値を求めなさい。〈栃木県〉

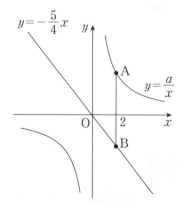

014 放物線は軸に対称

> **放物線のグラフはy軸について対称。**
> **また、グラフ$y=ax^2$と$y=-ax^2$はx軸について対称。**

例 関数$y=3x^2$のグラフ上に、A(1, 3)をとる。

A 移動①

・点Aをy軸に対称に移した点B$(-1, 3)$は、
　同じく関数$y=3x^2$のグラフ上にある。

・点Aを通りx軸と平行に直線を引けば、
　$y=3x^2$との交点はBと一致する。

B 移動②

・点Aをx軸に対称に移した点C(1, -3)は、
　関数$y=-3x^2$のグラフ上にある。

・点Aを通りy軸と平行に直線を引けば、
　$y=-3x^2$との交点はCと一致する。

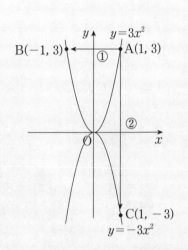

つまり、右図のように4点A、B、D、Cをとれば、
結んだ四角形は長方形で、座標平面上の原点Oは、
長方形の対角線の交点と一致する。

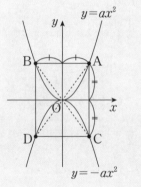

例題 右の図のように、関数$y=ax^2$のグラフ上に2点A、Bがあり、
関数$y=-ax^2$のグラフ上に点Cがあります。

線分ABはx軸に平行、線分BCはy軸に平行です。点Bのx座標が

1、$AB+BC=\dfrac{16}{3}$のとき、aの値を求めなさい。

ただし、$a>0$とします。〈広島県〉

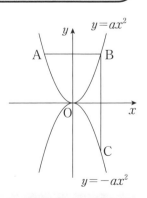

解法

方針 起点とする点Bの座標がわかり、そこからaを求める。

点Bのx座標は1だから、

ベスト解014A より、AB$=1\times2=2$で、BC$=\dfrac{16}{3}-2=\dfrac{10}{3}$

ベスト解014B より、点Bと点Cはx軸について対称だから、

点Bのy座標は$\dfrac{10}{3}\div2=\dfrac{5}{3}$

このことからB$\left(1,\ \dfrac{5}{3}\right)$として、$y=ax^2$へ代入し、

$\dfrac{5}{3}=a\times1^2$　ゆえに、$a=\dfrac{5}{3}$　**答** $a=\dfrac{5}{3}$

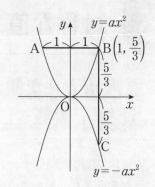

別解 座標を文字で表してもよい。

B$(1,\ a)$だから、点Cの座標は、

ベスト解014B より、C$(1,\ -a)$

ベスト解013 より、BC$=a-(-a)=2a$

したがって、AB$+$BC$=1\times2+2a=\dfrac{16}{3}$、

$2a+2=\dfrac{16}{3}$、$2a=\dfrac{16}{3}-2$、$2a=\dfrac{10}{3}$　ゆえに、$a=\dfrac{5}{3}$

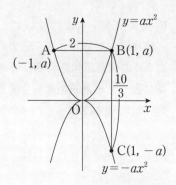

高校入試問題にチャレンジ

解答・解説 ▶ P.8

問題1　右の図で、点Oは原点であり、放物線①は関数$y=\dfrac{1}{3}x^2$

のグラフである。放物線②は関数$y=ax^2$のグラフで、$a<0$である。
2点A、Bは放物線①上の点で、点Aのx座標は4であり、線分
ABはx軸に平行である。また、点Aを通り、y軸に平行な直線を
ひき、放物線②との交点をCとする。
線分ABの長さと、線分ACの長さが等しくなるとき、aの値を求
めよ。〈香川県・一部略〉

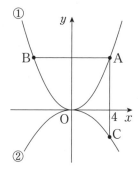

問題2　図のように、$y=\dfrac{1}{2}x^2$　…①

$y=-\dfrac{12}{x}$　$(x>0)$　…②　のグラフがある。

　①のグラフ上に2点A、Bがあり、それぞれの座標は
$(-2,\ 2)$、$(2,\ 2)$である。また、②のグラフ上に点Pがあり、
Pを通りx軸に平行な直線とy軸との交点をQとし、四角形
ABPQをつくる。
四角形ABPQが平行四辺形になるとき、直線AQの式を求
めなさい。〈和歌山県・一部略〉

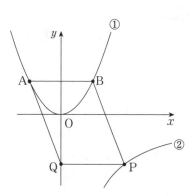

ベスト解 015 対称な直線

直線 m と n が傾き1の直線について対称ならば、（直線 m の傾き）×（直線 n の傾き）＝1

A 図で直線 l について、x 軸と直線 m が対称なとき、図の色のついた2つの直角三角形は合同

B 図で直線 $y=x$ について、直線 m と直線 n が対称なとき、図の色のついた2つの直角三角形は合同だから、太線で囲った直角三角形も合同になる（合同は、 ベスト解050 。）

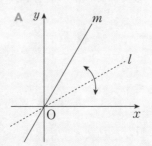
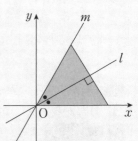

図で m の傾きを a とすれば、

n の傾きは $\dfrac{1}{a}$

このことから、

（直線 m の傾き）×（直線 n の傾き）＝1

※これは $y=-x$ についてもいえる。

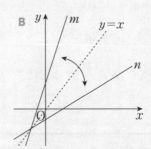
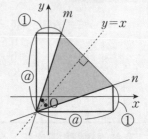

例題 1 右の図において、AB＝ACのとき、点Cの座標を求めよ。

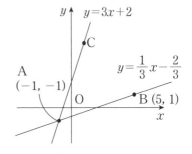

解法

方針 ベスト解015 より、点BとCは $y=x$ について対称になっている。

（直線ABの傾き）×（直線ACの傾き）＝1
だから、これらの直線は、$y=x$ について対称
そこでAB＝ACだから、点Bと点Cも $y=x$ について
対称で、点Cの x 座標は $-1+2=1$
y 座標は $-1+6=5$　よって、C(1, 5)

答 C(1, 5)

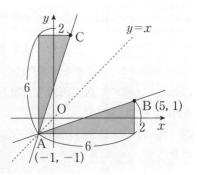

| 例題2 | 右の図において、点 A と x 軸上の点 B の x 座標は等しく、点 A(5, 12) で、OA = 13 である。 |

線分 AB 上に点 P を、∠AOP = ∠BOP となるようにとるとき、点 P の座標を求めよ。

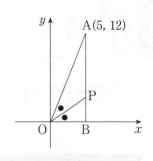

解法

方針 点 A と直線 OP について対称な点をとる。これは x 軸上にある。

OA = OC となるような点 C を x 軸正の部分にとる。

そこで AC を結び、その中点を M とすれば、

△AOM ≡ △COM

（「三組の辺の長さがそれぞれ等しい」 **ベスト解050** から。）

よって、∠AOM = ∠COM

このことから、点 P は OM 上にあるとわかる。

そこで M(9, 6) だから、直線 OM の式は $y = \dfrac{2}{3}x$

よって、点 P の y 座標は、$y = \dfrac{2}{3} \times 5 = \dfrac{10}{3}$

$P\left(5, \dfrac{10}{3}\right)$　**答** $P\left(5, \dfrac{10}{3}\right)$

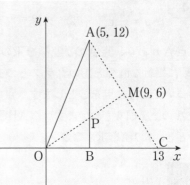

高校入試問題にチャレンジ

解答・解説 ▶ P.8

問題1 図のように、原点 O を通る直線 l 上に点 A(3, 4)、x 軸上に点 B(5, 0) がある。

∠AOB の二等分線を表す直線の傾きを求めなさい。

（注：ただし、OA = 5 である。）〈島根県・一部略〉

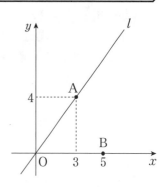

問題2 右の図で、直線①、直線②、直線③の式は、それぞれ $y = 2x + 1$、$y = \dfrac{1}{2}x - 2$、$y = ax + b$（a, b は定数、$a < 0$）である。点 A は直線①と直線③の交点で、点 A の座標は (3, 7) である。点 B は、直線①と直線②の交点である。点 C は、直線②と直線③の交点である。

点 B から直線③に垂線をひき、直線③との交点を H とする。AH = CH となるとき、点 C の座標を求めよ。〈福岡県・一部略〉

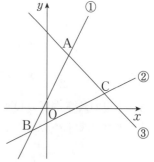

ベ|ス|ト|解 016 線分の長さが二次式になる

放物線を通る y 軸に平行な線分の長さは、二次方程式の解の吟味が必要。

x 座標を文字で置けば y 座標は二次式となるから、その計算で二次方程式が出てくる。

例題1 右の図のように、2つの関数 $y=x^2$ …①

$y=\dfrac{1}{3}x^2$ …② のグラフがあります。②のグラフ上

に点Aがあり、点Aの x 座標を正の数とします。点Aを通り、
y 軸に平行な直線と①のグラフとの交点をBとし、点Aと y 軸
について対称な点をCとします。点Oを原点とします。
点Aの x 座標を t とします。△ABCが直角二等辺三角形とな
るとき、t の値を求めなさい。〈北海道・一部略〉

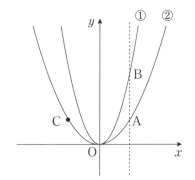

解法

方針 3点A、B、Cの座標を t で表し、縦、横の長さを使った方程式を立てる。

$A\left(t, \dfrac{1}{3}t^2\right)$ だから、**ベスト解 014 A** より、$C\left(-t, \dfrac{1}{3}t^2\right)$。

またB (t, t^2)。

ベスト解 013 より、$BA=t^2-\dfrac{1}{3}t^2=\dfrac{2}{3}t^2$ （…⑦）

ベスト解 013 より、$CA=t-(-t)=2t$ （…⑦）

△ABCが直角二等辺三角形だから、

$BA=CA$ で、⑦＝⑦から、

$\dfrac{2}{3}t^2=2t$、$\dfrac{2}{3}t^2-2t=0$、$2t^2-6t=0$、$t^2-3t=0$、

$t(t-3)=0$、$t>0$ より、$t=3$　**答** $t=3$

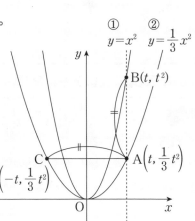

例題2 図のように、関数 $y=\dfrac{1}{2}x^2$ のグラフ上に点Aがあり、

点Aの x 座標は4である。原点をOとする。
x 軸上を動く点Pがある。点Pを通り y 軸に平行な直線と直線
OA、関数 $y=\dfrac{1}{2}x^2$ のグラフとの交点をそれぞれQ、Rとする。

線分PQの長さが線分QRの長さの5倍になるとき、点Pの x
座標をすべて求めよ。ただし、点Pの x 座標は正とする。

〈長崎県・一部改〉

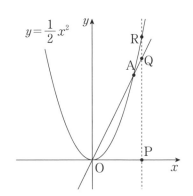

解法

> **方針** 3点P、Q、Rのy座標を文字で表し、線分比から方程式を立てる。求めるのは図のP_1とP_2で、QとRの位置が逆になっていることに注意する。

点Aのx座標は4だから、$y = \dfrac{1}{2} \times 4^2 = 8$

よってA(4, 8)だから、OAの式は$y = 2x$

点Pのx座標をpとすれば、

$Q(p, 2p)$、$R\left(p, \dfrac{1}{2}p^2\right)$

PがAより、右側と左側で場合分けする。

①P_1のとき$(4 < p)$、$R_1P_1 : Q_1P_1 = 6 : 5$

$\dfrac{1}{2}p^2 : 2p = 6 : 5$　$\dfrac{5}{2}p^2 = 12p$、

$5p^2 - 24p = 0$, $p(5p - 24) = 0$　$p = 0$、$\dfrac{24}{5}$

ベスト解016 より、

解の吟味をして、$4 < p$だから、$p = \dfrac{24}{5}$

②P_2のとき$(0 < p < 4)$、$R_2P_2 : Q_2P_2 = 4 : 5$

$\dfrac{1}{2}p^2 : 2p = 4 : 5$　$\dfrac{5}{2}p^2 = 8p$、

$5p^2 - 16p = 0$, $p(5p - 16) = 0$　$p = 0$、$\dfrac{16}{5}$

ベスト解016 より、

解の吟味をして、$0 < p < 4$だから、$p = \dfrac{16}{5}$　　答 $x = \dfrac{16}{5}$、$\dfrac{24}{5}$

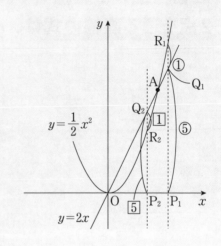

> **ワンポイントアドバイス**
> くれぐれも、解の吟味をおこたらないように。

2

関数のグラフ

線分の長さが二次式になる

高校入試問題にチャレンジ

解答・解説 ▶ P.9

> **問題** 右の図で、点Oは原点、曲線lは関数$y = \dfrac{1}{2}x^2$のグラフを表している。
>
> 点A、Bはともに曲線l上にあり、x座標はそれぞれ-4、6である。曲線l上にある点をPとする。
>
> 点Pのx座標が-4より大きく6より小さい数のとき、点Aと点Bを結び、線分AB上にあり、x座標が点Pのx座標と等しい点をQとし、点Pと点Qを結び、線分PQの中点をMとする。直線BMが原点を通るとき、点Pの座標を求めよ。〈東京都〉

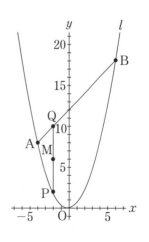

放物線と2点で交わる直線の式

放物線上のx座標をそれぞれp、qとする 2点を通る直線の式は、$y = a(p+q)x - apq$

理由

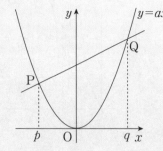

直線PQの式
$y = a(p+q)x - apq$

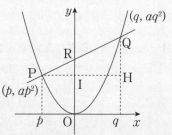

傾き：△PHQから、$\dfrac{aq^2 - ap^2}{q-p} = \dfrac{a(q^2 - p^2)}{q-p}$

$= \dfrac{a(q-p)(q+p)}{q-p} = a(p+q)$

切片：△PIRで点Pのx座標はpだから、

直線の傾きを利用すれば、$RI = -ap(p+q)$

よって、$RO = RI + IO = -ap(p+q) + ap^2 = -apq$

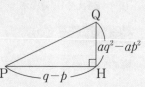

※利点はy座標を使わずに済むこと。この公式はよく出てくる。

例題　次の(1)、(2)の各図において、aの値を求めよ。

(1)〈宮城県・一部略〉

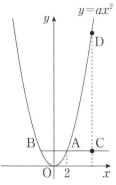

A、B、Cのy座標は等しい
BC＝2BA
直線BDの傾き3

(2)〈埼玉県・一部略〉

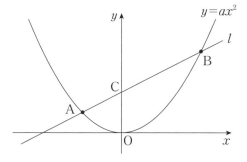

放物線の式$y = ax^2$
A、Bのx座標は-2、4、
C(0, 2)

解法

方針　(1)は ベスト解017 より傾きの式を、(2)は ベスト解017 より切片の式を作る。

(1)　ベスト解014 より、Bのx座標 -2だから、BA$=2-(-2)=4$
　　よって、BC$=2$BA$=2\times4=8$　このことから、CとDのx座標は$-2+8=6$

　　$a(-2+6)=3$、$4a=3$、$a=\dfrac{3}{4}$　　答 $a=\dfrac{3}{4}$

(2)　$-a\times(-2)\times4=2$、$8a=2$、$a=\dfrac{1}{4}$　　答 $a=\dfrac{1}{4}$

ワンポイントアドバイス

右図のように、異なる放物線上の2点A、Bではこの方法は通用しない。

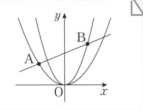

高校入試問題にチャレンジ

解答・解説 ▶ P.9

問題1　図のように、$y=\dfrac{1}{2}x^2$ …①、

$y=-\dfrac{12}{x}\ (x>0)$ …②のグラフがある。
①のグラフ上に2点A、Bがあり、それぞれの座標は$(-2,2)$、$(2,2)$である。
また、②のグラフ上に点Pがあり、Pを通りx軸に平行な直線とy軸との交点をQとし、四角形ABPQをつくる。

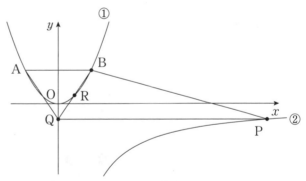

①のグラフと四角形ABPQの対角線BQがB以外で交わっている。その交点をRとする。
Rのx座標が1のとき、Pの座標を求めなさい。〈和歌山県・一部略〉

問題2　右の図において、曲線は関数$y=\dfrac{1}{2}x^2$のグラフで、直線は

関数$y=ax+2\ (a<0)$のグラフです。直線と曲線の交点のうちx座標が負である点をA、正である点をBとし、直線とy軸との交点をCとします。また曲線上にx座標が3である点Dをとります。
△ADCの面積が、△CDBの面積の4倍になるとき、aの値を求めなさい。〈埼玉県・一部略〉

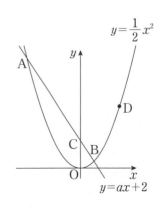

018 一直線上の等しい傾き

> ## 3点が一直線上にあるときは、傾きを使った方程式を立てる。
>
> 3点A、B、Cが直線l上にあるとき、
> （直線ABの傾き）＝（直線BCの傾き）＝（直線ACの傾き）
> だから、これらを組み合わせた方程式にする。

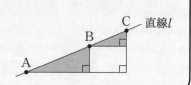

例題1　3点A$(1, 1)$、B$(3, a)$、C$(4, 2a-2)$が一直線上あるとき、aの値を求めよ。

解法

方針　直線ABと直線ACの傾きを文字を使い表し、**ベスト解018**より、それが等しいことから方程式を立てる。

直線ABの傾きは、$\dfrac{a-1}{3-1} = \dfrac{a-1}{2}$　（…❶）

直線ACの傾きは、$\dfrac{(2a-2)-1}{4-1} = \dfrac{2a-3}{3}$　（…❷）

3点A、B、Cは一直線上にあるから、

直線ABと直線ACの傾きは等しく、❶＝❷として、

$$\dfrac{a-1}{2} = \dfrac{2a-3}{3}$$

$3(a-1) = 2(2a-3)$、$3a-3 = 4a-6$、$-a = -3$、$a = 3$　　**答** $a = 3$

別解　直線BCの傾きは、

$\dfrac{(2a-2)-a}{4-3} = a-2$　（…❸）、❶＝❸として、$\dfrac{a-1}{2} = a-2$、$a-1 = 2(a-2)$、

$a-1 = 2a-4$、$a = 3$

などとしてもできる。

例題2　右図において、nは$y = ax^2$ $(a>0)$のグラフを表す。Aはy軸上の点であり、Aのy座標は1である。Bはn上の点であり、Bのx座標は正である。lは2点A、Bを通る直線であり、その傾きは正である。Cは直線lとx軸との交点であり、Cのx座標はBのx座標より4小さい。mは、Bを通り傾きが$\dfrac{1}{2}$の直線である。Dは直線mとx軸との交点であり、Dのx座標はBのx座標より3小さい。このとき、aの値を求めなさい。〈大阪府〉

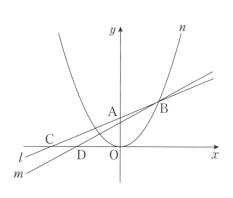

解法

方針 i) x座標の差から整理し、直線CBと直線CAの傾きを、文字を使い表し方程式を立てる。ii)そして点Bの座標からaを求める。

点Bからx軸へ垂線BHを下ろせば、題意より、

・Cのx座標はBのx座標より4小さい
　→CH＝4
・Dのx座標はBのx座標より3小さい
　→DH＝3
・直線mの傾きは$\dfrac{1}{2}$→BH＝$\dfrac{3}{2}$

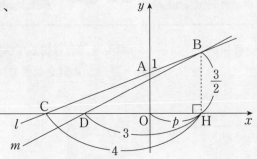

i）3点C、A、Bは一直線上にあるから、
点Bのx座標をpとして傾きを利用する。

直線CBの傾きは、$\dfrac{\frac{3}{2}}{4}=\dfrac{3}{2}\div 4=\dfrac{3}{2}\times\dfrac{1}{4}=\dfrac{3}{8}$（…❶）

直線CAの傾きは、$\dfrac{1}{4-p}$（…❷）

ベスト解018 より、❶＝❷だから、$\dfrac{3}{8}=\dfrac{1}{4-p}$

$3(4-p)=8$、　$4-p=\dfrac{8}{3}$、　$-p=\dfrac{8}{3}-4$　$p=\dfrac{4}{3}$より、B$\left(\dfrac{4}{3},\ \dfrac{3}{2}\right)$

ii）ここからはaを求める。点Bは$y=ax^2$上の点だから、

$\dfrac{3}{2}=a\times\left(\dfrac{4}{3}\right)^2$、$\dfrac{3}{2}=a\times\dfrac{16}{9}$　ゆえに、　$a=\dfrac{27}{32}$　　**答** $a=\dfrac{27}{32}$

高校入試問題にチャレンジ

解答・解説 ▶ P.10

問題 図において、点Aの座標は$(-4,\ -5)$であり、①は、点Aを通り、xの変域が$x<0$であるときの反比例のグラフである。また、②は、関数$y=ax^2$ $(a>0)$のグラフである。2点B、Cは放物線②上の点であり、そのx座標は、それぞれ-2、3である。

点Fは四角形AFCBが平行四辺形となるようにとった点である。3点B、O、Fが一直線上にあるときの、aの値と点Fの座標を求めなさい。

〈静岡県・一部略〉

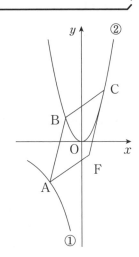

ベ|ス|ト|解

019

平行の等しい傾き

2直線が平行なときは、傾きを使った方程式を立てる。

2直線が平行なとき、直線 l を平行移動してスライドさせれば直線 m と重なる。

このことから、**直線 l と直線 m の傾きは等しい**ことがわかる。

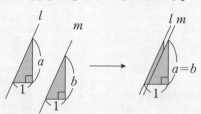

例題1　2点 A$(1, 3)$、B$(a, 5)$ を通る直線 AB と、2点 C$(2, 5)$、D$(a+4, 9)$ を通る直線 CD が平行であるとき、a の値を求めよ。

解法

方針　2つの直線の傾きが等しいことから、**ベスト解019** より、方程式を立てる。

直線 AB の傾きは、$\dfrac{5-3}{a-1} = \dfrac{2}{a-1}$ （…❶）

直線 CD の傾きは、$\dfrac{9-5}{(a+4)-2} = \dfrac{4}{a+2}$ （…❷）

直線 AB と直線 CD の傾きが等しいから、

❶＝❷として、

$\dfrac{2}{a-1} = \dfrac{4}{a+2}$

$2(a+2) = 4(a-1)$、$2a+4 = 4a-4$、

$-2a = -8$、$a = 4$　　**答** $a = 4$

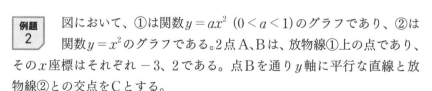

例題2　図において、①は関数 $y = ax^2$ $(0 < a < 1)$ のグラフであり、②は関数 $y = x^2$ のグラフである。2点 A、B は、放物線①上の点であり、その x 座標はそれぞれ -3、2 である。点 B を通り y 軸に平行な直線と放物線②との交点を C とする。

点 C から y 軸に引いた垂線の延長と放物線②との交点を D とする。直線 AB と y 軸との交点を E とする。

四角形 DAEC が台形となるときの、a の値を求めなさい。

〈静岡県・一部略〉

図

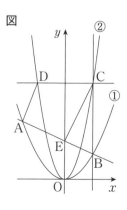

解法

> **方針** 直線 AD と EC が平行になるから傾きが等しい。 ベスト解019 より、これらの傾きを文字を使って表し方程式を立てる。

まず各座標を準備する。

①のグラフから、$A(-3, 9a)$、$B(2, 4a)$ とする。

また②のグラフで $C(2, 4)$ だから、

ベスト解014A より、$D(-2, 4)$ とわかる。

さてここで、 ベスト解017 より、

直線 AB の切片は、

$-a \times (-3) \times 2 = 6a$

だから、これが E の y 座標。

ここから ベスト解019 を利用する。

題意より四角形 DAEC は台形で、

AE と DC は明らかに平行でないので、

DA ∥ CE となるはず。

色の付いた三角形から、

直線 AD の傾きは、$\dfrac{4-9a}{(-2)-(-3)} = 4-9a$ （…❶）

直線 EC の傾きは、$\dfrac{4-6a}{2-0} = 2-3a$ （…❷）

直線 AD と直線 EC の傾きが等しいから ベスト解019 より、

❶ ＝ ❷ として、$4-9a = 2-3a$、$-6a = -2$、$a = \dfrac{1}{3}$

> **答** $a = \dfrac{1}{3}$

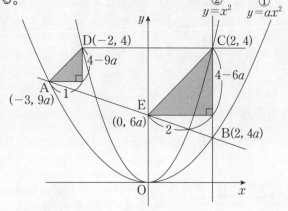

> **ワンポイントアドバイス**
>
> 傾きの扱いは、このように三角形を作るとよい。

高校入試問題にチャレンジ

解答・解説 ▶ P.10

問題 右の図において、①は関数 $y = x^2$、②は関数 $y = 2x + 8$ のグラフである。2点 A、B は①と②の交点で、x 座標はそれぞれ -2 と 4 である。点 A、B から x 軸に垂線をひき、x 軸との交点をそれぞれ C、D とする。また、点 P は①のグラフ上を A から B まで動く。

点 P の x 座標が正のとき、点 P を通り、y 軸に平行な直線をひき、②のグラフとの交点を Q とする。直線 CQ と直線 OP が平行となるような点 P の座標を求めなさい。〈石川県〉

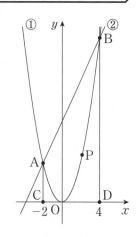

020 放物線は相似

2つの放物線では、放物線の相似比を使う。

放物線の **比例定数** と **線分比** に下図のような関係がある。

覚え方 比例定数（の絶対値）と線分比が逆になっているのに注意。

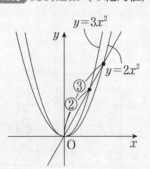

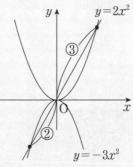

理由 直線 $y = kx$ と、それぞれの放物線の交点の座標は以下のようになる。

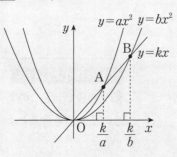

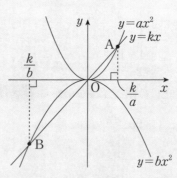

A では、$OA : OB = \dfrac{k}{a} : \dfrac{k}{b} = \dfrac{bk}{ab} : \dfrac{ak}{ab} = b : a$

B では、$OA : OB = \dfrac{k}{a} : \left(-\dfrac{k}{b}\right) = \dfrac{bk}{ab} : \left(-\dfrac{ak}{ab}\right) = b : (-a) = (-b) : a$

例題1 右の図のように、関数 $y = ax^2$ のグラフと関数 $y = bx^2$ のグラフがある。ただし、a、b はともに正の数で、$a > b$ とする。関数 $y = ax^2$ のグラフ上に点 $A(1, 2)$ があり、原点 O と点 A を通る直線を l とする。直線 l と関数 $y = bx^2$ のグラフは点 B で交わり、$OA : OB = 1 : 4$ となった。

このとき、b の値を求めなさい。〈千葉県・改題〉

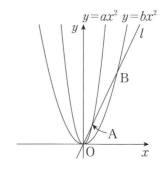

解法

> **方針** OAとOBの比から、**ベスト解020A** より比例定数がわかる。

ベスト解020 より、$OA : OB = b : a = 1 : 4$

$A(1, 2)$ だから、$2 = a \times 1^2$　$a = 2$

$b : 2 = 1 : 4$、$4b = 2$　　ゆえに　$b = \dfrac{1}{2}$　**答** $b = \dfrac{1}{2}$

例題 2　右の図のように、2つの関数 $y = -\dfrac{1}{3}x^2$ …⑦

$y = ax^2$（a は定数）…④　のグラフがある。
点Aは関数⑦のグラフ上にあり、Aの y 座標は -3 で、Aの x 座標は負である。点Bは関数④のグラフ上にあり、Bの x 座標は 4 である。また、直線ABは原点Oを通る。
このとき、a の値を求めなさい。〈熊本県・一部略〉

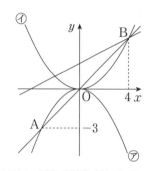

解法

> **方針** 「線分の比 ＝ x 座標の比」とできる。そこで点Aの x 座標を求めれば、
> **ベスト解020B** より OA と OB の比がわかる。

点Aの x 座標は、⑦で、$-\dfrac{1}{3}x^2 = -3$、$x^2 = 9$、$x < 0$ より、$x = -3$

$OA : OB = a : \left| -\dfrac{1}{3} \right|$　$\Rightarrow$　$\left| -3 \right| : 4 = a : \left| -\dfrac{1}{3} \right|$　、$3 : 4 = a : \dfrac{1}{3}$

$4a = 1$、$a = \dfrac{1}{4}$　**答** $a = \dfrac{1}{4}$

高校入試問題にチャレンジ

解答・解説 ▶ P.10

問題　右の図において、曲線①は関数 $y = \dfrac{1}{2}x^2$ のグラフで、

曲線②は関数 $y = x^2$ のグラフです。
直線OC、ODをひき、曲線①との交点をF、Gとします。
次の各問いに答えなさい。〈埼玉県・改題〉

(1)　OC : OF を最も簡単な整数の比で答えなさい。

(2)　△OCDの面積が $\dfrac{21}{4}$ cm^2 のとき、四角形CDGFの面積

を求めなさい。

ただし、座標軸の単位の長さを1cmとします。

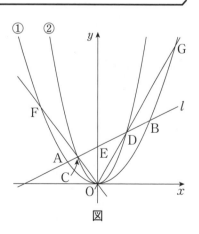

図

ベ|ス|ト|解

021 座標平面上の面積

座標平面上の三角形の面積は、座標をマス目として利用する。

例 右の三角形の面積を求める。

A 囲った長方形から周囲を除く

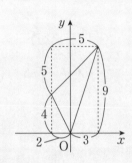

$$9 \times 5 - 2 \times 4 \times \frac{1}{2}$$

$$- 3 \times 9 \times \frac{1}{2}$$

$$- 5 \times 5 \times \frac{1}{2} = 15$$

※この方法は万能。どんな場面
でも通用する。

B （x座標の差）×（切片の絶対値）×$\frac{1}{2}$

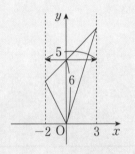

下記のようにしても同じ。

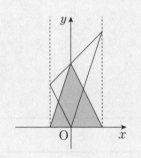

$$\{3 - (-2)\} \times 6 \times \frac{1}{2} = 15$$

※直線の切片がわかって
いないと不便な場合も
ある。

例題1 右の図のように、関数 $y = ax^2$ のグラフと直線 l が、2点A、Bで交わっている。Aの座標は $(-1, 2)$ で、Bの x 座標は2である。

次の(1)～(3)の問いに答えなさい。〈岐阜県〉

(1) a の値を求めなさい。

(2) 直線 l の式を求めなさい。

(3) △AOBの面積を求めなさい。

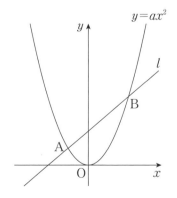

解法

(1) $y = ax^2$ に $(-1, 2)$ を代入して、$2 = a \times (-1)^2$、$a = 2$　　**答** $a = 2$

(2) ベスト解017 より、$y = 2(-1+2)x - 2 \times (-1) \times 2 = 2x + 4$　　**答** $y = 2x + 4$

(3)

方針　Bの座標を求め、

ベスト解021B より面積を計算する。

点Bのy座標は、$y = 2x^2$に$x = 2$を代入して、
$y = 2 \times 2^2 = 8$　B(2, 8)

$\triangle AOB = \{2 - (-1)\} \times 4 \times \dfrac{1}{2} = 3 \times 4 \times \dfrac{1}{2} = 6$

答 6

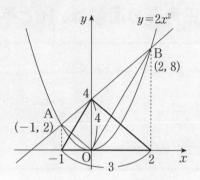

例題 2　右の図において、$\triangle ABC$の面積を求めよ。

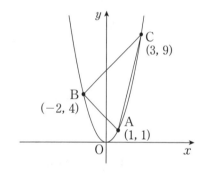

解法

方針　ベスト解021A より面積を計算する。

$8 \times 5 - 3 \times 3 \times \dfrac{1}{2} - 2 \times 8 \times \dfrac{1}{2} - 5 \times 5 \times \dfrac{1}{2} = 15$

答 15

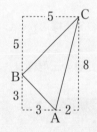

（ ベスト解022A を利用することもできる。）

高校入試問題にチャレンジ

解答・解説 ▶ P.11

問題　図のように2点A$(-1, 2)$、B$(2, 8)$がある。

2点A、Bを通る直線とy軸との交点をCとし、x軸を対称の軸として、
点Cを対称移動した点をDとする。

このとき、(1)〜(3)の各問いに答えなさい。〈佐賀県・一部略〉

(1)　2点A、Bを通る直線の式を求めなさい。

(2)　点Dの座標を求めなさい。

(3)　$\triangle ABD$の面積を求めなさい。

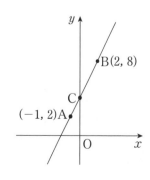

022 軸と平行に引く面積

三角形の面積は、軸と平行な線分を引き、底辺や高さとする。

 **A** y軸と平行な直線を引く

 **B** x軸と平行な直線を引く

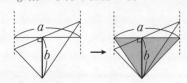

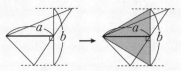

面積 $a \times b \times \dfrac{1}{2}$

$= \dfrac{1}{2}ab$ と計算できる。

例題 1 右の図のように、関数 $y = -x$ のグラフ上に点 $A(-3, 3)$ がある。また、曲線 $y = \dfrac{6}{x}$ のグラフの $x > 0$ の範囲に点 P を、$\triangle AOP = \dfrac{15}{2}$ となるようにとる。

このとき点 P の x 座標を求めよ。

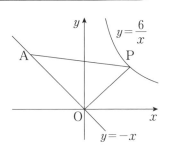

解法

方針 **ベスト解022 B** より、x軸 // PQ となるように、OA 上に点 Q をとる。

点 P の x 座標を p として、$P\left(p, \dfrac{6}{p}\right)$

すると Q の x 座標は、$\dfrac{6}{p} = -x$、$x = -\dfrac{6}{p}$

ベスト解013 より、$PQ = \left\{p - \left(-\dfrac{6}{p}\right)\right\} = \left(p + \dfrac{6}{p}\right)$

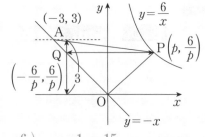

ここで $\triangle AOP$ の面積を、p を使って表し、$\triangle AOP = \left(p + \dfrac{6}{p}\right) \times 3 \times \dfrac{1}{2} = \dfrac{15}{2}$

$p + \dfrac{6}{p} = 5$、$p^2 - 5p + 6 = 0$、$(p-2)(p-3) = 0$ ゆえに $p = 2, 3$ **答** $x = 2、3$

例題 2 右の図のように、関数 $y = x^2$ のグラフと直線 $y = x + 6$ のグラフが 2点 A、B で交わっている。

$y = x^2$ のグラフ上の正の部分に点 P をとり、点 P を通り y 軸と平行な直線と、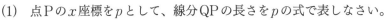線分 AB との交点を Q とする。

(1) 点 P の x 座標を p として、線分 QP の長さを p の式で表しなさい。

(2) $\triangle APB$ の面積が 15 のとき、点 P の x 座標を求めなさい。

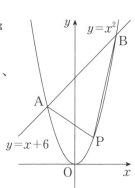

解法

(1)　P(p, p^2)、Q(p, $p+6$)

 より、QP $= p+6-p^2$

答 QP $= p+6-p^2$

(2)　$\triangle$APB $= \{3-(-2)\} \times (p+6-p^2) \times \dfrac{1}{2}$

$= 5 \times (p+6-p^2) \times \dfrac{1}{2} = 15$

整理して、$p+6-p^2 = 6$、$p^2-p = 0$、

$p(p-1) = 0$、$p = 0$、1

点Pのx座標は'正'だから、$p = 1$　　**答** $x = 1$

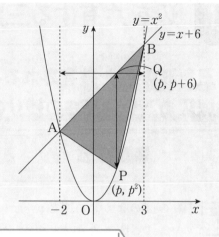

ワンポイントアドバイス

点Pのx座標が3より大きくなると、Qは線分AB上にないから$p < 3$。

高校入試問題にチャレンジ

解答・解説 ▶ P.11

問題1　図のように、関数$y = x^2$と関数$y = 2x+15$のグラフがある。2つのグラフは2点A、Bで交わり、点A、Bのx座標はそれぞれ、-3、5である。

関数$y = x^2$のグラフ上に点Pを、$\triangle$APBの面積が48になるようにとりたい。ただし、点Pのx座標は$0 < x < 5$とする。点Pの座標を求めなさい。〈長野県・一部改〉

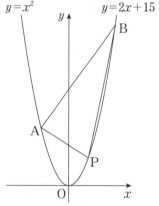

問題2　右の図において、直線①は関数$y = -x$のグラフであり、曲線②は関数$y = \dfrac{1}{3}x^2$のグラフ、曲線③は関数$y = ax^2$のグラフである。

点Aは直線①と曲線②との交点であり、そのx座標は-3である。点Bは曲線②上の点で、線分ABはx軸に平行である。また、点Cは曲線③上の点で、線分ACはy軸に平行であり、点Cのy座標は-2である。点Dは線分AC上の点で、AD：DC $= 2:1$である。

点Gは直線①上の点である。三角形BDGの面積が15であるとき、点Gのx座標を求めなさい。ただし、点Gのx座標は正とする。〈神奈川県・一部改〉

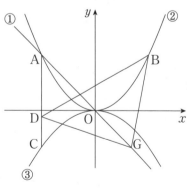

ヒント　点Gを通りy軸と平行な直線を引く。

2
関数のグラフ

軸と平行に引く面積

023 辺を共有する三角形の面積比

三角形の辺が共有されるとき、底辺あるいは高さの残りの一方で面積を比べればよい。

※使い方は、 ベスト解 062 を参考に。

例題 1　右の図のように、関数 $y = x^2$ のグラフ上に、2点 A(2, 4)、B(−2, 4) と $0 < x < 2$ の範囲で動く点 C があります。点 C を通り x 軸に平行な直線と、関数 $y = \dfrac{1}{2}x^2$ のグラフとの2つの交点のうち、x 座標が小さい方を D とします。△BDC と △DOC の面積が等しくなるとき、直線 OD の式を求めなさい。〈広島県・一部略〉

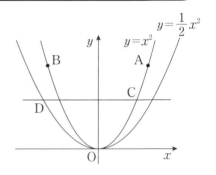

解法

> **方針**　△BDC と △DOC は DC が共通だから、'DC と O' と 'DC と B' の距離を等しくとる。

点 B から x 軸へ垂線 BH を引き、
BH の中点を M とすれば BM = HM となり、
DC がこの M を通れば、DC を底辺としたときの、
それぞれの高さが等しくなる。
すると M の y 座標は2だから、D もこれと同じで、
$2 = \dfrac{1}{2}x^2$、$x^2 = 4$、題意より $x = -2$
D(−2, 2) から、これと原点を通る式は、
$y = -x$　　**答** $y = -x$

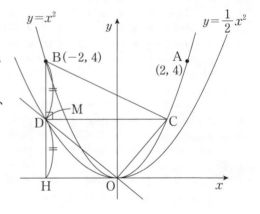

例題 2　図のように、関数 $y = ax^2$ …① のグラフが、点 A(2, 2) を通っている。このとき、次の各問いに答えなさい。ただし、原点は O とする。〈鳥取県・一部略〉

(1)　a の値を求めなさい。

(2)　点 A を通り、傾き −1 の直線の式を求めなさい。

(3)　(2)で求めた直線と①のグラフとの交点のうち、A とは異なる点を B とする。①のグラフ上を動く点 P がある。この点 P と点 B を結んでできる直線 BP と x 軸との交点を Q とする。
このとき、△OPB の面積と △OPQ の面積が等しくなるような点 P の x 座標を求めなさい。ただし、点 P は $x > 0$ を満たす範囲を動くものとする。

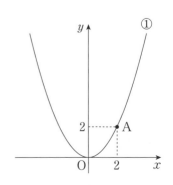

解法

(1) $2 = a \times 2^2$、$2 = 4a$、$a = \dfrac{1}{2}$ 　**答** $a = \dfrac{1}{2}$

(2) $y = -x + b$ として、$2 = -2 + b$、$b = 4$、$y = -x + 4$ 　**答** $y = -x + 4$

(3)

> **方針** 点Pが線分QBの中点となればよい。

まず点Bの座標を求める。x座標をtとして、傾きを利用すれば、

ベスト解017 より、$\dfrac{1}{2}(t+2) = -1$、$t + 2 = -2$、$t = -4$

$y = \dfrac{1}{2}x^2$ へ代入して、$y = \dfrac{1}{2} \times (-4)^2 = 8$、B$(-4, 8)$

さて、△OPBと△OPQはOPが共通で、
なおかつ、BPとPQは一直線上にあるので、
BとQが点Pについて対称の位置にあればいい。
つまり点Pを線分BQの中点とすれば、
△OPB＝△OPQとなる。

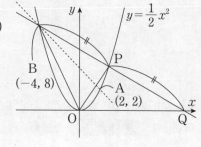

中点Pのy座標は4 　$4 = \dfrac{1}{2}x^2$、$x^2 = 8$、$x > 0$ より、$x = 2\sqrt{2}$ 　**答** $x = 2\sqrt{2}$

高校入試問題にチャレンジ

解答・解説 ▶ P.11

問題1 関数 $y = ax^2$ のグラフ上に2点A、Bがある。点Aの
座標は$(-2, 2)$、点Bのx座標は6である。
このとき、次の各問いに答えなさい。〈沖縄県〉

(1) aの値を求めなさい。

(2) 点Bのy座標を求めなさい。

(3) 直線ABの式を求めなさい。

(4) 直線ABとx軸との交点をCとする。線分AB上に点P
をとると、△COPの面積は△AOBの面積と等しくなった。
このとき、点Pの座標を求めなさい。

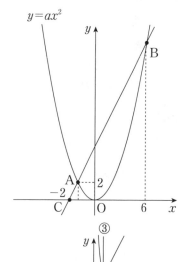

問題2 右の図で、放物線①は $y = ax^2$、双曲線②は $y = \dfrac{16}{x}$、

直線③は$x = 2$のグラフである。点Aは①と③の交点、点Bは
①と②の交点でx座標は-4、点Cは②と③の交点であり、点
Dは直線BCとy軸の交点である。点Pは①上の点で、x座標
は負である。次の(1)〜(3)に答えなさい。〈青森県・一部略〉

(1) aの値を求めなさい。

(2) 直線BCの式を求めなさい。

(3) △ACPの面積が△ACDの面積の5倍になるとき、点P
の座標を求めなさい。

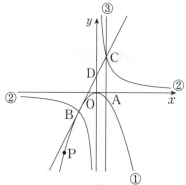

ベスト解

Chapter2　関数のグラフ

レベル4｜ 発 展
▶ レベル3｜ 応 用
レベル2｜ 標 準
レベル1｜ 基 礎

024 等しい角で比べる面積

1つの角の等しい三角形の面積比は、その角を挟む辺の積をとる。

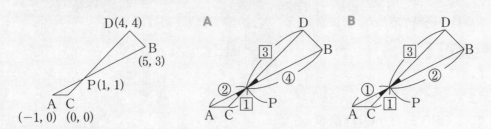

$\triangle PAC : \triangle PBD = PA \times PC : PB \times PD$

A x座標の比で$2 \times 1 : 4 \times 3 = 1 : 6$、あるいは**B** y座標の比で$1 \times 1 : 2 \times 3 = 1 : 6$

※理由は、 ベスト解 065 を参照。

例題 1　図のように、関数$y = ax^2$ …① のグラフと直線lが2点
A、Bで交わっている。点Aの座標は$(-2, 2)$、点Bのx座
標は1である。

このとき、次の(1)～(3)の問いに答えなさい。〈宮崎県・改題〉

(1)　aの値を求めなさい。

(2)　直線lの式を求めなさい。

(3)　関数①のグラフ上に点C$(4, 8)$をとり、2点A、Cを通る直線を
引いた。直線lと直線OCの交点をPとするとき、△AOPと
△PBCの面積の比を、最も簡単な整数の比で答えなさい。

解法

(1)　$2 = a \times (-2)^2$、$2 = 4a$、$a = \dfrac{1}{2}$　**答** $a = \dfrac{1}{2}$

(2)　ベスト解 017 より、$y = \dfrac{1}{2}(-2+1)x - \dfrac{1}{2} \times (-2) \times 1 = -\dfrac{1}{2}x + 1$

答 $y = -\dfrac{1}{2}x + 1$

方針　∠APO ＝ ∠CPBに着目し、
ベスト解 024A を利用する。

(3)　直線OCの式は$y = 2x$だから、点Pのx座標
は、これと(2)より、

$2x = -\dfrac{1}{2}x + 1$、$\dfrac{5}{2}x = 1$、$x = \dfrac{2}{5}$

△AOPと△PBCは、∠APO ＝ ∠CPB

ベスト解 024A より、$PA \times PO : PB \times PC$

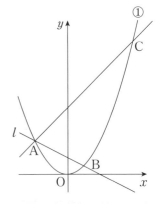

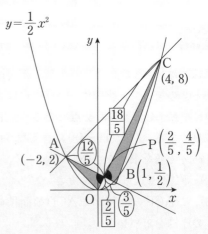

それぞれのx座標の比を使って、$\triangle$AOP：$\triangle$PBC

$= \dfrac{12}{5} \times \dfrac{2}{5} : \dfrac{3}{5} \times \dfrac{18}{5} = 4 : 9$　　答 $4:9$

ワンポイントアドバイス

$\triangle$AOP$\infty\triangle$CBPにもなっている。これに気づけば$2^2:3^2$

例題 2　右の図において、3点A、B、Cは関数$y=\dfrac{1}{4}x^2$のグラフ上にあり、それぞれのx座標は2、-4、6である。
直線BOと直線ACは点Dで交わり、また線分BOの中点をMとする。このとき、次の各問いに答えよ。

(1)　点Dの座標を求めよ。

(2)　$\triangle$AODと$\triangle$CBMの面積の比を最も簡単な整数の比で表せ。

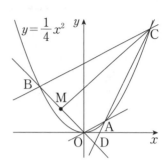

解法　(1)　A(2, 1)、B(-4, 4)、C(6, 9)　よって、直線BO、直線ACのそれぞれの式は、
$y=-x$、$y=2x-3$だから、D(1, -1)　　答 D(1, -1)

方針　OA∥BCから∠AOD＝∠CBMに着目し、**ベスト解024A**を利用。

(2)　直線OAと直線BCの傾きはともに$\dfrac{1}{2}$だから、

OA∥BC

$\triangle$AODと$\triangle$CBMは、∠AOD＝∠CBM

だから、**ベスト解024A**より OD$\times$OA：BM$\times$BC

M(-2, 2)で、それぞれのx座標の比を利用して、

$\triangle$AOD：$\triangle$CBM$=1\times2:2\times10=1:10$

答 $1:10$

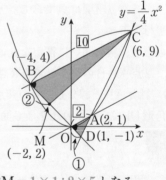

別解　y座標の比を使ってもよい。すると、$\triangle$AOD：$\triangle$CBM$=1\times1:2\times5$となる。

高校入試問題にチャレンジ

解答・解説 ▶ P.12

問題　図のように関数$y=ax^2$ …① のグラフは2点
A(-3, 3)、B(6, 12)を通っている。
このとき、次の各問いに答えなさい。ただし、原点はO
とする。〈鳥取県・一部略〉

(1)　aの値を求めなさい。

(2)　2点A、Bを通る直線の式を求めなさい。

(3)　直線AB上の点でx座標が3となる点をPとする。
このとき、直線OA上に点Dをとったとき、$\triangle$OABの
面積と$\triangle$DAPの面積が等しくなるような点Dの座標を
すべて求めなさい。

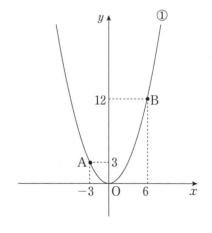

ベ｜ス｜ト｜解

025 つけ加えて比べる面積

間の図形を補完しいったん経由させ、面積を比べる。

S_1とS_2を直接比べにくいとき、△ABDと△CBDを利用し、以下のようにするとよい。

$S_1 : S_2$
$= (△ABD - △PBD) : (△CBD - △PBD)$

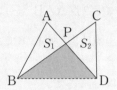
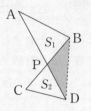

例題 図において、直線①は関数$y = x + 6$のグラフであり、曲線②は関数$y = ax^2$のグラフである。

2点A、Bはともに直線①と曲線②の交点で、点Aのx座標は-3、点Bのx座標は6であり、点Cは直線①とy軸との交点である。

また原点をOとするとき、点Dはy軸上の点で、CO：OD＝6：7であり、そのy座標は負である。点Fはx軸上の点で、線分BFはy軸に平行である。

このとき、次の問いに答えなさい。〈神奈川県・一部改〉

(1) 2点A、Bの座標を求めなさい。

(2) 線分AFと線分BDとの交点をGとするとき、三角形AGBと三角形DFGの面積の比を最も簡単な整数の比で表しなさい。

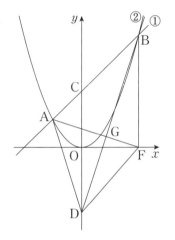

解法 (1) $y = x + 6$において、点A、Bのそれぞれx座標は-3、6だから、

A$(-3, 3)$、B$(6, 12)$ **答** A$(-3, 3)$、B$(6, 12)$

(2)

方針 i）点Gのx座標が必要。

ii）**ベスト解025** より、△BGFを加えて比較する。

i）まず点Gのx座標を求める。

CO：OD＝6：7から、D$(0, -7)$

よって、これとB$(6, 12)$から、直線DBの式は$y = \dfrac{19}{6}x - 7$（…⑦）

またAFの式は、A$(-3, 3)$とF$(6, 0)$から、$y = -\dfrac{1}{3}x + 2$（…⑦）

⑦と⑦より、点Gのx座標は、$\dfrac{19}{6}x - 7 = -\dfrac{1}{3}x + 2$, $\dfrac{7}{2}x = 9$, $x = \dfrac{18}{7}$

よって、点GからBFまでの距離は、$6 - \dfrac{18}{7} = \dfrac{42 - 18}{7} = \dfrac{24}{7}$

ⅱ） ベスト解025 より、△BGF を加え、次のように考える。

△AGB：△DFG

$= (\triangle BAF - \triangle BGF) : (\triangle BDF - \triangle BGF)$

$= \left(BF \times 9 \times \dfrac{1}{2} - BF \times \dfrac{24}{7} \times \dfrac{1}{2}\right)$

$\quad : \left(BF \times 6 \times \dfrac{1}{2} - BF \times \dfrac{24}{7} \times \dfrac{1}{2}\right)$

$= \left(9 - \dfrac{24}{7}\right) : \left(6 - \dfrac{24}{7}\right) = \dfrac{39}{7} : \dfrac{18}{7} = 13 : 6$

答 13：6

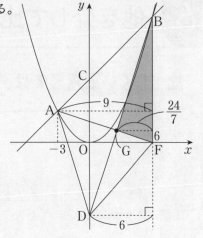

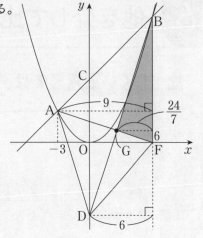

> **ワンポイントアドバイス**
>
> ∠AGB ＝ ∠DGF だから、 ベスト解024 より、
>
> **GA × GB：GF × GD** としてもよい。

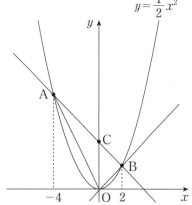

高校入試問題にチャレンジ

解答・解説 ▶ P.13

問題1 図のように、関数 $y = \dfrac{1}{2}x^2$ のグラフ上に2点A、B

があり、その x 座標はそれぞれ -4、2 である。また、直線
AB と y 軸の交点をC とする。
次の問いに答えなさい。ただし、座標軸の単位の長さは1cm
とする。〈兵庫県・一部略〉

(1) 直線OB の傾きを求めなさい。

(2) △OAC の面積は何 cm^2 か、求めなさい。

(3) △OAC と △BCD の面積が等しくなるように、y 軸上の
正の部分に点D をとる。点D の y 座標を求めなさい。

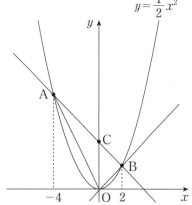

問題2 右の図のように、関数 $y = \dfrac{1}{3}x^2$ のグラフ上に2点A、

B がある。点A の x 座標は -6、点B の x 座標は 3 であり、2
点A、B を通る直線と x 軸との交点をC とする。
このとき、次の(1)〜(4)の各問いに答えなさい。〈佐賀県・一部略〉

(1) 点B の y 座標を求めなさい。

(2) 点C の x 座標を求めなさい。

(3) △OAB の面積を求めなさい。

(4) 関数 $y = \dfrac{1}{3}x^2$ のグラフ上に点P がある。△POC の面積が

△OAB の面積と等しくなるような点P の x 座標をすべて求めなさい。

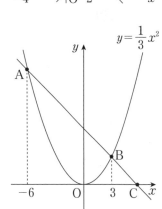

026 他を介して比べる面積

比べにくい三角形では、わかりやすい三角形を介して計算をする。

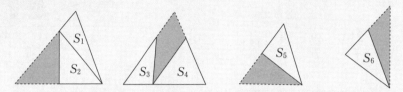

上記のように、図の色のついた三角形を補い、それも含めて計算するとよい。

例題1　図のように、関数 $y = x^2$ のグラフ上に x 座標が4である点Aがあり、x 軸上に点B$(-4, 0)$ がある。

原点をOとして、次の問いに答えなさい。〈長崎県・一部略〉

(1)　点Aの y 座標を求めよ。

(2)　△OABの面積を求めよ。

(3)　直線ABの式を求めよ。

(4)　図のように、線分AB上に点Pをとる。△OAPの面積が $\dfrac{29}{2}$ となるとき、点Pの x 座標を求めよ。

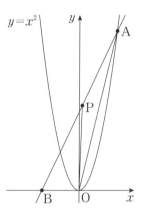

解法　(1)　$y = 4^2 = 16$　　**答** $y = 16$

(2)　$4 \times 16 \times \dfrac{1}{2} = 32$　　**答** 32

(3)　$(-4, 0)$、$(4, 16)$ の2点を通るから、$y = 2x + 8$

答 $y = 2x + 8$

方針　△OABを介し、△OBPを利用する。

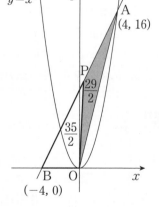

(4)　$\triangle\text{OAP} : \triangle\text{OBP} = \dfrac{29}{2} : \left(32 - \dfrac{29}{2}\right) = \dfrac{29}{2} : \dfrac{35}{2}$

点Pの y 座標を h として、

$\triangle\text{OBP} = 4 \times h \times \dfrac{1}{2} = \dfrac{35}{2}$　ゆえに、$h = \dfrac{35}{4}$

これが y 座標だから、直線 $y = 2x + 8$ に代入して、$\dfrac{35}{4} = 2x + 8$、$x = \dfrac{3}{8}$　　**答** $x = \dfrac{3}{8}$

例題 2 右の図のように、4点 A(1, 1)、B(5, 7)、C(2, -5)、D(6, -5)がある。

このとき、次の(1)〜(3)の各問いに答えなさい。〈佐賀県〉

(1) 直線ABの式を求めなさい。

(2) 直線ABと直線CDの交点Eの座標を求めなさい。

(3) △ACDの面積を S_1、△ADBの面積を S_2 とするとき、$S_1:S_2$ を最も簡単な整数の比で表しなさい。

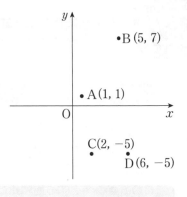

解法

(1) A(1, 1)、B(5, 7)の2点を通るから、

$$y = \frac{3}{2}x - \frac{1}{2}$$

答 $y = \dfrac{3}{2}x - \dfrac{1}{2}$

(2) 直線CDの式は、$y = -5$ だから、これと(1)より、E(-3, -5)

答 E(-3, -5)

(3)

方針 △AECを加えた△BEDを利用すれば比べやすい。

△BED = S と置いて比べる。

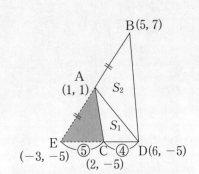

$$S_1 : S_2 = S \times \frac{AE}{BE} \times \frac{CD}{ED} : S \times \frac{BA}{BE}$$

$$= S \times \frac{1}{2} \times \frac{4}{9} : S \times \frac{1}{2} = \frac{4}{9} : 1 = 4 : 9$$

ワンポイントアドバイス
三角形の面積比は、**ベスト解 064、065**。

答 4:9

高校入試問題にチャレンジ

解答・解説 ▶ P.14

問題 右の図のように、関数 $y = \dfrac{a}{x}$ $(a>0)$ のグラフ上に2点A、Bがあり、それぞれの x 座標は -2、1である。関数 $y = \dfrac{a}{x}$ と関数 $y = -\dfrac{1}{4}x^2$ のグラフは、点Aで交わっている。

次の(1)〜(3)の問いに答えなさい。〈大分県〉

(1) a の値を求めなさい。

(2) 直線ABの式を求めなさい。

(3) 関数 $y = \dfrac{a}{x}$ のグラフ上に x 座標が2である点Cをとる。点Cを通り y 軸に平行な直線と関数 $y = -\dfrac{1}{4}x^2$ のグラフとの交点をDとする。線分AB上に点Eをとり、△BEDの面積が△BDCの面積の5倍となるようにする。点Eの x 座標を求めなさい。

027　平行四辺形の面積と線分比

平行四辺形の面積比は、対辺の長さの和から知ることができる。

例　平行四辺形の対辺を、図のように点Pで1:2に、Qで3:2に分ける。このときの⑦と④の面積比は次のようになる。

⑦：④ ＝ (5＋9)：(10＋6)
＝ 14：16 ＝ 7：8

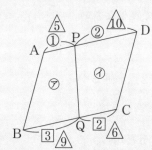

$$\mathrm{AD} = ① + ② = ③$$
$$\mathrm{BC} = ③ + ② = ⑤$$
③と⑤の最小公倍数の15に比をそろえる。

理由　図でAD∥BCだから、図形⑦と図形④の高さは等しく、これを h とする。

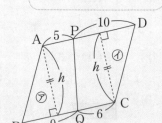

⑦：④ ＝ $(5＋9) \times h \times \dfrac{1}{2}$：$(10＋6) \times h \times \dfrac{1}{2}$ ＝ 7：8

※2つの図形の高さが等しいことから、上下の辺の和から面積比を求めることができた。

例題1　図において、双曲線①は関数 $y = -\dfrac{12}{x}$ のグラフである。2点C、Eは双曲線①上にあり、Cの座標は $(-4, 3)$ である。点Fの座標は $(2, 3)$ で、四角形CDEFが、長方形となるように点Dをとる。

また、直線③は関数 $y = \dfrac{1}{2}x - 2$ のグラフであり、直線③と、2つの線分CD、EFの交点をそれぞれP、Qとする。四角形CPQFの面積は、四角形EQPDの面積の何倍か、求めなさい。〈山口県・一部略〉

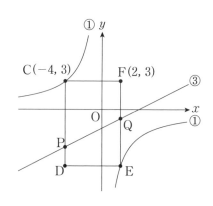

解法

方針　長方形の頂点で残ったD、Eを準備する。その上でP、Qが出れば　ベスト解027　が使える。

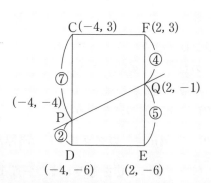

E…x 座標2、$y = -\dfrac{12}{2} = -6$　E $(2, -6)$

D…x 座標はCと同じ、y 座標はEと同じで、
D $(-4, -6)$　　また、P $(-4, -4)$、Q $(2, -1)$

ベスト解027　より、四角形CPQF：四角形EQPD
＝ (CP＋QF)：(DP＋QE)

＝ (7＋4)：(2＋5) ＝ 11：7　ゆえに、$\dfrac{11}{7}$ 倍　　答 $\dfrac{11}{7}$ 倍

例題 2　右の図において、曲線アは関数 $y = 2x^2$ のグラフであり、曲線イは関数 $y = \dfrac{1}{2}x^2$ のグラフである。曲線ア上の点で x 座標が2、-2 である点をそれぞれA、Bとし、曲線イ上の点で x 座標が2、-2 である点をそれぞれC、Dとする。また、線分CD上の点をEとする。

$\triangle$ACE の面積が四角形ABDCの面積の $\dfrac{2}{5}$ 倍であるとき、点Eの座標を求めなさい。〈茨城県・一部略〉

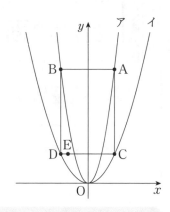

解法

方針　4頂点の座標を求める。面積比を線分比に置き換えればCEの長さが求められる。

曲線アやイに x 座標を代入することで、各座標は図のようになる。

ベスト解014A より、AB、CDは x 軸と平行だから、四角形ABDCは長方形とわかる。

ベスト解027 を利用し、$\triangle$ACE：四角形 ABDC
$= $ CE：(AB + CD) $= 2 : 5$ となればよい。

AB $=$ CD だから、CE：2CD $= 2 : 5$ となる。

よって、5CE $=$ 4CD

$$CE = CD \times \dfrac{4}{5} = 4 \times \dfrac{4}{5} = \dfrac{16}{5}$$

点Cの x 座標は2だから、Eの x 座標は、

$$2 - \dfrac{16}{5} = -\dfrac{6}{5}$$

$$E\left(-\dfrac{6}{5},\ 2\right)$$

答 $E\left(-\dfrac{6}{5},\ 2\right)$

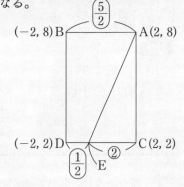

ワンポイントアドバイス
$\triangle$ACE：四角形 ABDE $=$ CE：(BA + DE) $= 2 : 3$ と考えることもできる。

高校入試問題にチャレンジ

解答・解説 ▶ P.14

問題　右の図のように、関数 $y = ax^2$ のグラフと関数 $y = bx^2$ のグラフがある。ただし、a、b はともに正の数で、$a > b$ とする。関数 $y = ax^2$ のグラフ上に点A$(1,\ 2)$ があり、原点Oと点Aを通る直線を l とする。直線 l と関数 $y = bx^2$ のグラフは点Bで交わり、OA：OB $= 1 : 4$ となった。また、点Bを通り、x 軸に平行な直線 m と関数 $y = ax^2$ のグラフとの交点のうち、x 座標が負である点をCとする。x 軸上に点Dを、四角形OBCDが平行四辺形になるようにとる。ただし、点Dの x 座標は負とする。辺CD上に点Pをとり、台形OAPDをつくる。台形OAPDの面積と平行四辺形OBCDの面積の比が $3 : 8$ となるとき、点Pの座標を求めなさい。〈千葉県・一部略〉

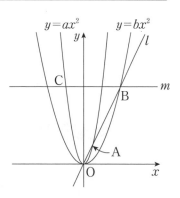

028　台形の面積と線分比

台形の面積比は、上底と下底の分けられた長さの比からわかる。

例 下の台形の面積は、対角線DBによって次のように分けられる。

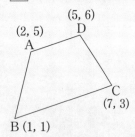

(5, 6)
D
(2, 5)
A
C
(7, 3)
B (1, 1)

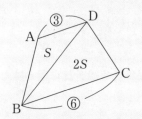

$\triangle\text{ABD} : \triangle\text{CBD}$

$= \text{AD} : \text{BC}$

$= (\text{D と A の } x \text{ 座標の差})$

$\quad : (\text{C と B の } x \text{ 座標の差})$

$= 3 : 6 = 1 : 2$

※これは、y 座標の差どうしで計算することもできる。

理由

AD∥BCより、

$\triangle\text{ABD} : \triangle\text{CBD}$

$= \text{AD} \times h \times \dfrac{1}{2} : \text{BC} \times h \times \dfrac{1}{2} = \text{AD} : \text{BC}$

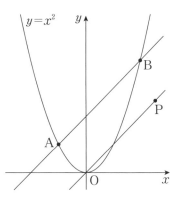

例題 　図のように、関数 $y = x^2$ のグラフ上に2点A、Bがあり、2点A、Bの x 座標はそれぞれ -1、2である。原点をOとして、次の問いに答えなさい。〈長崎県〉

(1)　点Bの y 座標を求めよ。

(2)　直線ABの式を求めよ。

(3)　△OABの面積を求めよ。

(4)　原点Oを通り直線ABに平行な直線上に、x 座標が正である点Pをとる。四角形OABPの面積が $\dfrac{11}{2}$ のとき、点Pの x 座標を求めよ。

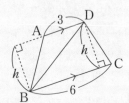

解法　(1)　$y = 2^2 = 4$　　答 $y = 4$

(2)　点Aの y 座標は、$y = (-1)^2 = 1$　よって、A$(-1,\ 1)$ だから、$y = x + 2$

答 $y = x + 2$

(3)　ベスト解 021B より、$\{2 - (-1)\} \times 2 \times \dfrac{1}{2} = 3$　　答 3

(4)

方針　四角形OABPは台形。△AOBの面積は固定されているから、残った△OBPを定める。そこでは台形の上底と下底の比を使う。

$$\triangle \text{OBP} = \text{四角形OABP} - \triangle \text{OAB}$$
$$= \frac{11}{2} - 3 = \frac{5}{2}$$

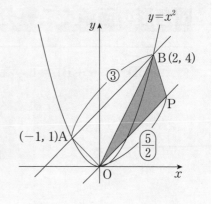

ここで、△OBPと△OABの面積を比べ、点Pのx座標を求める。

AB∥OPだから、 ベスト解 028 より、

OP：AB＝PとOのx座標の差：BとAのx座標の差

$$= \triangle \text{OBP} : \triangle \text{OAB}$$
$$= \frac{5}{2} : 3$$

となればよい。いま、BとAのx座標の差は3だから、

PとOのx座標の差は$\frac{5}{2}$である。よって、点Pのx座標は$\frac{5}{2}$　答 $\dfrac{5}{2}$

ワンポイントアドバイス

もちろん台形でも ベスト解 027 は成り立つ。

右の図の場合、

㋐の面積：㋑の面積

$= (2+5):(3+4)$

$= 7:7 = 1:1$

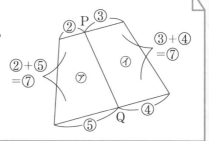

高校入試問題にチャレンジ

解答・解説 ▶ P.14

問題　右の図で、点Oは原点であり、2点A、Bの座標はそれぞれ$(-4, 0)$、$(2, 0)$である。放物線①は関数$y = \dfrac{1}{2}x^2$のグラフである。

点Aを通り、y軸に平行な直線をひき、放物線①との交点をCとする。また、点Bを通りy軸と平行な直線をひき、放物線①との交点をDとし、点Cと点Dを結ぶ。

線分CD上に点Eをとる。直線AEが台形ABDCの面積を二等分するとき、点Eのx座標はいくらか。〈香川県・一部略〉

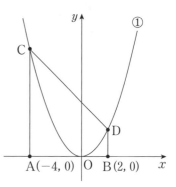

029 四角形の面積と線分比

四角形の面積を二等分するとき、辺の比から面積を分ける。

例 △ABD＝4、△CBD＝6の四角形ABCDの面積を、直線BPにより二等分する。

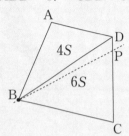

四角形ABCD＝10だから、
△PBC＝5となればよい。
DP：PC
＝△PBD：△PBC
＝1：5とすればよい。

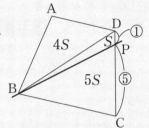

例題 図のような四角形A(2, 8)、O(0, 0)、C(6, 0)、
B(4, 12)がある。

このとき、次の各問いに答えよ。

(1) 四角形AOCBの面積を求めよ。

(2) 直線BCの式を求めよ。

(3) 原点Oを通る直線が、四角形AOCBの面積を二等分
するとき、その直線の式を求めよ。

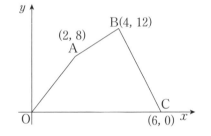

解法 (1) 四角形AOCBの面積は、右図のように
四角形を分割すれば、
$8＋20＋12＝40$ 答 40

(2) C(6, 0)、B(4, 12)の2点を通るから、
$y＝-6x＋36$ 答 $y＝-6x＋36$

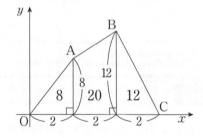

(3)

方針 求める直線は、辺ABと辺BCのどちらと交わるのか判定が必要。それ
は、①△BOC＜△BOAならばABと交わり、②逆ならばBCと交わる。ここでは
下記よりBCと交わる。

① 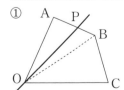   ②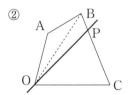

△BOPと△COPの面積を比べ、BP：PCを知る。

点Bと点Oを結ぶ。すると $\triangle BOC = 6 \times 12 \times \dfrac{1}{2} = 36$

$\triangle BOA : \triangle BOC = 4 : 36$ だから、**求める直線は辺BCと交わる**ことがわかる。

そこで、この直線と辺BCとの交点をPとすると、

$\triangle POC = 40 \times \dfrac{1}{2} = 20$ になればよいから、

 より、$\triangle BOP : \triangle POC$

$= (36 - 20) : 20 = 16 : 20 = 4 : 5 = BP : PC$

このことから、点Pの y 座標は、$12 \times \dfrac{5}{9} = \dfrac{20}{3}$

よって、(2)の直線の式から x 座標は、

$\dfrac{20}{3} = -6x + 36$、$6x = \dfrac{88}{3}$、$x = \dfrac{44}{9}$　$P\left(\dfrac{44}{9}, \dfrac{20}{3}\right)$

求める直線はO、Pを通るから、$y = ax$ として、$\dfrac{20}{3} = a \times \dfrac{44}{9}$、$a = \dfrac{15}{11}$

ゆえに、$y = \dfrac{15}{11}x$　　**答** $y = \dfrac{15}{11}x$

ワンポイントアドバイス

具体的に面積を計算する方法は、 ベスト解034 **を参照。**

高校入試問題にチャレンジ

解答・解説 ▶ P.15

問題1　図で、Oは原点、Aは y 軸上の点、B、Cは直線

$y = \dfrac{1}{2}x + 4$ 上の点で、$\triangle AOC$ の面積は $\triangle ABO$ の面積の2倍、

$\triangle ABC$ の面積は $\triangle BOC$ の面積の3倍である。

点Bの x 座標が -4 のとき、原点Oを通り、四角形ABOCの
面積を二等分する直線の式を求めなさい。〈愛知県〉

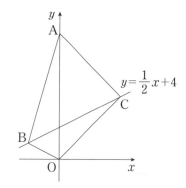

問題2　右の図のように、関数 $y = ax^2$ $(a > 0)$ のグラフ上の

3点A、B、Cがあり、点Aの座標は $(6, 9)$、点Bの x 座標は4、
点Cの x 座標は -4 である。

次の(1)〜(3)の問いに答えなさい。〈大分県〉

(1)　a の値を求めなさい。

(2)　直線ACの式を求めなさい。

(3)　点Bを通り、四角形OBACの面積を二等分する直線の式
　　を求めなさい。

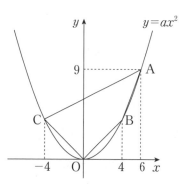

べ|ス|ト|解

030 三角形の面積の二等分

三角形の面積の二等分は、対辺を比で分ける。

例 次のように、状況によって分ける。

A 頂点を通る

点Oを通るとき
⇒対辺ABの中点Mを通る

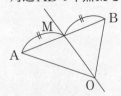

B 辺上の1点を通る

点CとAO上の点Pを通るとき ⇒ ❶PとC、PとBを結ぶ

❷ $\triangle$PCA : $\triangle$PCB = 3 : 2

❸ $\triangle$PCA = 3としたとき、
　$\triangle$OBA = 6となればよい

❹ AP : AO =
　$\triangle$APB : $\triangle$AOB = 5 : 6

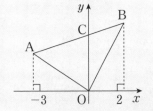

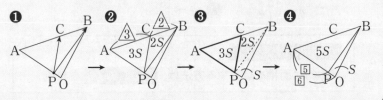

例題 1　右の図のように、関数 $y = -\dfrac{1}{2}x^2$ のグラフ上に2点A、Bがあり、A、Bのx座標はそれぞれ -2、4である。直線AB上に点Pがあり、直線OPが$\triangle$OABの面積を二等分しているとき、点Pの座標を求めよ。

〈鹿児島県〉

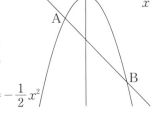

$y = -\dfrac{1}{2}x^2$

解法　A$(-2, -2)$、B$(4, -8)$

三角形の頂点Oを通るので、

ベスト解 030 A より、点Pは2点A、Bの中点。　ゆえに、P$(1, -5)$ 　**答** P$(1, -5)$

例題 2　右の図において、曲線アは関数 $y = \dfrac{1}{2}x^2$ のグラフである。曲線ア上の点でx座標が4である点をA、y軸上の点でy座標が10、6である点をそれぞれB、Cとし、線分OA上に点Eをとる。

四角形ABCEの面積が$\triangle$OABの面積の $\dfrac{1}{2}$ であるとき、点Eの座標を求めなさい。〈茨城県・一部略〉

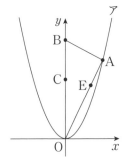

解法

| 方針 | $\triangle OEC = \dfrac{1}{2}\triangle OAB$ となるように点Eをとる（★）。 |

ベスト解030 B の手順に従う。

まず、A(4, 8)となる。

三角形の辺上の点Cを通るので **ベスト解030 B**

❶ EとB、EとCを結ぶと、

❷ $\triangle ECO : \triangle ECB = CO : BC = 6 : 4$

❸ $\triangle ECO = 6$としたとき、★から、$\triangle OAB = 12$ となればよい。

❹ $OE : OA = \triangle OEB : \triangle OAB$
$= 10 : 12 = 5 : 6$

よって、$OE = \dfrac{5}{6}OA$

点Eのx座標は、$4 \times \dfrac{5}{6} = \dfrac{10}{3}$、$y$座標は、$8 \times \dfrac{5}{6} = \dfrac{20}{3}$

ゆえに、$E\left(\dfrac{10}{3}, \dfrac{20}{3}\right)$　**答** $E\left(\dfrac{10}{3}, \dfrac{20}{3}\right)$

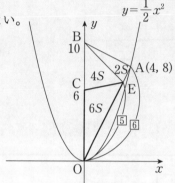

ワンポイントアドバイス

$OE : OA = 5 : 6$ の比になるとき、"x座標の比" "y座標の比" がともにそうなっている。

高校入試問題にチャレンジ

解答・解説 ▶ P.16

問題1　右の図で、曲線は関数$y = \dfrac{a}{x}$ $(a > 0)$のグラフであり、

点Oは原点である。2点A、Bは曲線上の点であり、その座標は$(2, 3)$、$(-2, -3)$である。点Pの座標が$(6, 1)$のとき、線分BPとx軸との交点をCとし、線分AB上に点Dをとる。$\triangle BCD$の面積と四角形ADCPの面積が等しくなるとき、点Dの座標を求めよ。〈奈良県・一部略〉

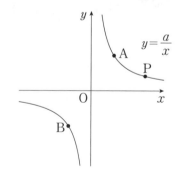

問題2　図のように、関数$y = x^2$のグラフ上に2点A、Bがあり、2点A、Bのx座標はそれぞれ-2、3である。

直線ABとy軸との交点をCとする。線分OB上に点Pを、四角形OACPと$\triangle BCP$の面積が2：1になるようにとる。このとき、点Pのx座標を求めよ。

ただし、原点をOとする。〈長崎県・一部略〉

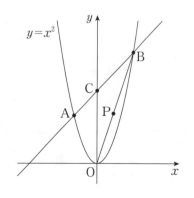

031 辺に平行に三角形の面積を二等分

辺と平行に三角形の面積を二等分するには、相似比を利用する。

例 PQ // ACで、△BPQ：△BAC＝1：2
ならば、△BPQ∽△BACより、BP：BA＝1：$\sqrt{2}$

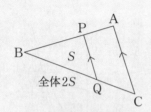
全体2S

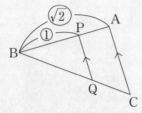

★の面積どうしが等しい
という設定もある。

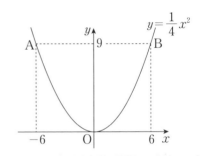

※理由は、ベスト解066 参照。

例題　図のように、関数$y = \dfrac{1}{4}x^2$のグラフ上に、2点
A$(-6, 9)$、B$(6, 9)$がある。
△AOBの面積を二等分するx軸に平行な直線の式を求
めなさい。〈徳島県・一部略〉

解法

方針　ベスト解031 より、次のようなイメージを持つとよい。

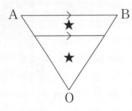

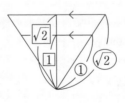

直線PQで分けるとする。
AB // PQだから、△OPQ∽△OABで、
面積比が1：2より、相似比は1：$\sqrt{2}$
y軸と、PQ、ABの交点をそれぞれR、Cとして、
ベスト解031 より、OR：OC＝1：$\sqrt{2}$

$\sqrt{2}\,OR = OC$、$OR = \dfrac{1}{\sqrt{2}}OC = \dfrac{9}{\sqrt{2}} = \dfrac{9\sqrt{2}}{2}$

求めるx軸に平行な直線はRを通るから、

$$y = \dfrac{9\sqrt{2}}{2}$$
　　答 $y = \dfrac{9\sqrt{2}}{2}$

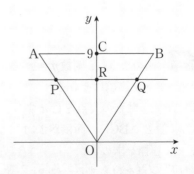

別解 直線PQで二等分すると見る。直線OB上に

Q$(2a, 3a)$ をとり、**ベスト解034** より、

$$\triangle OPQ = PQ \times RO \times \frac{1}{2} = 4a \times 3a \times \frac{1}{2} = 54 \times \frac{1}{2}$$

$$6a^2 = 27, \quad a^2 = \frac{9}{2}, \quad a > 0 \text{ より、} a = \frac{3}{\sqrt{2}}$$

$$y = 3a \text{ だから、} y = 3 \times \frac{3\sqrt{2}}{2} = \frac{9\sqrt{2}}{2}$$

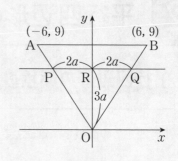

もし右のように、BC上のSを通り、y軸と平行な直線で
△OBCの面積を二等分する問題だったら、その直線の式は
どうなるか。

ベスト解031 より、$BS : BC = 1 : \sqrt{2}$

だから、$\sqrt{2}BS = BC, \quad BS = \frac{1}{\sqrt{2}}BC = \frac{6}{\sqrt{2}} = 3\sqrt{2}$

よって、$SC = BC - BS = 6 - 3\sqrt{2}$

ゆえに、$x = 6 - 3\sqrt{2}$

となる。

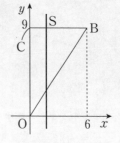

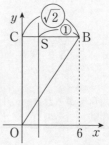

高校入試問題にチャレンジ

解答・解説 ▶ P.16

問題 右図において、m は $y = \frac{1}{3}x^2$ のグラフを表す。

A、Bはm上の点であり、Aのx座標は-2、Bのx座
標は4である。OとA、OとB、AとBとをそれぞれ結ぶ。
Cはx軸上の点であり、Cのx座標はAのx座標と等し
い。AとCとを結ぶ。

Dは、線分OB上の点である。Dのx座標をtとし、
$0 < t < 4$とする。Eは線分AB上の点であり、Eのx座
標はDのx座標と等しい。このとき、Eのy座標はDの
y座標より大きい。DとEを結ぶ。

△BEDの面積が△OACの面積の2倍であるときのtの
値を求めなさい。〈大阪府〉

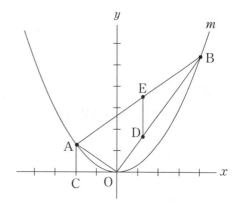

ヒント ABとy軸との交点をFとして、△BFOと△BEDの面積比を比べる。

032 平行四辺形の面積を二等分

平行四辺形の面積の二等分は、対角線の中点を通ればよい。

平行四辺形の面積を二等分するには、対角線の交点を通るような直線を引けばよい。

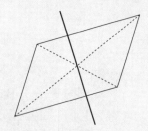

右図のようにすれば、
△OPA ≡ △OQC
△OQB ≡ △OPD
△OAB ≡ △OCD
だから、
四角形ABQPと四角形DPQCの面積は等しい。

平行四辺形には、'長方形''ひし形''正方形'が含まれるから、これらも成り立つ。

長方形　　　　　ひし形　　　　　正方形

※対角線がそれぞれの中点で交わる図形で使える。

例題　　右の図において、①は関数 $y = x^2$ のグラフである。点A、B
は①のグラフ上にあり、点Aの x 座標は2で、点AとBの y 座標
は等しい。点Cを y 軸上にとり、点Oと点A、点Oと点B、点Aと点C、
点Bと点Cをそれぞれ結んで、ひし形OACBをつくる。
x 軸上に点 $(3, 0)$ をとる。点 $(3, 0)$ を通り、ひし形OACBの面積を二
等分する直線の式を求めよ。〈高知県〉

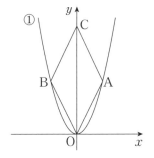

解法

方針　　**ベスト解 032** を使う。平行四辺形の
対角線の交点はそれぞれの中点だから、一方の
対角線の座標がわかれば中点が求められる。こ
こでは対角線ABを使う。

$A(2, 4)$、$B(-2, 4)$ で、
対角線はそれぞれの中点で交わるから、
交点は $M(0, 4)$ である。

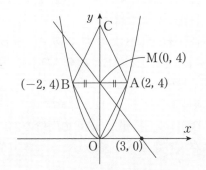

ベスト解032 より、求める直線は$M(0, 4)$を通る。

つまり、2点$(3, 0)$、$(0, 4)$を通るから、

$$y = -\frac{4}{3}x + 4$$ 　答 $y = -\frac{4}{3}x + 4$

高校入試問題にチャレンジ

解答・解説 ▶ P.17

問題1 右の図の放物線は、$y = \dfrac{1}{2}x^2$ のグラフであり、点Oは原点である。2点A、Bは放物線上の点であり、その座標はそれぞれ$(-4, 8)$、$(2, 2)$である。

点Aを通りx軸に平行な直線とy軸との交点をC、点Bを通りx軸と平行な直線と放物線との交点のうち、Bと異なる点をDとする。このとき、点Oを通り四角形ADBCの面積を二等分する直線の式を求めよ。

〈奈良県・一部略〉

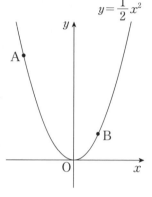

問題2 下の**図1**において、放物線①は関数$y = ax^2$のグラフであり、放物線②は関数$y = x^2$のグラフである。また、点Aは放物線①上の点であり、点Aの座標は$(2, 2)$である。

このとき、次の問いに答えなさい。〈愛媛県・一部略〉

(1) aの値を求めよ。

(2) 下の**図2**において、点Pは放物線①上の$x > 0$の範囲を動く点である。点Pを通りx軸に垂直な直線と放物線②との交点をQ、点Qを通りx軸に平行な直線と②との交点のうち、点Qと異なる点をR、点Rを通りx軸に垂直な直線と放物線①との交点をSとし、四角形PQRSをつくる。また点Pのx座標をtとする。

　(a) 四角形PQRSの周の長さをtを使って表せ。

　(b) 四角形PQRSの周の長さが60であるとき、

　（ア） tの値を求めよ。

　（イ） 点Aを通り、四角形PQRSの面積を二等分する直線の傾きを求めよ。

図1

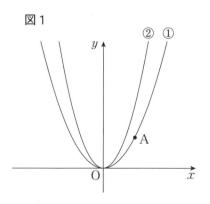

図2

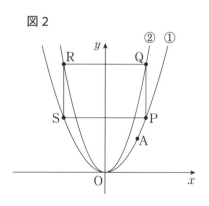

レベル4｜発展
▶ レベル3｜応用
レベル2｜標準
レベル1｜基礎

ベ|ス|ト|解 033 台形の面積を二等分

台形の上底と下底を通り面積を二等分するとき、4頂点を平均した座標を通るように引く。

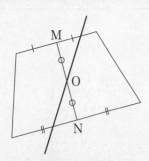

※点Oを通る直線が、台形の<u>上底と下底を通る</u>ことが条件。

右図のようにすれば、
四角形 ABNM と
四角形 DCNM の面積は等しい。
そこで、△MOP ≡ △NOQ
だから、
四角形 ABNM − △NOQ + △MOP
と、四角形 DCNM − △MOP + △NOQ
の面積は等しく、
四角形 ABQP と四角形 DCQP の面積は等しい。

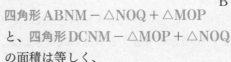

上図の点Oは4頂点の平均から計算できる。

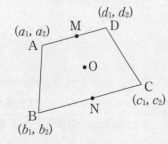

$M\left(\dfrac{a_1+d_1}{2},\ \dfrac{a_2+d_2}{2}\right)$, $N\left(\dfrac{b_1+c_1}{2},\ \dfrac{b_2+c_2}{2}\right)$

の中点だから、

$O\left(\dfrac{a_1+b_1+c_1+d_1}{4},\ \dfrac{a_2+b_2+c_2+d_2}{4}\right)$

誤りの例

上底と下底の一方しか通らない

対角線の交点を通る

正しい例

端点は、上底や下底という解釈に含める

例題　右図のような台形 AOBC があり、点 D(0, 9) を通る直線 l で、この台形の面積を二等分したい。

このとき、直線 l の式を求めよ。

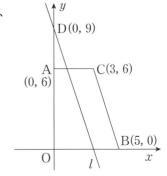

解法

> **方針**　**ベスト解033**　を使う。台形の上底AC、下底OBを通るか最後に確かめる。

ベスト解033　より、P.72の説明の点Oにあたる点をEとすると、

$$E\left(\frac{0+0+5+3}{4}, \frac{6+0+0+6}{4}\right) = (2, 3)$$

求める直線の式は、D(0, 9)とE(2, 3)の2点を通るから、$y = -3x + 9$

この直線は、線分ACとは(1, 6)で、OBとは(3, 0)で交わるのでこの方法は正しい。

答　$y = -3x + 9$

高校入試問題にチャレンジ

解答・解説 ▶ P.17

問題1　図のように、関数$y = \dfrac{1}{2}x^2$のグラフ上に2点A、B

があり、そのx座標はそれぞれ-4、2である。また、直線
ABとy軸の交点をCとする。

y軸上にy座標が12の点Dをとる。

点Bを通り、四角形OABDの面積を二等分する直線と、直線
ADの交点の座標を求めなさい。〈兵庫県・一部略〉

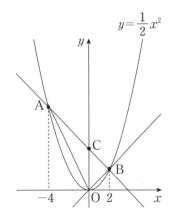

問題2　右の図のように、関数$y = \dfrac{a}{x}$（$x > 0$、aは定数）…①、

関数$y = bx^2$（bは定数）…②　のグラフがある。

①のグラフ上の点A(2, 4)と、x座標が4である点Bがある。
点A、Bからy軸と平行に直線をひき、②のグラフとの交点を
それぞれ点C、Dとおく。

また、点C、Dからx軸と平行な直線をひき、②のグラフとの
交点のうち、点C、Dと異なる点を、それぞれE、Fとおく。
また、直線ABと直線EDは互いに平行であるとき、次の問い
に答えよ。〈福井県・一部略〉

(1)　定数aの値を求めよ。

(2)　定数bの値を求めよ。

(3)　点Aを通り、台形EFDCの面積を二等分する直線の式を
求めよ。

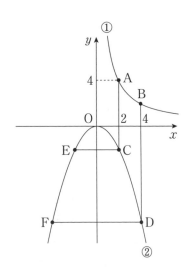

ベ|ス|ト|解

Chapter2　関数のグラフ

レベル4｜発展
レベル3｜応用
レベル2｜標準
▶ レベル1｜基礎

034 計算から面積を分ける

辺が軸に接しているならば、具体的に面積を計算する方が速い。

例題1 右の図において、曲線アは関数 $y = \frac{1}{2}x^2$ のグラフである。

曲線ア上の点でx座標が4である点をA、y軸上の点でy座標が10、6である点をそれぞれB、Cとし、線分OA上に点Eをとる。

四角形ABCEの面積が△OABの面積の $\frac{1}{2}$ であるとき、点Eの座標を求めなさい。〈茨城県・一部略〉

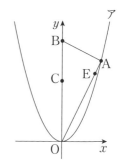

解法

方針 △OECが△OABの面積の半分になるようにEをとる。このときOCを底辺、Eのx座標を高さとみなし、面積から方程式を立てる。

まず、A(4, 8)である。

EからBOへ垂線hを下ろる。△OAB = 20から、 **ベスト解034** より、

$$\triangle ECO = CO \times h \times \frac{1}{2} = 6 \times h \times \frac{1}{2} = \frac{1}{2}\triangle OAB = 20 \times \frac{1}{2}$$

$h = \frac{10}{3}$ で、これが点Eのx座標だから、

$y = 2x$上にあることから、$y = 2 \times \frac{10}{3} = \frac{20}{3}$

ゆえに、$E\left(\frac{10}{3}, \frac{20}{3}\right)$　**答** $E\left(\frac{10}{3}, \frac{20}{3}\right)$

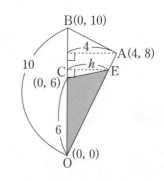

ワンポイントアドバイス
∠COEを共有しているから、 **ベスト解024** を使うこともできる。

例題2 図のような四角形 A(2, 8)、O(0, 0)、C(6, 0)、B(4, 12)がある。

このとき、次の(1)〜(3)の問いに答えよ。

(1) 四角形AOCBの面積を求めよ。

(2) 直線BCの式を求めよ。

(3) 原点Oを通る直線が、四角形AOCBの面積を二等分するとき、その直線の式を求めよ。

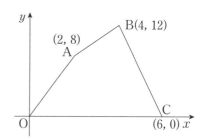

解法 (1) 四角形AOCBの面積は、右図のように

四角形を分割すれば、

$8 + 20 + 12 = 40$ **答** 40

(2) C(6, 0)、B(4, 12)の2点を通るから、

$y = -6x + 36$ **答** $y = -6x + 36$

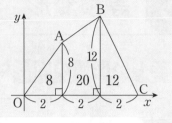

(3)

 方針 △POCが四角形AOCBの面積の半分になる。このときOCを底辺、Pのy座標を高さとみなし、面積から方程式を立てる。

面積の大きさから、求める直線は辺BCと交わる。

この直線と辺BCとの交点をPとする。Pのy座標をhとすれば、**ベスト解034** より、

$$\triangle OCP = OC \times h \times \frac{1}{2} = 6 \times h \times \frac{1}{2} = 40 \times \frac{1}{2} \quad h = \frac{20}{3}$$

よって、(2)の式からx座標は、

$$\frac{20}{3} = -6x + 36, \quad 6x = \frac{88}{3}, \quad x = \frac{44}{9} \quad P\left(\frac{44}{9}, \frac{20}{3}\right)$$

求める直線はOとPを通るから、$y = ax$として、

$$\frac{20}{3} = a \times \frac{44}{9}, \quad a = \frac{15}{11}$$

ゆえに、$y = \frac{15}{11}x$ **答** $y = \frac{15}{11}x$

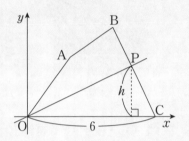

高校入試問題にチャレンジ

解答・解説 ▶ P.18

問題 右の図で、点Oは原点であり、2点A、Bの座標はそれぞれ

$(-4, 0)$、$(2, 0)$である。放物線①は関数$y = \frac{1}{2}x^2$のグラフである。

点Aを通り、y軸に平行な直線をひき、放物線①との交点をCとする。また、点Bを通りy軸に平行な直線をひき、放物線①との交点をDとし、点Cと点Dを結ぶ。

線分CD上に点Eをとる。直線AEが台形ABDCの面積を二等分するとき、点Eのx座標はいくらか。〈香川県・一部略〉

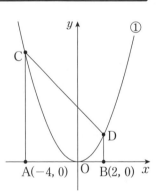

べ|ス|ト|解

Chapter2　関数のグラフ

レベル4 ｜ 発 展
レベル3 ｜ 応 用
▶ レベル2 ｜ 標 準
レベル1 ｜ 基 礎

035　等積変形

等しい面積の図形は、等積変形から作る。

放物線上に点Pをとり、△AOBを等積変形して面積の等しい△APBを作る。

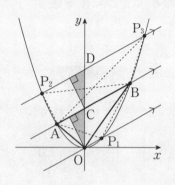

等積変形
図で $l \mathbin{/\mkern-5mu/} m_1 \mathbin{/\mkern-5mu/} m_2$ のとき、

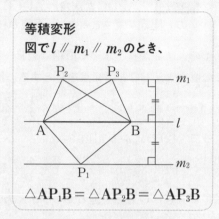

$$\triangle AP_1B = \triangle AP_2B = \triangle AP_3B$$

- **O**を通り**AB**と平行な直線上に点Pをとれば、△AOB ＝ △AP₁Bとなる。
- 直線ABとy軸との交点をCとする。y軸上に、CについてOと対称な点をDとし、**D**を通り**AB**と平行な直線上の点Pでも、△AOB ＝ △AP₂B ＝ △AP₃Bとなる。

以上のように点Pは、P₁、P₂、P₃の3点をとることができる。

 例題

右の図のように、関数 $y = ax^2$ …⑦　のグラフ
と関数 $y = -x + 6$ …④　のグラフとの交点
A、Bがある。
点Aのx座標が3、点Bのx座標が -6 である。
x軸上の $x > 0$ の範囲に点Cをとり、△ABCをつくる。
△ABCの面積と△OABの面積が等しくなるとき、点C
の座標を求めなさい。
ただし、原点をOとする。〈三重県・一部略〉

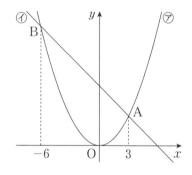

解法

方針　△ABC ＝ △OABだから、辺AB
を共有し、CとOを入れ替える等積変形。
つまり、**ベスト解 035** より、ABと平行な直
線を引く。

直線ABとy軸との交点をDとする。
引く直線は、$x > 0$ だから直線ABの上側。
Dに対してOと対称な点をEとし、**ベスト解 035**
より、点Eを通りABと平行な直線を引けば、

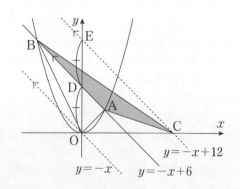

$y = -x + 12$
$y = -x$　$y = -x + 6$

D(0, 6)からE(0, 12)となり、その直線は$y = -x + 12$だから、これとx軸との交点が点C

$0 = -x + 12$、$x = 12$

C(12, 0)　　**答** C(12, 0)

別解 直線ABとx軸との交点をFとすると、

$0 = -x + 6$、$x = 6$、F(6, 0)

そこで、△BOA = △BCAだから、

OF = FCとなるように点Cをとればよく、

そこから、C(12, 0)

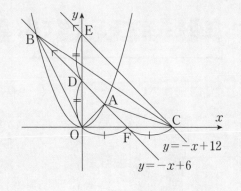

> **ワンポイントアドバイス**
>
> **右図からもわかるように、OD = DE**
>
> **また、OF = FCでもあるから、**
>
> **やりやすい方で解くとよい。**

高校入試問題にチャレンジ

解答・解説 ▶ P.18

問題1　右の図のように、関数$y = ax^2$のグラフ上に2点A、Bがある。点Aの座標は(2, 2)で、点Bのx座標は6である。
このとき、次の問いに答えなさい。〈千葉県〉

(1)　aの値を求めなさい。

(2)　点Bを、y軸を対称の軸として対称移動させた点をPとし、直線APとy軸との交点をQとする。

　（ア）　点Qのy座標を求めなさい。

　（イ）　x軸上に点Rを、△ABQと△ABRの面積が等しくなるようにとるとき、点Rのx座標を求めなさい。

　　　　ただし、点Rのx座標は正とする。

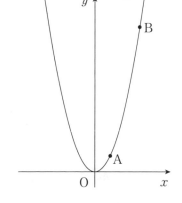

問題2　図のように2点A(-1, 2)、B(2, 8)がある。

2点A、Bを通る直線とy軸との交点をCとし、x軸を対称の軸として、点Cを対称に移動した点をDとする。

このとき、(1)～(3)の各問いに答えなさい。〈佐賀県・一部略〉

(1)　2点A、Bを通る直線の式を求めなさい。

(2)　点Dの座標を求めなさい。

(3)　x軸上に点Pがある。△ABPの面積が△ABDの面積と等しくなるような点Pのx座標をすべて求めなさい。

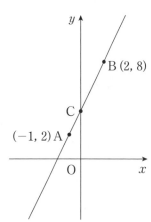

036 等積変形を使いこなす

底辺を共有する三角形では、等積変形で面積をコントロールできる。

等積変形は等しい場合だけでなく、2倍、3倍や $\frac{1}{2}$、$\frac{1}{3}$ などにも有効。

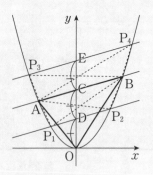

y 軸上のOCの半分のところにDをとり、Cについて DとEを対称な点とし、DやEを通りABと平行な直線上に点Pをとれば、

$$\frac{1}{2}\triangle AOB = \triangle AP_1B = \triangle AP_2B$$
$$= \triangle AP_3B = \triangle AP_4B$$

例題 1　右の図のように、$y = \frac{1}{4}x^2$ …① のグラフ上に点Aが あり、その x 座標は -6 である。また、x 軸上に点Bがあり、その x 座標は8である。

①のグラフ上に点Pをとり、△OPBの面積が△OABの面積の $\frac{1}{4}$ 倍となるような点Pの座標をすべて求めなさい。〈和歌山県〉

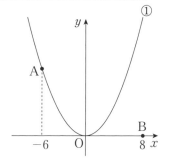

解法

方針 ベスト解036 より、底辺OBを共有する三角形で等積変形を使う。

高さが $\frac{1}{4}$ になるよう平行線を引く。答えは2か所ある。

A$(-6, 9)$ となる。点Aを通りOBと平行な直線 と、y 軸との交点をCとすれば、OC $= 9$

ベスト解036 より、

この $\frac{1}{4}$ にあたる OD $= \frac{9}{4}$ を y 軸上にとり、

点Dを通りOBと平行な直線を引く。

$$\frac{1}{4}\triangle OAB = \frac{1}{4}\triangle OCB = \triangle ODB = \triangle OPB$$

となる点Pをとる。

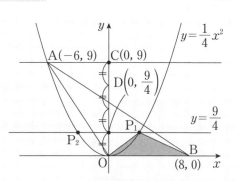

この直線 $y = \frac{9}{4}$ と $y = \frac{1}{4}x^2$ の交点を求めれば、$\frac{1}{4}x^2 = \frac{9}{4}$、$x^2 = 9$、$x = \pm 3$

ゆえに、$\left(3, \frac{9}{4}\right)$ $\left(-3, \frac{9}{4}\right)$　**答** $\left(3, \frac{9}{4}\right)\left(-3, \frac{9}{4}\right)$

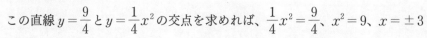

例題 2　図のように、関数 $y = \dfrac{6}{x}$ …① のグラフと直線 l が2点A、B

で交わり、点A、Bの x 座標はそれぞれ、2、6である。

線分OA、OBをひき、△AOBをつくった。y 軸上に、y 座標が負である点Pをとり、△APBの面積が△AOBの面積の4倍となるようにする。このとき、点Pの y 座標を求めなさい。〈宮崎県・一部略〉

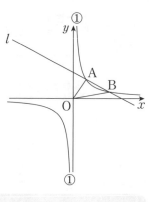

解法

方針　ベスト解036 より、底辺ABを共有する三角形で、高さが4倍になるような平行線を引く等積変形。

A(2, 3)、B(6, 1)となり、直線ABの式は、$y = -\dfrac{1}{2}x + 4$

この直線と y 軸との交点をCとすれば、OC = 4

ベスト解036 より、

この4倍にあたるCP = 16を y 軸上にとる。

OP = CP − OC = 16 − 4 = 12　**答** $y = -12$

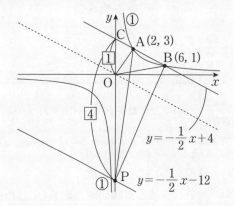

ワンポイントアドバイス

直接は使っていないが、$y = -\dfrac{1}{2}x - 12$ を引くイメージを持つと、他の問題にもつながる。

高校入試問題にチャレンジ

解答・解説 ▶ P.19

問題　右の図のように、関数 $y = ax^2$ …⑦ のグラフ上に2点A、Bがあり、点Aの座標が(2, 2)、点Bの座標が(−4, p)である。このとき、次の各問いに答えなさい。〈三重県・一部略〉

(1)　a、p の値を求めなさい。

(2)　x 軸上に点Cをとり、△ABCをつくる。△ABCの面積が △OABの面積の $\dfrac{2}{3}$ 倍になるとき、点Cの座標を求めなさい。

ただし、原点をOとし、点Cの x 座標は点Aの x 座標より小さいものとする。

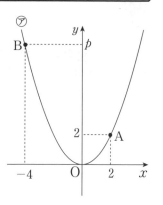

037 等積変形で四角形の面積二等分

どんな四角形の面積二等分も、等積変形ならできる。

四角形ABCDの面積を、頂点Bと辺上の点Pを結んだBPで二等分する方法を、等積変形から紹介する。

㋐ CDを延長して、BD∥AEとなる点Eをとる。

㋑ △BAD＝△BEDから、四角形ABCD＝△EBCとなる。

そこで、点PをECの中点とすれば、面積は二等分される。

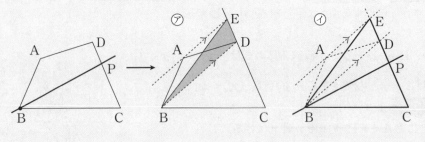

例題 図のような四角形A(2, 8)、O(0, 0)、C(6, 0)、B(4, 12)がある。

このとき、次の各問いに答えよ。

(1) 直線BCの式を求めよ。

(2) 原点Oを通る直線が四角形AOCBの面積を二等分するとき、この直線は線分BCと交わる。この点をPとするとき、点Pの座標を求めよ。

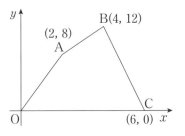

解法 (1) C(6, 0)、B(4, 12)の2点を通るから、$y = -6x + 36$ **答** $y = -6x + 36$

(2)

方針 **ベスト解 037** より、点Oを頂点とする三角形を上の手順にしたがい等積変形より作る。

直線BC上に、△OAB＝△ODBとなる点Dをとる。

これにはOB∥ADを利用する（**図1**）。

直線OBの傾きは3だから、点Aを通り傾き3の直線の式は、$y = 3x + 2$

点Dは、これと(1)の直線との交点だから、

$$3x + 2 = -6x + 36、9x = 34、x = \frac{34}{9}、y = 3 \times \frac{34}{9} + 2 = \frac{40}{3} \quad D\left(\frac{34}{9}, \frac{40}{3}\right)$$

これより四角形AOCB＝△DOCだから、△DOCの面積を二等分する。

ベスト解030A より、求める点Pは辺CDの中点（**図2**）

点PはC(6, 0)とD$\left(\dfrac{34}{9}, \dfrac{40}{3}\right)$の中点だから、

$$P\left(\dfrac{6+\dfrac{34}{9}}{2}, \dfrac{0+\dfrac{40}{3}}{2}\right) = \left(\dfrac{\dfrac{88}{9}}{2}, \dfrac{\dfrac{40}{3}}{2}\right) = \left(\dfrac{44}{9}, \dfrac{20}{3}\right)$$

答 $P\left(\dfrac{44}{9}, \dfrac{20}{3}\right)$

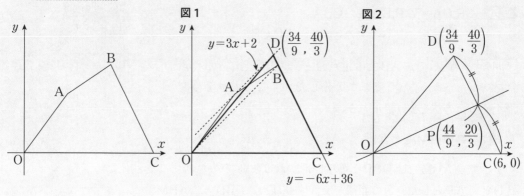

ワンポイントアドバイス

右の図は、五角形ABCDEをAを頂点とした△AFG

へ等積変形したもの。

（ただし、点F、Gは直線CD上）

△ABC＝△AFC

△AED＝△AGD

もし点Aを通り五角形ABCDEの面積を二等分する

ならば、この直線はFGの中点を通る。

このように等積変形はどんな図形にも有効。

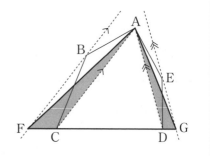

高校入試問題にチャレンジ

解答・解説 ▶ P.20

問題 右の図のように、関数$y = ax^2$ $(a > 0)$のグラフ上
の3点A、B、Cがあり、点Aの座標は(6, 9)、点Bのx座
標は4、点Cのx座標は -4である。

次の(1)～(3)の問いに答えなさい。〈大分県〉

(1) aの値を求めなさい。

(2) 直線ACの式を求めなさい。

(3) 点Bを通り、四角形OBACの面積を二等分する直線の
式を求めなさい。

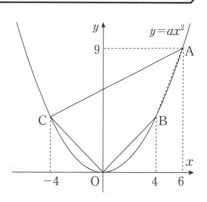

038 台形からできる面積の等しい三角形

台形内の面積の等しい三角形を、等積変形で利用する。

台形P_1ABP_2 $(l \parallel m)$ において、$\triangle P_1CA = \triangle P_2CB$

理由 $\triangle P_1CA = \triangle P_1BA - \triangle CBA$
$= \triangle P_2BA - \triangle CBA = \triangle P_2CB$

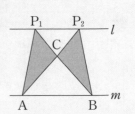

利用例 $\triangle ABC$の辺AB上の定点Dと、辺BC上にとった点Pを結び、$\triangle ABC$の面積を二等分したい。このとき等積変形を使った方法を2つ紹介する。

A 辺BCの中点Mをとれば、$\triangle ABM = \dfrac{1}{2}\triangle ABC$

そこで$\triangle ABM$を$\triangle DBP$へ等積変形すればよい。
DM $\parallel$ APとした、色の面積を交換すれば、$\triangle DBP = \triangle ABM$

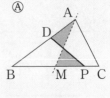

B 辺ABの中点Mをとれば、$\triangle BCM = \dfrac{1}{2}\triangle ABC$

そこで$\triangle BCM$を$\triangle BPD$へ等積変形すればよい。
MP $\parallel$ DCとした、色の面積を交換すれば、$\triangle BPD = \triangle BCM$

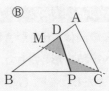

例題1 図において、点A、B、Cの座標はそれぞれ、A(2, 1)、B$(-4, -2)$、C$(4, -6)$である。

このとき、原点Oを通り、$\triangle ABC$の面積を二等分する直線の式を求めなさい。〈山梨県〉

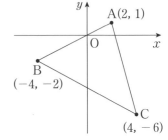

解法

方針 BCとの交点をPとし、上の④なら、線分BCの中点Mをとり台形OMPAを作る。

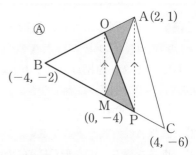

辺BCの中点をM$(0, -4)$とすれば、

$\triangle ABM = \dfrac{1}{2}\triangle ABC$

ここで、OM $\parallel$ APとなるように点Pをとり
台形OMPAを作れば、**ベスト解038** より、色のついた三角形の面積は等しくなるから、これらを交換して、$\triangle ABM = \triangle PBO$

Pのx座標は2で、直線BCの式は、$y=-\dfrac{1}{2}x-4$だから、P(2, -5)

ゆえに、$y=-\dfrac{5}{2}x$　**答** $y=-\dfrac{5}{2}x$

例題 2　図のように、関数$y=\dfrac{1}{2}x^2$のグラフ上に2点A、Bがあり、

そのx座標はそれぞれ-4、2である。また、直線ABとy軸の交点をCとする。
次の問いに答えなさい。〈兵庫県・一部略〉

(1)　直線OBの傾きを求めなさい。

(2)　△OACと△BCDの面積が等しくなるように、y軸上の正の部分に点Dをとる。点Dのy座標を求めなさい。

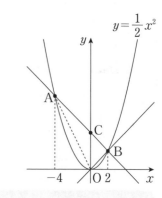

解法

| **方針** | **ベスト解 038** より、台形AOBDを作る。 |

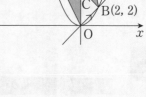

(1)　$y=\dfrac{1}{2}x^2$に$x=2$を代入すれば、

$y=\dfrac{1}{2}\times 2^2=2$　B(2, 2)

点O(0, 0)、B(2, 2)を通るから傾きは1　**答** 1

(2)　Aを通り、OB∥ADとなる直線を引く。すると、
台形AOBDができるから、**ベスト解 038** より、
△OAC＝△BCDとなる。

点Aのy座標は、$y=\dfrac{1}{2}x^2$に$x=-4$を代入し、$y=\dfrac{1}{2}\times(-4)^2=8$　A(-4, 8)

直線ADの傾きは1だから、Dのy座標＝Aのy座標＋4＝8＋4＝12　**答** $y=12$

高校入試問題にチャレンジ
解答・解説 ▶ P.20

問題　右の図において、曲線アは関数$y=\dfrac{1}{2}x^2$のグラフである。曲線ア上の点でx座標が4である点をA、y軸上の点でy座標が10、6である点をそれぞれB、Cとし、線分OBの中点をDとする。また、線分OA上に点Eをとる。
このとき、次の(1)、(2)の問いに答えなさい。ただし、Oは原点とする。

〈茨城県〉

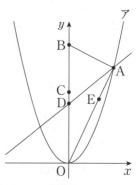

(1)　2点A、Dを通る直線の式を求めなさい。

(2)　四角形ABCEの面積が△OABの面積の$\dfrac{1}{2}$であるとき、点Eの座標を求めなさい。

039 垂直な直線の式

直交する2直線は、相似から明らかになる。

次が成り立つならば、直線が90°に交わる（直交する）。

A 三角形の相似

ベスト解 053 から ○ ＋ ● ＝ 90° がいえる。

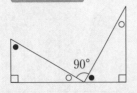

B 三平方の定理の逆が成り立つこと

ベスト解 069 B から

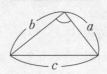

$a^2 + b^2 = c^2$ が成り立てば、辺aと辺bが挟む角は90°

例題 1 右図で、2つの直線$y = 2x + 4$と、

$y = -\dfrac{1}{2}x$が垂直に交わることを示せ。

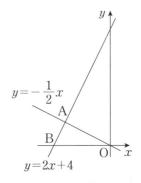

解法

方針 ベスト解 039 A より、直角三角形の相似から明らかにする。

右図のように、x軸へ垂線ACを下せば、

2直線の傾きから、

$BC : CA = AC : CO = 1 : 2$より、

直角三角形の相似で、△BCA∽△ACOだから、

○ ＝ × となって、● ＋ × ＝ ● ＋ ○ ＝ 90°

よって、ベスト解 039 A より、

$y = 2x + 4$と$y = -\dfrac{1}{2}x$は垂直に交わる。

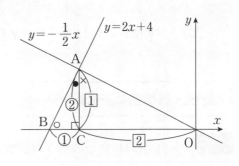

例題 2 右の図において、直線$y = x - 1$とx軸との交点をA、直線

$y = \dfrac{1}{3}x + 3$とy軸との交点をBとする。また、この2つの直

線の交点をPとする。このとき、次の問いに答えなさい。〈鳥取県〉

(1) 点Aのx座標を求めなさい。

(2) 点Pの座標を求めなさい。

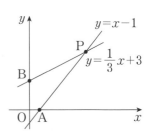

(3) 線分 AB の長さを求めなさい。

(4) 図において、∠ABP = 90°である。このことを、3つの線分 AB、BP、PA のそれぞれの長さに着目して、証明しなさい。

 解法　(1)　$y = x - 1$ へ $y = 0$ を代入し、$x = 1$　**答** $x = 1$

(2)　$x - 1 = \dfrac{1}{3}x + 3$、$3x - 3 = x + 9$、$2x = 12$、$x = 6$、

$y = 6 - 1 = 5$　P(6, 5)　**答** P(6, 5)

(3)

方針　三平方の定理から長さを求める。

B(0, 3) から、△BOA で三平方の定理を使って、

AB = $\sqrt{3^2 + 1^2} = \sqrt{10}$　**答** $\sqrt{10}$

(4)　**証明**

方針　BP、PA を求め、三平方の定理の逆から示す。

(3)と同様にして、BP = $2\sqrt{10}$、PA = $5\sqrt{2}$ となる。

ここで、$AB^2 + BP^2 = AP^2$ だから、$\left(\left(\sqrt{10}\right)^2 + \left(2\sqrt{10}\right)^2 = 50, \left(5\sqrt{2}\right)^2 = 50\right)$

三平方の定理の逆が成り立ち（**ベスト解** 039 B ）、∠ABP = 90°

ワンポイントアドバイス　$m \perp n$ のとき、BH = 1、

AH = a とすれば、△ABH ∽ △CAH より、

CH = a^2

このことから、

m の傾き… a

n の傾き… $-\dfrac{1}{a}$

だから、（m の傾き）×（n の傾き）= -1

次のような回転移動からも示せる。

○ + ● = 90°から

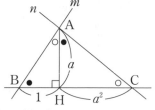
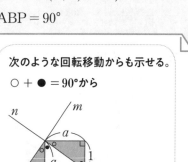

高校入試問題にチャレンジ

解答・解説 ▶ P.20

問題　右の図のように、関数 $y = \dfrac{a}{x}$（$x > 0$、a は定数）　…①

関数 $y = bx^2$（b は定数）　…②　のグラフがある。

①のグラフ上の点 A(2, 4) と、x 座標が4である点 B がある。点 A、B から y 軸と平行に直線をひき、②のグラフとの交点を、それぞれ点 C、D とおく。また、点 C、D から x 軸と平行な直線をひき、②のグラフとの交点のうち、点 C、D と異なる点を、それぞれ E、F とおく。また、直線 AB と直線 ED は互いに平行である。

直線 AB と直線 FC の交点を G とする。△ACG はどのような三角形であるかを説明しなさい。〈福井県・一部略〉

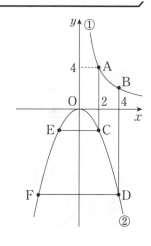

ベ|ス|ト|解

Chapter2　関数のグラフ

レベル4｜発展
レベル3｜応用
▶ レベル2｜標準
レベル1｜基礎

040 回転体の求積

回転体は、円柱や円すいを作る。

回転の軸について対称な図形をかきたし、できあがる立体をイメージするとよい。

A 円すい − 円すい

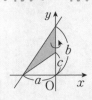 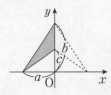

体積 $=$

$$\pi a^2 \times b \times \frac{1}{3} - \pi a^2 \times c \times \frac{1}{3}$$

$$= \pi a^2 \times (b-c) \times \frac{1}{3}$$

B 円すい + 円すい

 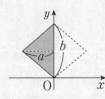

体積 $=$

$$\pi a^2 \times b \times \frac{1}{3}$$

C 円すい − 円すい = 円すい台

 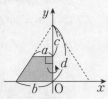

体積 $=$

$$\pi b^2 \times d \times \frac{1}{3} - \pi a^2 \times c \times \frac{1}{3}$$

例題 1　図のように、関数 $y = ax + b$ …⑦ のグラフ上に2点A、Bがあり、点Aの座標が $(1, 9)$、点Bの座標が $(-2, 0)$ である。

原点をOとし、△OABを、x軸を軸として1回転させてできる立体の体積を求めなさい。

ただし、円周率は π とし、座標軸の1目もりを1cmとする。〈三重県・一部略〉

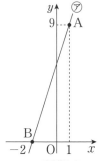

解法

方針　回転の軸が x 軸なのか y 軸なのかに注意。

ベスト解040A より、円すい − 円すいの形になる。

AHを底面の半径、BOを高さとする。

$$AH^2 \times \pi \times (BH - OH) \times \frac{1}{3} = 9^2\pi \times (3-1) \times \frac{1}{3} = 54\pi$$

答 $54\pi\,\text{cm}^3$

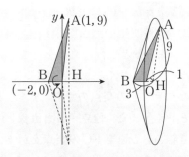

> 例題 2

右の図のように、関数 $y = \dfrac{1}{4}x^2$ のグラフ上に4点A、

B、C、Dがあり、それぞれのx座標は -4、-2、2、4である。
このとき、次の問いに答えなさい。〈富山県・一部略〉

(1) 直線CDとy軸との交点の座標を求めなさい。

(2) y軸と直線AD、BCとの交点をそれぞれE、Fとする。
 四角形ABFEをy軸を軸として1回転させてできる立体の
 体積を求めなさい。ただし、円周率はπとする。

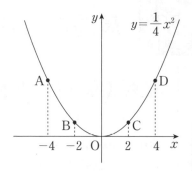

> 解法

(1) A$(-4, 4)$、B$(-2, 1)$、C$(2, 1)$、D$(4, 4)$である。

 2点C、Dを通る直線の式は、

 $y = \dfrac{3}{2}x - 2$ だから、$(0, -2)$

答 $(0, -2)$

(2)

| 方針 | ベスト解040C |

より、円すい台になる。

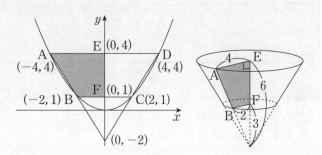

$4^2\pi \times 6 \times \dfrac{1}{3} - 2^2\pi \times 3 \times \dfrac{1}{3}$

$= 32\pi - 4\pi = 28\pi$　答 28π

高校入試問題にチャレンジ

解答・解説 ▶ P.21

> 問題1

右の図の放物線は、関数 $y = \dfrac{1}{2}x^2$ のグラフであり、点O

は原点である。2点A、Bは放物線上の点であり、その座標はそれ
ぞれ$(-4, 8)$、$(2, 2)$である。
△AOBを、x軸を軸として1回転させてできる立体の体積を求め
よ。ただし、円周率はπとする。〈奈良県・一部略〉

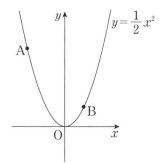

> 問題2

図のように、$y = \dfrac{1}{2}x^2$ …①、$y = -\dfrac{12}{x}$ $(x > 0)$ …②

のグラフがある。

①のグラフ上に2点A、Bがあり、それぞれの座標は$(-2, 2)$、
$(2, 2)$である。また、②のグラフ上に点Pがあり、Pを通りx軸に
平行な直線とy軸との交点をQとし、四角形ABPQをつくる。
∠ABP $= 90°$のとき、四角形ABPQを、辺BPを軸として1回転
させてできる立体の体積を求めなさい。
ただし、円周率はπとする。〈和歌山県・一部略〉

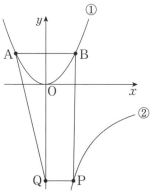

ベ|ス|ト|解

041

Chapter2　関数のグラフ

レベル4　発展
レベル3　応用
レベル2　標準
レベル1　基礎

最短の長さを求める

最短の長さは、対称点をとることから始める。

直線l上の点Pについて、AP＋PBの長さを最短にするには、点Aを、跳ね返る直線lについて対称に移動したA′と、Bを直線で結ぶ。（くわしくは ベスト解091 を参照。）

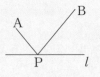

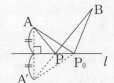

点PはA′B上にあればよい。
（明らかに、A′P＋PB＜A′P_0＋P_0B）

例題1　図のように、A$(-4, 3)$ B$(2, 5)$があり、x軸上に、AC＋CBの長さが最短となるように点Cをとる。
このとき、点Cの座標を求めよ。

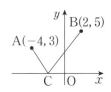

解法

方針　x軸で跳ね返るので、ベスト解041 より、点Aあるいは点Bのいずれかをx軸について対称に移動し、直線で結ぶ。

点Aをx軸について対称に移動した点をA′$(-4, -3)$とする。
そこで点A′とBを直線で結ぶ。
右図のようにH、Iをとり、CIがわかればよい。
△BCI∽△BA′Hで、
A′H＝$2-(-4)=6$、BH＝$5-(-3)=8$
だから、CI：BI＝A′H：BH＝6：8

CI：5＝6：8、8CI＝5×6　CI＝$\dfrac{15}{4}$

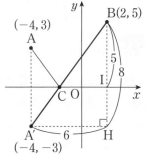

よって、点Cのx座標は、$2-\dfrac{15}{4}=-\dfrac{7}{4}$　ゆえに、C$\left(-\dfrac{7}{4}, 0\right)$　**答** C$\left(-\dfrac{7}{4}, 0\right)$

例題2　図のように、関数$y=\dfrac{1}{2}x^2$　…①　のグラフ上に点Pがあり、そのx座標は-4である。次の(1)、(2)に答えなさい。

〈島根県・一部略〉

(1)　点Pの座標を求めなさい。

(2)　関数①のグラフ上にx座標が-2である点Qをとり、y軸上の点Rについて、PR＋RQの長さを考える。y軸上の点Rが動き、PR＋RQの長さが最小となるとき、その長さを求めなさい。

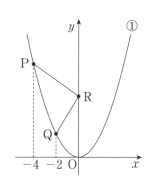

解法

(1) $y = \dfrac{1}{2} \times (-4)^2 = 8$　P$(-4, 8)$　**答** P$(-4, 8)$

方針　y軸で跳ね返るので、**ベスト解041** より、点Pあるいは点Qのいずれか
を、y軸について対称に移動して直線で結ぶ。

(2)　点Pをy軸について対称に移動した点をP′とする。
　　　そこで、点P′とQを直線で結ぶ。
　　　P′$(4, 8)$、Q$(-2, 2)$だから、
　　　色の付いた三角形での三平方の定理（**ベスト解069**）
　　　から、$\sqrt{(8-2)^2 + \{4-(-2)\}^2} = \sqrt{6^2 + 6^2} = \sqrt{72} = 6\sqrt{2}$

答 $6\sqrt{2}$

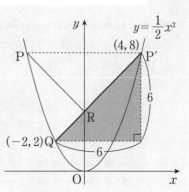

ベスト解014A より、点P′は①のグラフ上にある。

ワンポイントアドバイス

$\triangle$PHR ∽ $\triangle$QIR に
なっている。

高校入試問題にチャレンジ

解答・解説 ▶ P.21

問題1　右の図のように、関数 $y = ax^2$ $(a > 0)$ のグラフ上に
2点A、Bがあり、点Aのx座標は2、点Bのx座標は3である。
また、点Pはy軸上の点である。
AP＋BPの長さが最短になる点Pのy座標が5である。この
とき、aの値を求めなさい。〈徳島県・一部略〉

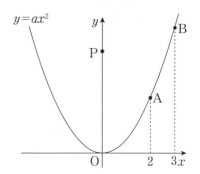

問題2　右の図で、直線①、直線②、直線③の式は、それぞ
れ $y = 2x + 1$、$y = \dfrac{1}{2}x - 2$、$y = ax + b$

$(a, b$は定数、$a < 0)$ である。点Aは直線①と直線③の交点で、
点Aの座標は$(3, 7)$である。点Bは、直線①と直線②の交点
である。点Cは、直線②と直線③の交点である。
直線②とx軸の交点をDとし、線分ODの中点をEとする。
y軸上に点FをAF＋FEの長さが最も短くなるようにとると
き、点Fのy座標を求めよ。〈福岡県・一部略〉

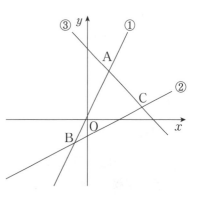

ベ|ス|ト|解

Chapter2 関数のグラフ

▶ レベル4 | 発 展
レベル3 | 応 用
レベル2 | 標 準
レベル1 | 基 礎

042 格子点の個数

格子点の個数は、軸に平行に数えていく。

右図の△OABの内部および周上に、x座標もy座標も
整数である点が19個ある。その効果的な数え方を示す。

A 上から下へ

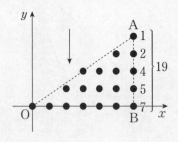

B 左から右へ

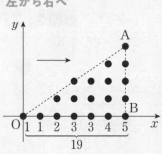

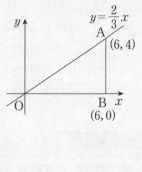

C 長方形を作る

点は全部で$(4+1)×(6+1)=35$（個）（図⑦）

そのうち、$y=\dfrac{2}{3}x$上にある

$(0, 0)$, $(3, 2)$, $(6, 4)$の●印の**3個**を除く。

残った$35-3=32$（個）は、

●印と○印に**半分ずつ**に分かれる（図⑦）。

よって●印は、除いた3個も元に戻し、

$\boxed{32÷2}+3=19$（個）

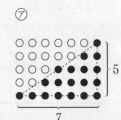

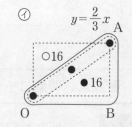

例題 **図1**のように、2点A$(8, 0)$、B$(0, 8)$があり、線分OA、
OBを半径とするおうぎ形OABがある。

また、点P$(1, 0)$と、$\overset{\frown}{AB}$上にx座標が1である点Qがある。

なお、ある点のx座標とy座標がともに整数であるとき、その点
を格子点という。

このとき、次の(1)～(4)の各問いに答えなさい。〈佐賀県〉

(1) 線分PQの長さを求めなさい。

(2) 両端の点を含む線分PQ上にある格子点の個数を求めなさい。

(3) おうぎ形OABの内部および周上にある格子点の個数を求
めなさい。

(4) **図2**のようにおうぎ形OABと直線$y=-\dfrac{1}{2}x+4$がある。

このとき、**図2**の灰色をつけた部分の内部および周上にある格
子点の個数を求めなさい。

図1

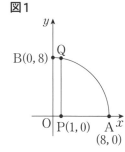

図2

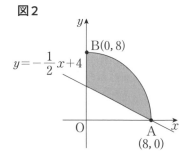

解法

方針 とにかく丹念に調べ数える。円弧上は三平方の定理から判別する。

(1) 右図で三平方の定理により、

$$PQ = \sqrt{OQ^2 - OP^2} = \sqrt{8^2 - 1^2} = \sqrt{63} = 3\sqrt{7}$$

答 $3\sqrt{7}$

(2) $7 < \sqrt{63} < 8$ だから、**ベスト解042A** より、

y 座標が、0、1、2、3、4、5、6、7の、8個

答 8個

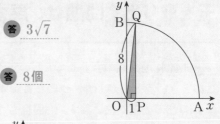

(3) 右図のように、(8, 8)までで、円外
にはみ出た部分を × で表す。

例えば、(4, 7)ならば、原点Oを使い
三平方の定理より、

$\sqrt{4^2 + 7^2} = \sqrt{65} > 8$ だから、

この点は半径8より大きくなるから、
外にある。

ベスト解042AB より、内部および周上の
点●を数えて58個　**答** 58個

(4) **ベスト解042AB** より38個　**答** 38個

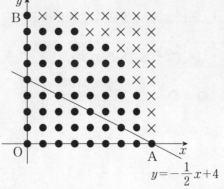

$$y = -\frac{1}{2}x + 4$$

高校入試問題にチャレンジ

解答・解説 ▶ P.22

問題1 右の図で、曲線は関数 $y = \dfrac{a}{x}$ $(a > 0)$ のグラフであり、点O
は原点である。2点A、Bは曲線上の点であり、その座標は $(2, 3)$、
$(-2, -3)$ である。点Pの座標が $(6, 1)$ のとき、x 座標、y 座標がと
もに整数となる点のうち、△OAPの内部と周上にある点の個数を求
めよ。〈奈良県・一部略〉

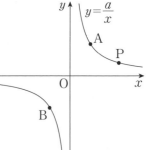

問題2 m を自然数とする。原点をO、A$(m, 0)$、B$(m, 3m)$、C$(0, 3m)$ の4
つの点を頂点とする長方形OABCがある。長方形OABCの周上および対角
線AC上にある、x 座標、y 座標がともに整数である点を○印で表し、白い点
と呼ぶことにする。また、△OACおよび△ABCの内部にある、x 座標、y 座
標がともに整数である点を●印で表し、黒い点と呼ぶことにする。

右の図のように、たとえば、$m = 3$ のとき、白い点の個数は26個、黒い点の
個数は14個である。

このとき、次の問い(1)、(2)に答えよ。〈京都府〉

(1) $m = 4$ のとき、白い点の個数および黒い点の個数を求めよ。

(2) 白い点の個数が458個である m の値を求めよ。また、そのときの黒い点
の個数を求めよ。

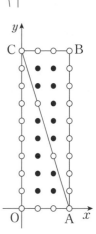

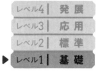

043 戻す、戻さないを区別する

玉を取り出す問題は、戻す・戻さないで確率が変わる。

例 白4個、赤2個の合わせて6個の玉が袋に入っていて、玉を1個ずつ2回取り出すとする。このとき、赤と白が1個ずつになる確率を求める。

A 取り出した玉を袋に戻す（2回目も6個ある）

・1回目に白玉、2回目に赤玉…$\dfrac{4}{6} \times \dfrac{2}{6} = \dfrac{8}{36}$（…ア）

・1回目に赤玉、2回目に白玉…$\dfrac{2}{6} \times \dfrac{4}{6} = \dfrac{8}{36}$（…イ）

$$ア + イ = \dfrac{8}{36} + \dfrac{8}{36} = \dfrac{16}{36} = \dfrac{4}{9}$$

※ちなみに、2個とも白玉…$\dfrac{4}{6} \times \dfrac{4}{6} = \dfrac{16}{36}$、2個とも赤玉…$\dfrac{2}{6} \times \dfrac{2}{6} = \dfrac{4}{36}$

だから、$1 - \left(\dfrac{16}{36} + \dfrac{4}{36}\right) = 1 - \dfrac{20}{36} = 1 - \dfrac{5}{9} = \dfrac{4}{9}$ ともできる。

B 取り出した玉は袋に戻さない（2回目は残った5個に減る）

・1回目に白玉、2回目に赤玉…$\dfrac{4}{6} \times \dfrac{2}{5} = \dfrac{8}{30}$（…ウ）

・1回目に赤玉、2回目に白玉…$\dfrac{2}{6} \times \dfrac{4}{5} = \dfrac{8}{30}$（…エ）

$$ウ + エ = \dfrac{8}{30} + \dfrac{8}{30} = \dfrac{16}{30} = \dfrac{8}{15}$$

※ちなみに、2個とも白玉…$\dfrac{4}{6} \times \dfrac{3}{5} = \dfrac{12}{30}$、2個とも赤玉…$\dfrac{2}{6} \times \dfrac{1}{5} = \dfrac{2}{30}$

だから、$1 - \left(\dfrac{12}{30} + \dfrac{2}{30}\right) = 1 - \dfrac{14}{30} = 1 - \dfrac{7}{15} = \dfrac{8}{15}$ ともできる。

例題 1　右の図のように、袋の中に、赤玉2個と白玉2個が入っている。
それぞれの色の玉には、1、2の数字が1つずつ書かれている。玉をかき混ぜてから1個取り出し、それを袋に戻してかき混ぜ、また1個取り出すとき、次の(1)～(3)の問いに答えなさい。〈岐阜県〉

(1) 2回とも白玉が出る確率を求めなさい。

(2) 2回とも同じ色の玉が出る確率を求めなさい。

(3) 1回目と2回目で、色も数字も異なる玉が出る確率を求めなさい。

解法

> **方針** もとに戻すので **ベスト解043A**

(1) $\dfrac{2}{4} \times \dfrac{2}{4} = \dfrac{1}{4}$　　**答** $\dfrac{1}{4}$

(2) 2回とも赤玉である確率は、$\dfrac{2}{4} \times \dfrac{2}{4} = \dfrac{1}{4}$

　　求めるのはこれと(1)の和だから、$\dfrac{1}{4} + \dfrac{1}{4} = \dfrac{1}{2}$　　**答** $\dfrac{1}{2}$

(3) （1回目・2回目）＝（赤1・白2）、（赤2・白1）、（白1・赤2）、（白2・赤1）。この4通り

　　そこで（赤1・白2）となるのは、$\dfrac{1}{4} \times \dfrac{1}{4} = \dfrac{1}{16}$

　　他もこれと同じ確率だから、$\dfrac{1}{16} \times 4 = \dfrac{1}{4}$　　**答** $\dfrac{1}{4}$

> **別解** 2回とも色の異なる確率は(2)を利用して、$1 - \dfrac{1}{2} = \dfrac{1}{2}$

　　また、2回とも番号が異なる確率も $\dfrac{1}{2}$ だから、よって、$\dfrac{1}{2} \times \dfrac{1}{2} = \dfrac{1}{4}$

> **例題 2**　白玉3個、赤玉2個が入っている袋がある。この袋から1個ずつ2回、玉を取り出すとき、1回目と2回目に取り出した玉の色が同じである確率を求めなさい。ただし、取り出した玉はもとにもどさないものとする。〈新潟県〉

解法

> **方針** もとに戻さないので **ベスト解043B**

1回目に白、2回目に白とするとその確率は、$\dfrac{3}{5} \times \dfrac{2}{4} = \dfrac{6}{20}$

1回目に赤、2回目に赤とするとその確率は、$\dfrac{2}{5} \times \dfrac{1}{4} = \dfrac{2}{20}$

$\dfrac{6}{20} + \dfrac{2}{20} = \dfrac{8}{20} = \dfrac{2}{5}$　　**答** $\dfrac{2}{5}$

高校入試問題にチャレンジ

解答・解説 ▶ P.22

> **問題1**　袋の中に青玉3個、白玉2個、赤玉1個が入っています。この袋から、玉を1個取り出し、それを袋に戻してかき混ぜてから、また1個取り出します。このとき、青玉が2回出る場合と、青玉と白玉が1回ずつ出る場合とではどちらが起こりやすいでしょうか。〈滋賀県・一部改〉

> **問題2**　袋の中に、赤球3個、青球1個、白球1個が入っている。この袋の中から球を同時に2個取り出したとき、取り出した球に白球が含まれる確率を求めなさい。ただし、どの球を取り出すことも同様に確からしいものとする。〈山梨県〉

044 取り出す確率

同時に取り出す確率は、重複に注意する。

例 A、B、C、D、Eの5枚のカードがある。この中から、

ア 2枚を同時に取り出す

・まず2枚を並べるとすれば、5×4（通り）

・その並べた2枚で $\boxed{AB}$ と $\boxed{BA}$ は、同じ取り出し方だから重複している。他の場合も同様

　なので、$\dfrac{5 \times 4}{2 \times 1} = 10$（通り）

イ 3枚を同時に取り出す

・まず3枚を並べるとすれば、$5 \times 4 \times 3$（通り）

・その並べた3枚で $\boxed{ABC}$、$\boxed{ACB}$、$\boxed{BAC}$、$\boxed{BCA}$、$\boxed{CAB}$、$\boxed{CBA}$ は、同じ取り出し方だ

　から重複している。他の場合も同様なので、$\dfrac{5 \times 4 \times 3}{3 \times 2 \times 1} = 10$（通り）

※分母の $3 \times 2 \times 1$ は、例えばA、B、Cの3つの数の並べ方を表している。

Aの場所…3通り、Bの場所…2通り、Cの場所は残った1通り、だから $3 \times 2 \times 1$

このことから、もし、6枚のカードから4枚を取り出すならば、$\dfrac{6 \times 5 \times 4 \times 3}{4 \times 3 \times 2 \times 1}$、

7枚のカードから4枚を取り出すならば $\dfrac{7 \times 6 \times 5 \times 4}{4 \times 3 \times 2 \times 1}$ と計算できる。

ところで、アとイの値が同じなのは次のように説明できる。

5枚から、取り出すのが3枚ならば、残るのは2枚で、**どちらを計算しても同じこと**。

例えば全部で6枚ならば、

・5枚取り出す＝1枚取り出す　　$\dfrac{6 \times \cancel{5 \times 4 \times 3 \times 2}}{\cancel{5 \times 4 \times 3 \times 2} \times 1} = \dfrac{6}{1}$

・4枚取り出す＝2枚取り出す　　$\dfrac{6 \times 5 \times \cancel{4 \times 3}}{\cancel{4 \times 3} \times 2 \times 1} = \dfrac{6 \times 5}{2 \times 1}$

例えば10枚のカードから8枚を取り出す計算ならば、2枚を取り出す計算の方が確実である。

例題1 白玉3個、赤玉2個が入っている袋がある。この袋から1個ずつ2回、玉を取り出すとき、1回目と2回目に取り出した玉の色が同じである確率を求めなさい。ただし、取り出した玉はもとに戻さないものとする。〈新潟県〉

解法

> **方針** 1個ずつ2回でも、同時に2個取り出しても同じこと。

玉の取り出し方は全部で、$\dfrac{5 \times 4}{2 \times 1} = 10$（通り）

このうち、（白，白）、（赤，赤）ならいいので、 ベスト解044 を使い場合分けして和をとる。

2個とも白なのは、3個のうちから2個の白を選ぶから $\dfrac{3 \times 2}{2 \times 1} = 3$（通り）

2個とも赤なのは、2個のうちから2個の赤を選ぶから $\dfrac{2 \times 1}{2 \times 1} = 1$（通り）

$\dfrac{3+1}{10} = \dfrac{2}{5}$ **答** $\dfrac{2}{5}$

例題 2 袋の中に、赤球3個、青球1個、白球1個が入っている。この袋の中から球を同時に2個取り出したとき、取り出した球に白球が含まれる確率を求めなさい。ただし、どの球を取り出すことも同様に確からしいものとする。〈山梨県〉

解法

> **方針** 白球1個と他4個と考える。

すべての取り出し方は、$\dfrac{5 \times 4}{2 \times 1} = 10$（通り）

ここで、白球が含まれるということは、（白球1個・他1個）という取り出し方になる。
そこで他は4つの球があるから、 ベスト解044 より、この取り出し方は全部で4通りある。

ゆえに、$\dfrac{1 \times 4}{10} = \dfrac{4}{10} = \dfrac{2}{5}$ **答** $\dfrac{2}{5}$

高校入試問題にチャレンジ

解答・解説 ▶ P.23

問題1 男子4人と女子2人の中から、くじで2人を選ぶとき、次のア～ウのうち最も大きいものを選び、その記号を書け。また、その確率を求めよ。〈奈良県〉

ア 2人とも男子が選ばれる確率

イ 男子と女子が1人ずつ選ばれる確率

ウ 2人とも女子が選ばれる確率

問題2 箱の中に、数字を書いた5枚のカード 1、2、3、4、5 が入っている。これらをよくかき混ぜてから、3枚のカードを同時に取り出すとき、それぞれのカードに書かれている数の和が9以下となる確率を求めなさい。〈新潟県〉

「少なくとも」の計算

レベル4｜ 発展
レベル3｜ 応用
▶ レベル2｜ 標準
レベル1｜ 基礎

数える物量が多くなりそうなときは、その反対を計算してみる。

例1 「少なくとも」があれば

赤のカードが2枚、青のカードが3枚の計5枚のカードから、2枚のカードを取り出す。このとき、「青のカードが少なくとも1枚はふくまれる」とは、㋐（赤0，青2）、㋑（赤1，青1）のことで、㋒（赤2，青0）以外である。

そこで求めるための2つの方法が考えられる。

方法A…青のカードが1枚以上の場合の和

$$㋐＋㋑ = \dfrac{\dfrac{3 \times 2}{2 \times 1}}{\dfrac{5 \times 4}{2 \times 1}} + \dfrac{\dfrac{2 \times 3}{5 \times 4}}{\dfrac{5 \times 4}{2 \times 1}} = \dfrac{3}{10} + \dfrac{6}{10} = \dfrac{9}{10}$$

方法B…全体から青が出ない場合を引く

$$1 - ㋒ = 1 - \dfrac{\dfrac{2 \times 1}{2 \times 1}}{\dfrac{5 \times 4}{2 \times 1}} = 1 - \dfrac{1}{10} = \dfrac{9}{10}$$

方法Bの「含まれない」「出ない」の方が計算しやすい。

例2 数の性質

1から10までの10個の整数から3つを選び積をとる。3つの数の積が偶数になる確率を求めなさい。

このとき、3つの数の積が偶数になるのは㋐、㋑、㋒である。

㋐（偶数3，奇数0）、㋑（偶数2，奇数1）、㋒（偶数1，奇数2）、㋓（偶数0，奇数3）

方法A…積が偶数になる場合の和

$$㋐＋㋑＋㋒ = \dfrac{\dfrac{5 \times 4 \times 3}{3 \times 2 \times 1}}{\dfrac{10 \times 9 \times 8}{3 \times 2 \times 1}} + \dfrac{\dfrac{5 \times 4}{2 \times 1} \times 5}{\dfrac{10 \times 9 \times 8}{3 \times 2 \times 1}} + \dfrac{5 \times \dfrac{5 \times 4}{2 \times 1}}{\dfrac{10 \times 9 \times 8}{3 \times 2 \times 1}} = \dfrac{10}{120} + \dfrac{50}{120} + \dfrac{50}{120} = \dfrac{110}{120} = \dfrac{11}{12}$$

方法B…全体から積が奇数の場合を引く

$$1 - ㋓ = 1 - \dfrac{\dfrac{5 \times 4 \times 3}{3 \times 2 \times 1}}{\dfrac{10 \times 9 \times 8}{3 \times 2 \times 1}} = 1 - \dfrac{10}{120} = 1 - \dfrac{1}{12} = \dfrac{11}{12}$$

積が奇数になるのはすべての数が奇数のときで、方法Bが計算しやすい。

例題1 袋の中に、赤玉3個、白玉2個が入っている。袋から玉を1個取り出し、それを袋に戻して、また1個取り出すとき、少なくとも1回は赤玉が出る確率を求めなさい。ただし、袋からどの玉が取り出されることも同様に確からしいとする。〈茨城県〉

解法　玉の出方として、(赤，赤)、(赤，白)、(白，赤)、(白，白)がある。

　ベスト解045B　より、ここでは2回とも白玉の（白，白）を計算する。

白玉が出る確率は$\dfrac{2}{5}$だから、それが2回では、$\dfrac{2}{5} \times \dfrac{2}{5} = \dfrac{4}{25}$だから、$1 - \dfrac{4}{25} = \dfrac{21}{25}$　**答** $\dfrac{21}{25}$

例題 2　袋の中に6個の玉が入っており、それぞれの玉には、図のように、10、11、12、13、14、15の数字が1つずつ書いてある。この袋の中から同時に2個の玉を取り出すとき、取り出した2個の玉のうち、少なくとも1個は3の倍数である確率を求めなさい。ただし、袋から取り出すとき、どの玉が取り出されることも同様に確からしいものとする。〈静岡県〉

袋に入っている玉

解法　玉が3の倍数になるのは、10と12のように一方だけが3の倍数のときと、12と15のように両者とも3の倍数であるときがある。

　したがって、(3の倍数2，それ以外0)、(3の倍数1，それ以外1)、(3の倍数0，それ以外2)と分類でき、ここで　ベスト解045B　より、3の倍数にならないケースを計算する。

2個とも、10、11、13、14のいずれかが出るときを考えると、$\dfrac{\dfrac{4 \times 3}{2 \times 1}}{\dfrac{6 \times 5}{2 \times 1}} = \dfrac{2}{5}$

よって、$1 - \dfrac{2}{5} = \dfrac{3}{5}$　**答** $\dfrac{3}{5}$

高校入試問題にチャレンジ

解答・解説 ▶ P.23

問題1　1、2、3、4、5の数字を1つずつ書いた5枚のカードがある。
この5枚のカードから同時に3枚のカードを取り出すとき、取り出した3枚のカードに書いてある数の積が3の倍数である確率を求めよ。
ただし、どのカードが取り出されることも同様に確からしいものとする。〈東京都・表現改〉

問題2　右の図のような**箱A**と**箱B**がある。**箱A**には1、4、5、6の数字が1つずつ書かれた同じ大きさのカードが4枚、**箱B**には1、3、4、7の数字が1つずつ書かれた同じ大きさのカードが4枚入っている。この2つの箱の中のカードをそれぞれよくかきまぜて、陽平さんは**箱A**から、明子さんは**箱B**からそれぞれカードを1枚ずつ取り出し、取り出したカードに書かれた数が大きい方が勝ちとし、等しい場合は引き分けとするゲームを行う。このとき、次の(1)～(3)に答えよ。〈長崎県〉

箱A

箱B

(1)　カードの取り出し方は全部で何通りあるか。

(2)　引き分けとなる確率を求めよ。

(3)　陽平さんか明子さんのどちらかが勝つ確率を求めよ。

046 コインの表と裏

n回投げたコインの目の出方は、2^n通りある。

1枚のコインの表裏の出方は2通り　コインを2回投げるときの出方は$2^2 = 4$通り

例 1枚のコインを3回投げたとき表が1回出る確率を考える。

コインの表裏の出方は全部で$2^3 = 8$通りある。表を〇、裏を×と表すと、

〇〇〇

〇〇×、〇×〇、×〇〇

〇××、×〇×、××〇

×××

であり、答えは枠で囲った3通り　その確率は$\dfrac{3}{8}$

※枠で囲った部分は、「3つあるうちのいずれか1つが〇」だから、3通りと考えることができる。

コインの問題では、1枚のコインを3回投げても、3枚のコインを同時に投げても、その内容は同じである。

例題 1　3枚の硬貨を同時に1回投げて、少なくとも2枚は表の出る確率を求めよ。

解法　上の表から求めるのは、〇〇〇、〇〇×、〇×〇、×〇〇であって、

そうでないのも×××、××〇、×〇〇、〇××と同じだけあるから$\dfrac{1}{2}$　　答 $\dfrac{1}{2}$

> **ワンポイントアドバイス**
> このような関係を**対等**といい、性質を**対等性**と呼ぶ。

例題 2　Aさん、Bさん、Cさんの3人が硬貨を1枚ずつと、みかんを4個ずつ持ち、次の〈ルール〉にしたがって、みかんのやりとりをすることにした。

〈ルール〉

3人が硬貨を同時に1回投げ、裏を出した人が、表を出した人にみかんを1個わたす。ただし、全員が表、または全員が裏を出したときは、みかんの受けわたしを行わない。

(例)・Aさんが裏、Bさんが表、Cさんが表を出したときは、Aさんが、BさんとCさんにみかんを1個ずつわたす。

　　・Aさんが裏、Bさんが裏、Cさんが表を出したときは、AさんBさんが、それぞれCさんにみかんを1個ずつわたす。

次の問いに答えなさい。〈兵庫県〉

(1) 3人が硬貨を同時に1回投げるとき、3人の硬貨の表裏の出方は何通りあるか、求めなさい。

(2) このルールによるやりとりを2回続けて行う。

　(ア) 1回目にAさんが表、Bさんが裏、Cさんが裏を出し、2回目にAさんが裏、Bさんが表、Cさんが裏を出したとき、Aさんが持っているみかんの個数は何個か、求めなさい。

　(イ) Aさんの持っているみかんの個数が7個となる確率を求めなさい。

　(ウ) Aさん、Bさん、Cさんの持っているみかんの個数がすべて異なる確率を求めなさい。

解法

(1) ベスト解046 より、$2^3 = 8$ （通り）　答 **8通り**

(2)(ア) 推移は右の表のようになり、
　　　 5個　答 **5個**

	Aさん		Bさん		Cさん	
はじめ		4個		4個		4個
1回目	+2	6個	−1	3個	−1	3個
2回目	−1	5個	+2	5個	−1	2個

　(イ) それぞれが2回ずつ投げるから、
　　　 $8 \times 8 = 64$ （通り）あり、

　　　 Aさんは2回とも勝ち、うち1回はAさんともう一人が勝つから、BさんとCさんをかき出せば、

　　　 $(B, C) = (\times\bigcirc, \times\times), (\bigcirc\times, \times\times), (\times\times, \bigcirc\times), (\times\times, \times\bigcirc)$

　　　 この4通りある。$\dfrac{4}{64} = \dfrac{1}{16}$　答 $\dfrac{1}{16}$

　(ウ) Aさん、Bさん、Cさんの順に多いとする。

　　　 このとき、Aさんが2回勝ち、Bさんが1回勝ち、Cさんの勝ちは0回
　　　 $(A, B, C) = (\bigcirc\bigcirc, \times\bigcirc, \times\times), (\bigcirc\bigcirc, \bigcirc\times, \times\times)$
　　　 と2通りある。

　　　 3人のみかんの数が多い順は、ABC、ACB、…と全部で6通りあるから、

　　　 $\dfrac{1}{64} \times 2 \times 6 = \dfrac{3}{16}$　答 $\dfrac{3}{16}$

高校入試問題にチャレンジ

問題1 4枚の硬貨を同時に投げたとき、表と裏が2枚ずつ出る確率を求めなさい。〈群馬県〉

問題2 3枚の硬貨を同時に投げるとき、少なくとも1枚は表が出る確率を求めよ。ただし、それぞれの硬貨の表裏の出方は、同様に確からしいものとする。〈京都府〉

問題3 表に1と書かれたコインが1枚、2と書かれたコインが2枚、4と書かれたコインが1枚の合計4枚のコインがある。いずれのコインも裏には何も書かれていない。
この4枚のコインを同時に投げるとき、(1)、(2)の問いに答えなさい。
ただし、いずれのコインも表裏の出かたは同様に確からしいものとする。〈佐賀県〉

(1) 表が出たコインに書かれた数の和が、4になる確率を求めなさい。

(2) 表が出たコインに書かれた数の和が、4以上になる確率を求めなさい。

ベ｜ス｜ト｜解

047 サイコロの目と周回

周回する問題では、サイコロの目と周期の関係をつかむ。

例 図の頂点Aに駒を置き、A→B→C→…と、2回振った
サイコロの目の和や積の数だけ移動し周回する問題では、

A　4、8、12、…　4で割り切れる数
B　1、5、9、…　4で割ると1あまる数
C　2、6、10、…　4で割ると2あまる数
D　3、7、11、…　4で割ると3あまる数

のように、図形の頂点に、
頂点の数で割ったあまりを対応させるとよい。

またサイコロの問題では、6×6の表を作るが、その際、
(2, 5)と(5, 2)は同じ動きだから、
(1, 1)、…、(6, 6)を除いた部分は、対等になっている。
このことを頭に入れておくと、計算量を減らすことができる。

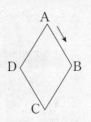

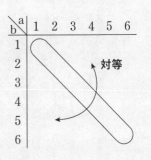

例題　図のAの位置にコマを置き、大小2つのサイコロを投げ
て、出た目の数の積だけ、矢印の方向にコマを進める。
このとき、最も起こりやすいことがらは、どの頂点に止まるとき
か。また、そのときの確率を求めなさい。〈愛知県・一部改〉

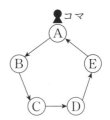

解法

方針　五角形だから、各頂点に5で割ったときの性質を対応させる。

頂点A　5で割り切れる数
頂点B　5で割ると1あまる数
頂点C　5で割ると2あまる数
頂点D　5で割ると3あまる数
頂点E　5で割ると4あまる数

そこで、6×6の表を作り、コマがどこで止まるか書き出す。

	1	2	3	4	5	6
1	積1　B	積2　C	積3　D	積4　E	積5　A	積6　B
2		積4　E	積6　B	積8　D	積10　A	積12　C
3			積9　E	積12　C	積15　A	積18　D
4				積16　B	積20　A	積24　E
5					積25　A	積30　A
6						積36　B

太枠で囲ったところと、グレーのところは対等性より同じになるから、表では省略できる。

数えるときは、太枠のところを2倍する。

このことから、

Aで止まる…11通り

Bで止まる…7通り

Cで止まる…6通り

Dで止まる…6通り

Eで止まる…6通り

だから、

最も起こりやすいのはAで止まり、その確率は$\dfrac{11}{36}$　**答** $\dfrac{11}{36}$

高校入試問題にチャレンジ

解答・解説 ▶ P.24

問題　花子さんは、子供会で次のような〔ルール〕のサイコロゲームを企画した。(1)〜(3)に答えなさい。ただし、サイコロの1から6までの目の出方は、同様に確からしいものとする。

〈岡山県〉

〔ルール〕

・右の図のような正方形ABCDの頂点Aにおはじきを置く。

・大小2つのサイコロを同時に1回投げて、出た目の数の和と同じ数だけ、おはじきを頂点AからB、C、D、A、…の順に1つずつ矢印の方向に移動させる。

　例えば、出た目の数の和が3のとき、おはじきを頂点Dへ移動させる。

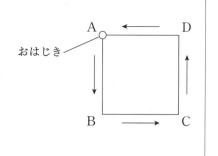

(1)　大小2つのサイコロを同時に1回投げるとき、出た目の数の和が5となるのは何通りあるか求めなさい。

(2)　花子さんは、おはじきが頂点Bにちょうど止まる確率を、次のように求めた。　ア 、　イ に適当な数を入れなさい。

　　おはじきが頂点Bにちょうど止まるのは、出た目の数の和が、5または　ア のときだから、求める確率は　イ である。

(3)　花子さんは、おはじきが最も止まりやすい頂点を「あたり」と決め、おはじきがその頂点にちょうど止まれば、景品を渡すことにした。「あたり」としたのは、頂点A〜Dのうちのどれですか。一つ答えなさい。また、おはじきがその頂点でちょうど止まる確率を求めなさい。

ベ｜ス｜ト｜解 048

座標平面上の三角形と確率

▶ レベル4｜発展
レベル3｜応用
レベル2｜標準
レベル1｜基礎

座標平面上でのサイコロの確率は、すべての目をもれなく調べること。

A 角度にかかわる

決まっている線分PQに対して、もう1点をとるとき、

・PQを直径とした円周上にとる→∠PAQは直角
・PQを直径とした円内にとる→∠PBQは鈍角
・PQを直径とした円外にとる→∠PCQは鋭角

となる。このように円を描くとよい。

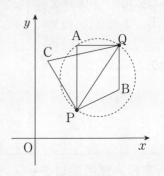

B 面積をとる

決まっている線分PQに対して、もう1点をとるとき、

・△PAQと同じ面積をとるならばl_1、l_2上にとる
・△PAQより小さな面積をとるならば
　l_1、l_2より高さを狭くとる
・△PAQより大きな面積をとるならば
　l_1、l_2より高さを広くとる

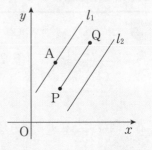

例題　右の図のように座標平面上に点A(2, 0)、B(4, 4)があります。大小2つのサイコロを同時に振り、大きいサイコロの出た目をa、小さいサイコロの出た目をbとし、点P(a, b)を右の座標平面上にとります。このとき、次の(1)〜(3)の各問いに答えなさい。ただし、サイコロは、1から6までのどの目が出ることも同様に確からしいとします。〈滋賀県〉

図

(1)　点Pが$y = \dfrac{6}{x}$のグラフ上にあるのは何通りですか、求めなさい。

(2)　∠APBが90°になる確率を求めなさい。

(3)　△PABの面積が5以上になる確率を求めなさい。

解法

方針　サイコロの出る目も、$y = \dfrac{6}{x}$のグラフも、$y = x$について対称。

(1)　$(a, b) = (1, 6)$、$(2, 3)$、$(3, 2)$、$(6, 1)$の4通り　　**答** 4通り

(2)　**ベスト解048A** より、**AB**を直径とした円を考え、点Pはこの周上にある。

三平方の定理より、$AB = \sqrt{2^2 + 4^2} = \sqrt{4 + 16} = \sqrt{20} = 2\sqrt{5}$だから、この円は、線分AB
の中点M(3, 2)を中心とした、半径$\sqrt{5}$の円になる。

このような点は図で、$(1, 1)$と$(5, 1)$、$(1, 3)$と$(5, 3)$、

これと$(2, 4)$の5つがある。

ゆえに、$\dfrac{5}{36}$ 　答 $\dfrac{5}{36}$

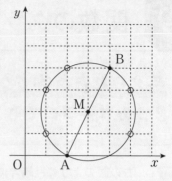

(3) より、$\triangle\text{PAB} = 5$となる1点をまず見つけるとよい。

$Q\left(\dfrac{9}{2}, 0\right)$をとれば、$\triangle\text{QAB} = 5$

直線ABの傾きは2だから、これと平行で点Qを通る直線をl_1とする。

またx軸上に、直線ABについて点Qと反対側に

$R\left(-\dfrac{1}{2}, 0\right)$をとり、同じく$l_2$をとる。

そこで求めるのは、直線l_1、l_2上、あるいは外側にある点である。

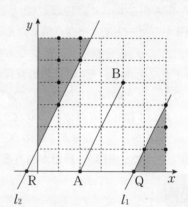

図で、$(1, 3)$、$(1, 4)$、$(1, 5)$、$(1, 6)$、$(2, 5)$、$(2, 6)$、$(5, 1)$、$(6, 1)$、$(6, 2)$、$(6, 3)$の10通りがある。

ゆえに、$\dfrac{10}{36} = \dfrac{5}{18}$ 　答 $\dfrac{5}{18}$

ワンポイントアドバイス

このように、できるだけ正確な図にすることが重要。

高校入試問題にチャレンジ

解答・解説 ▶ P.24

問題 　2つのサイコロA、Bを投げて、Aのサイコロの出た目の数をa、Bのサイコロの出た目の数をbとする。右の図のようなOを原点とする平面上に、2点P(a, 0)、Q(b, b)をとり、3点O、P、Qを頂点とする三角形OPQを考える。このとき、次の(1)〜(3)の問いに答えなさい。〈高知県〉

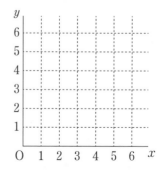

(1) 2つのサイコロA、Bを同時に1回投げて、Aのサイコロの出た目の数が6であった。このとき、三角形OPQが直角三角形になるようなbの値をすべて求めよ。

(2) 2つのサイコロA、Bを同時に1回投げて、三角形OPQの面積が6となった。このとき、2つのサイコロA、Bの出た目の組み合わせは、全部で何通りあるか求めよ。

(3) 2つのサイコロA、Bを同時に1回投げて、三角形OPQが鈍角三角形になる確率を求めよ。

049 関数のグラフと確率

与えられた条件でグラフを定める問題は、2つのサイコロでも36通りだから、丁寧に確かめるとよい。

例題1 右の図のように、**箱A**には1から3、**箱B**には1から6の数字が書かれたカードが1枚ずつ入っている。**箱A**からカードを1枚取り出し、そのカードの数字をa、**箱B**からカードを1枚取り出し、そのカードの数字をbとする。このa、bを使って、2つの方程式$y = ax + a$と$y = b$のグラフをかき、その2直線の交点の座標を考える。

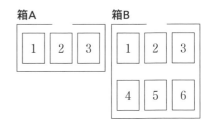

このとき、次の問いに答えよ。ただし、**箱A**からのカードの取り出し方は、同様に確からしいとする。また、**箱B**からのカードの取り出し方も、同様に確からしいとする。〈福井県〉

(1) **箱A**から③、**箱B**から②のカードを取り出したときの交点の座標を求めよ。

(2) 交点のx座標、y座標が両方とも整数となる確率を求めよ。

解法 (1) $y = 3x + 3$と$y = 2$の交点だから、

$$3x + 3 = 2、3x = -1、x = -\frac{1}{3} \quad \left(-\frac{1}{3},\ 2\right)$$

答 $\left(-\dfrac{1}{3},\ 2\right)$

(2) **方針** aは①、②、③しかないので、**ベスト解049** より、丁寧に場合分けする。

$a = 1$のとき、$y = x + 1$だから、$x + 1 = b$、$x = b - 1$
これはどのようなbでも成り立つから6通り（…㋐）
$a = 2$のとき、$y = 2x + 2 = 2(x + 1)$だから、$2(x + 1) = b$、
bは偶数のときに成り立つから，$b = 2$、4、6の3通り（…㋑）
$a = 3$のとき、$y = 3x + 3 = 3(x + 1)$だから、$3(x + 1) = b$、
bは3の倍数のときに成り立つから，$b = 3$、6の2通り（…㋒）
よって、㋐ + ㋑ + ㋒ = 6 + 3 + 2 = 11（通り）

すべての組み合わせは、$3 \times 6 = 18$だから、$\dfrac{11}{18}$

答 $\dfrac{11}{18}$

例題2 右の図において、㋐は関数$y = \dfrac{1}{4}x^2$、㋑は関数$y = -x + b$のグラフである。

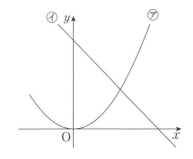

大小2つのサイコロを同時に1回投げたとき、大きいサイコロの出た目の数をm、小さいサイコロの出た目の数をnとし、2つのサイコロを投げたときにできる座標を(m, n)とする。ただし、サイコロのどの目が出ることも同様に確からしいものと

する。次の(1)、(2)の問いに答えなさい。〈秋田県・一部略〉

(1) ①において、$b=6$ のとき、点 (m, n) が、y 軸と⑦、①の $x \geqq 0$ の部分で囲まれた図形の内部にある確率を求めなさい。ただし、y 軸と⑦、①の $x \geqq 0$ の部分で囲まれた図形の周上の点も内部に含まれるものとする。

(2) 点 (m, n) が、y 軸と⑦、①の $x \geqq 0$ の部分で囲まれた図形の内部にある確率が $\dfrac{1}{2}$ であるとき、b のとりうる値の範囲を求めなさい。ただし、y 軸と⑦、①の $x \geqq 0$ の部分で囲まれた図形の周上の点も内部に含まれるものとする。

解法

(1) 右図のようになり、 **ベスト解049** より、丁寧に調べて、
$(1, 1)$、$(1, 2)$、$(1, 3)$、$(1, 4)$、$(1, 5)$、
$(2, 1)$、$(2, 2)$、$(2, 3)$、$(2, 4)$、$(3, 3)$
の10個だから $\dfrac{10}{36} = \dfrac{5}{18}$ **答** $\dfrac{5}{18}$

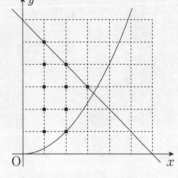

(2)

方針 確率 $\dfrac{1}{2}$ だから、18個の点が含まれる。

ベスト解049 より、丁寧に調べて、
$b=6$ で10個
$b=7$ ならば、さらに $(1, 6)$、$(2, 5)$、$(3, 4)$
$b=8$ ならば、さらに $(2, 6)$、$(3, 5)$、$(4, 4)$
$b=9$ ならば、さらに $(3, 6)$、$(4, 5)$
ここまでで18個
$b=10$ ならば、さらに $(4, 6)$ が増えてしまうから、
$9 \leqq b < 10$ **答** $9 \leqq b < 10$

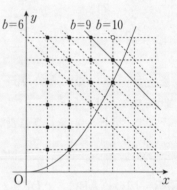

高校入試問題にチャレンジ

解答・解説 ▶ P.25

問題 大小2つのサイコロを同時に投げる。大きいサイコロの出た目の数を a、小さいサイコロの出た目の数を b とする。
次の問いに答えなさい。〈兵庫県〉

(1) $\dfrac{b}{a} = 2$ となる確率を求めなさい。

(2) 2直線 $y = \dfrac{b}{a}x$、$y = -x + 8$ の交点の x 座標、y 座標がともに自然数となる確率を求めなさい。

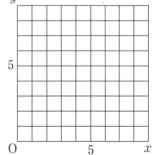

(3) 3直線 $y = \dfrac{b}{a}x$、$y = \dfrac{a}{b}x$、$y = -x + 8$ で囲まれる三角形の内部に、半径 $\sqrt{2}$ cm の円をかくことができる a、b の組み合わせは何通りあるか、求めなさい。ただし、座標軸の単位の長さは 1 cm とする。

050 合同を見つける、合同を示す

図形の基本は、合同条件を理解すること。

三角形の合同条件

㋐ 三組の辺がそれぞれ等しい

㋑ 二組の辺とその間の角がそれぞれ等しい

㋒ 一組の辺とその両端の角がそれぞれ等しい

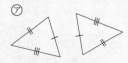
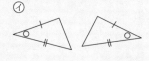
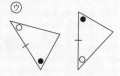

㋓ 直角三角形において、斜辺と一鋭角がそれぞれ等しい

㋔ 直角三角形において、斜辺と他の一辺がそれぞれ等しい

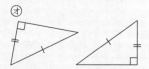

注意 図の△ABCと△DEFは合同だが、どの条件にも当てはまらず、このままでは説明できない。そこで、∠F＝× をいう必要がある。

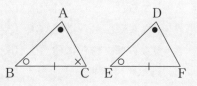

例題 1 図の△ABCと△DEFが合同であることを証明したい。AB＝DE、BC＝EFであることがわかっているとき、∠A＝∠Dをつけ加えても合同にならないこともある。この例を示しなさい。〈長野県・改題〉

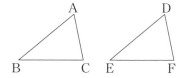

解法 下のような図形。

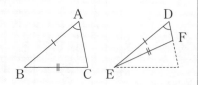

ワンポイントアドバイス

三角形の合同条件は「㋑二組の辺とその間の角」だが、例題1 では、間の角になっていない。繰り返すが、図の△ABCと△ABDは '2辺' と '1角' が等しいが、合同ではない。

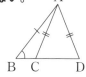

例題 2

図のように、円Oの円周上に3点A、B、Cを、AB＝ACとなるようにとり、△ABCをつくる。点Cをふくまない $\overarc{AB}$ 上に点Dを∠DAB＜∠BACとなるようにとり、点Bと点Dを線分で結ぶ。線分CD上に点Eを∠EAC＝∠DABとなるようにとる。このとき、AD＝AEとなることを証明しなさい。〈福岡県・一部略〉

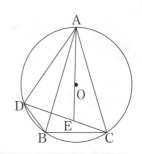

解法

方針 「長さが等しいこと」を明らかにするには合同がよい。ここでは△DABと△EACの合同を示す。

証明 △DABと△EACにおいて、

∠DAB＝∠EAC（仮定より）（…❶）

　AB＝AC　　（仮定より）（…❷）

∠ABD＝∠ACE（ $\overarc{AD}$ に対する円周角）（…❸）

以上、❶❷❸より、

「一組の辺とその両端の角がそれぞれ等しい」

から、△DAB≡△EAC

合同な図形の対応する辺の長さは等しいので、

　AD＝AE

高校入試問題にチャレンジ

解答・解説 ▶ P.25

問題1　図のように、円Oの周上にA、B、C、Dがあり、△ABCは正三角形である。

また、線分BD上に、BE＝CDとなる点Eをとる。

△ABE≡△ACDを証明しなさい。〈富山県・一部略〉

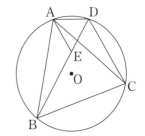

問題2　右の図のように、長方形ABCDを対角線ACで折り、頂点Bを移動した点をB′、ADとB′Cの交点をEとする。三角形EACが二等辺三角形であることを証明しなさい。

〈群馬県・一部略〉

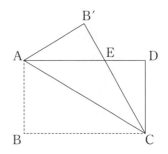

回転系合同

正三角形や正方形の移動には、合同な図形がからんでいる。

図で∠BAC＝∠DAEのとき、

A ∠BAD＝∠EAC

B ∠BAD＝∠EAC

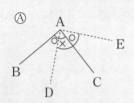

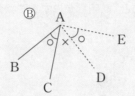

回転系合同では、これらを等しい角と見られるかどうかがポイントとなる。

例題1 右の図のように、2つの正三角形ABC、CDEがある。
頂点A、Dを結んで△ACDをつくり、頂点B、Eを結んでできる△BCEをつくる。

このとき、△ACD≡△BCEであることを証明しなさい。

〈新潟県〉

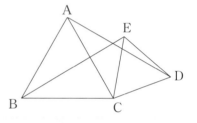

解法

方針　△ACDと△BCEが点Cを中心に回転しているようにみえれば、合同を捕まえるのがグンと楽になる。これが"回転系合同"。

証明 △ACDと△BCEにおいて、

AC＝BC（仮定より）（…❶）

CD＝CE（仮定より）（…❷）

∠ACD＝∠ACE＋∠ECD

　　　＝∠ACE＋60°

　　　＝∠ACE＋∠BCA

　　　＝∠BCE　（…❸）

以上、❶❷❸より、

「二組の辺とその間の角がそれぞれ等しい」から、△ACD≡△BCE

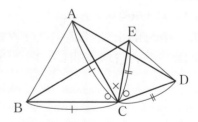

ワンポイントアドバイス

正三角形が2つつながったような構図では、

△POQと△ROSの合同が現れる。

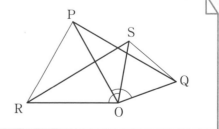

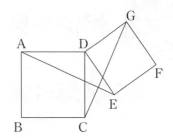

例題 2 右の図のように、2つの正方形ABCD、DEFGがある。
頂点AとE、頂点CとGを結んで△AED、△CGD
をつくる。
このとき、AE＝CGを証明しなさい。

解法

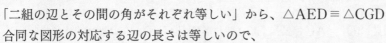

方針 点Dを中心とした回転系合同。∠ADE＝∠CDG

証明 △AEDと△CGDにおいて、

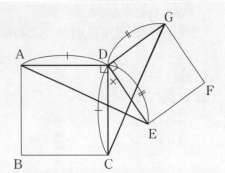

DA＝DC（仮定より）（…❶）

DE＝DG（仮定より）（…❷）

∠ADE＝∠CDE＋∠ADC

$\qquad$ ＝∠CDE＋90°

$\qquad$ ＝∠CDE＋∠EDG

$\qquad$ ＝∠CDG　（…❸）

以上、❶❷❸より、

「二組の辺とその間の角がそれぞれ等しい」から、△AED≡△CGD

合同な図形の対応する辺の長さは等しいので、

$\qquad$ AE＝CG

高校入試問題にチャレンジ

解答・解説 ▶ P.26

問題1 右の図のように、正三角形ABCの内側に点Dをと
り、△DBCの外側にBD、DCを1辺とする正三角形BDE、
DCFをつくり、点Aと点E、Fをそれぞれ結ぶ。
△AEBと△CDBが合同になることを証明しなさい。

〈青森県・一部略〉

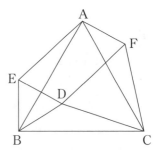

問題2 図で、四角形ABCDは正方形であり、Eは対角線
AC上の点で、AE＞ECである。また、F、Gは四角形DEFG
が正方形となる点である。
ただし、辺EFとDCは交わるものとする。
このとき、∠DCGの大きさを、△AED≡△CGDを示して答
えなさい。〈愛知県・一部表現改〉

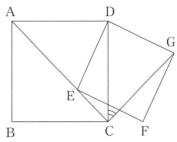

052 相似を見つける、相似を示す

辺の長さが絡むと相似は見つけにくい。3つの相似条件を使いこなそう。

三角形の相似条件

A 三組の辺の比がすべて等しい

B 二組の辺の比とその間の角がそれぞれ等しい

C 二組の角がそれぞれ等しい

三角形の相似条件でよく使われるのは**C**だが、見つけにくい**B**にも気を付けること。

平行線と線分比

BC ∥ DE ∥ FG ならば、

㋐ AB : AD : AF = AC : AE : AG

㋑ AB : BD : DF = AC : CE : EG*

*㋑の 理由

AG ∥ BH ∥ DI として、

AB : BD : DF = AC : BH : DI = AC : CE : EG（四角形 BHEC、DIGE は平行四辺形だから）

例題1　図の△ABCにおいて、辺AB上に点Dを、∠ABC = ∠ACD となるようにとる。

AC = 6、AD = 4 のとき、DBの長さを求めよ。

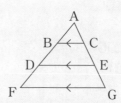

解法

方針　∠A が共通の相似形をかき分ける。

∠A が共通だから、ベスト解 052C より、

△ABC ∽ △ACD

DB = x として、AB : AC = AC : AD

$(x+4) : 6 = 6 : 4$、$4(x+4) = 36$

$x + 4 = 9$、$x = 5$　　**答** 5

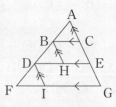

> **ワンポイントアドバイス**
> ∠A が重なるこのタイプは、相似が見つけにくいので、注意する。

例題2　右の図のように、△ABCの辺AB上に点D、辺BC上に点Eをとる。

このとき、△ABC ∽ △EBD であることを証明しなさい。〈栃木県〉

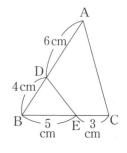

解法

> **方針** BD:BC、BE:BA を比べて、 **ベスト解052B** を使う。

証明 △ABC と △EBD において、

BD:BC = BE:BA = 1:2　（…❶）

∠ABC = ∠EBD（共通）　（…❷）

以上、❶❷より、

「二組の辺の比とその間の角がそれぞれ等しい」から、

△ABC∽△EBD

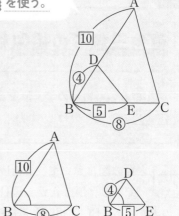

> **ワンポイントアドバイス**
>
> BC:BA = BD:BE = 4:5 としてもできる。

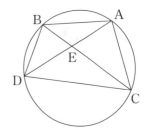

例題3　右の図のように、3点 A、B、C が円周上にあり、$\overset{\frown}{AB} = \overset{\frown}{AC}$ です。また、A を含まない $\overset{\frown}{BC}$ 上に、B、C と異なる点 D をとります。点 E は2つの線分 AD と BC の交点です。

このとき、BE:AC = ED:CD となることを証明しなさい。〈岩手県〉

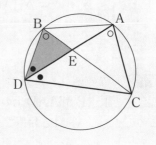

解法

> **方針** 線分比を示す見慣れない証明だが、相似から示す。

証明 △BDE と △ADC において、

∠BDE = ∠ADC（仮定より）　（…❶）

∠DBE = ∠DAC（$\overset{\frown}{DC}$ に対する円周角）　（…❷）

以上、❶❷より、「二組の角がそれぞれ等しい」から、

△BDE∽△ADC

対応する辺の比は等しいので、BE:AC = ED:CD

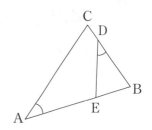

高校入試問題にチャレンジ

解答・解説 ▶ P.26

問題　△ABC で、AB = 9、BC = 6 のとき、辺 AB 上に BE = 3 となる点 E をとり、辺 BC 上に ∠BAC = ∠BDE となる点 D をとります。このとき、線分 BD の長さを求めなさい。〈滋賀県〉

ベ|ス|ト|解

Chapter4　平面図形

レベル4 | 発展
レベル3 | 応用
▶ レベル2 | 標準
レベル1 | 基礎

053 直角三角形の相似

> **直角三角形の相似は、直角を分けたり挟んだりする。**
>
> 頻出のものもあるので、形を見ただけで頭に浮かぶようにしておくとよい。
>
> 例題1 の直角を分ける相似や、例題2 の直角を挟む相似は、いろいろな場面に登場する。

例題1 右の図において、△ABCは∠A＝90°の直角三角形である。頂点Aから辺BCへ垂線AHを下ろす。このとき、△ABCと相似な三角形をすべて答えよ。

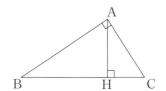

解法

方針 ベスト解053 より、∠Aや∠Hのところの直角に着目する。等しい大きさの角に目印をつけるとよい。

∠ABC＝●、∠ACB＝○とすれば、○＋●＝90°
△ABHで、∠BAH＝90°−∠ABH＝90°−●＝○
よって、△ABC∽△HBA

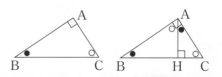

△ACHで、∠CAH＝90°−∠ACH＝90°−○＝●
よって、△ABC∽△HAC

答 △HBAと△HAC

例題2 右の図は、正方形ABCDの紙を、EGを折り目として、頂点Bが辺AD上の点と重なるように折ったものである。このとき、△AEMと相似な三角形をすべて答えよ。

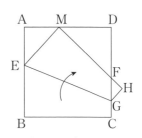

解法

方針 ベスト解053 より、∠EMH（＝∠EBC）＝90°に着目する。

∠AME＝●、∠AEM＝○とすれば、○＋●＝90°
△MDFで、∠DMF＝180°−90°−∠AME
　　　　　　＝90°−∠AME＝90°−●＝○
よって、△AEM∽△DMF
△HGFで、∠HFG＝∠MFD＝●
よって、△DMF∽△HGF　　**答** △DMFと△HGF

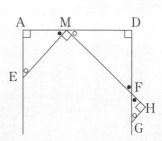

例題 3 右図において、四角形 ABCD は AD∥BC の台形であり、∠DAB = ∠ABC = 90°、AB = 6cm、BC = 4cm、AD = 2cm である。E は直線 BC 上にあって B について C と反対側にある点であり、EB = 6cm である。D と E を結ぶ。F は、線分 DE と辺 AB との交点である。〈大阪府・一部改〉

(1) AF の長さを求めなさい。

(2) 四角形 FBCD の面積を求めなさい。

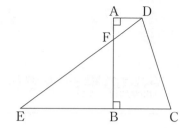

解法

(1)

方針 △ADF と△BEF の相似に目をつける。

∠AFD = ∠BFE（対頂角）

∠DAF = ∠EBF より、

△ADF ∽ △BEF

AF : BF = AD : BE = 2 : 6 = 1 : 3

これより、AF : AB = AF : (AF + FB)

= 1 : (1 + 3) = 1 : 4

$AF = \dfrac{1}{4} AB = \dfrac{1}{4} \times 6 = \dfrac{3}{2}$

答 $\dfrac{3}{2}$ cm

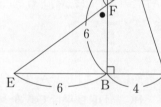

(2)

方針 台形 ABCD から△AFD を取り去る。

四角形 FBCD = 台形 ABCD − △AFD

$= (2 + 4) \times 6 \times \dfrac{1}{2} - 2 \times \dfrac{3}{2} \times \dfrac{1}{2} = 18 - \dfrac{3}{2} = \dfrac{33}{2}$

答 $\dfrac{33}{2}$ cm²

高校入試問題にチャレンジ

解答・解説 ▶ P.26

問題 図において、△ABC は AB = AC = 11cm の二等辺三角形であり、頂角∠BAC は鋭角である。D は、A から辺 BC へ引いた垂線と辺 BC との交点である。E は辺 AB 上にあって A、B とは異なる点であり、AE > EB である。F は、E から辺 AC へ引いた垂線と辺 AC との交点である。G は、E を通り辺 AC に平行な直線と C を通り線分 EF に平行な直線との交点である。このとき、四角形 EGCF は長方形である。H は、線分 EG と辺 BC との交点である。このとき、4点 B、H、D、C はこの順に一直線上にある。HG = 2cm、HC = 5cm であるとき、次の問いに答えなさい。

〈大阪府・一部略〉

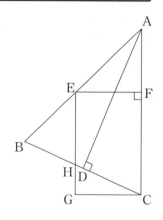

(1) 線分 BD の長さを求めなさい。

(2) 線分 FC の長さを求めなさい。

113

054 平行線から回転系合同・相似

円内の平行線では、錯角に注目する。

A 台形ABCDは等脚台形

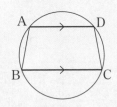

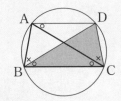

B 図のような2種類の相似が生まれる

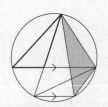

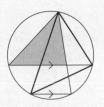

理由

平行線の錯角により、∠DAC＝∠BCA

これと円周角から、

△ABC≡△DCBが成り立ち、

AB＝DC

※理由は 例題1 と 例題2 にて。

例題1 図において、5点A、B、C、D、Eは円Oの円周上の点であり、BCとDEは平行である。

線分ADと辺BCの交点をFとして、△ABE∽△AFCであることを証明せよ。

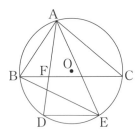

解法

方針 ベスト解054B より、平行線の錯角∠DEB＝∠CBEを利用する。

証明 △ABEと△AFCにおいて、

∠AEB＝∠ACB（$\overset{\frown}{AB}$に対する円周角）（…❶）

∠BAE

＝∠BAD＋∠DAE

＝∠BED＋∠DAE（$\overset{\frown}{BD}$に対する円周角）

＝∠CBE＋∠DAE（平行線の錯角は等しいから）

＝∠CAE＋∠DAE（$\overset{\frown}{CE}$に対する円周角）

＝∠FAC （…❷）

以上、❶❷より、「二組の角がそれぞれ等しい」から、

△ABE∽△AFC

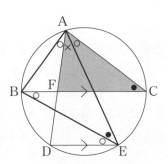

ワンポイントアドバイス

点Aを中心とした回転系相似。

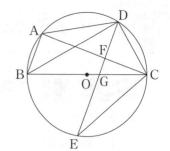

例題 2　図において、3点A、B、Cは円Oの円周上の点であり、BCは円Oの直径である。$\overset{\frown}{AC}$上に点Dをとり、点Dを通りACに垂直な直線と円Oとの交点をEとする。また、DEとAC、BCとの交点をそれぞれF、Gとする。

△DAC∽△GECであることを証明しなさい。〈静岡県・一部略〉

解法

方針　まずi）AB∥DEとなることを示したあと、ii）平行線の錯角を利用する。

証明

i）BCは円の直径だから、∠BAC＝90°（…❶）

また題意より、AC⊥DE（…❷）

これら❶❷より、AB∥DE（…★）

ii）ここで ベスト解054B を使う。

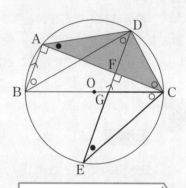

△DACと△GECにおいて、

∠DAC＝∠DEC（$\overset{\frown}{DC}$に対する円周角）（…❸）

∠ACD＝∠ABD（$\overset{\frown}{AD}$に対する円周角）

　　　＝∠EDB（★より平行線の錯角は等しいから）

　　　＝∠ECB（$\overset{\frown}{BE}$に対する円周角）（…❹）

以上❸❹より、「二組の角がそれぞれ等しい」から、

△DAC∽△GEC

ワンポイントアドバイス

点Cを中心とした**回転系相似**

解答・解説 ▶ P.27

高校入試問題にチャレンジ

問題　右の図のように、円Oの周上にAB＝ACとなるように3点A、B、Cをとり、二等辺三角形ABCをつくる。弧AC上に点Dをとり、点Aと点D、点Cと点Dをそれぞれ結ぶ。線分BDと辺ACの交点をEとする。点Cを通り、線分BDに平行な直線と円との交点をFとし、線分AFと線分BDの交点をGとする。

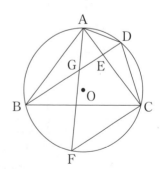

このとき、次の(1)、(2)の問いに答えなさい。〈高知県〉

(1)　△ABG≡△ACDを証明せよ。

(2)　AB＝8cm、AD＝3cm、GF＝7cmのとき、線分CEの長さを求めよ。

べスト解 055　回転系相似から新たな相似

回転系の相似があれば、そこには新たな回転系相似が見つかる。

ある1点を中心とした、2つの回転系相似の組⑦と⑦があれば、⑦の相似から対応する辺の比をとり、もう一方の⑦の相似を、また逆に⑦の相似から、対応する辺の比をとり⑦の相似を導くことができる。

例題1 右の図の円において、$\overparen{AB} = \overparen{BC} = \overparen{CD}$で、線分BEと線分ADの交点をFとする。

このとき、次の問いに答えよ。〈鹿児島県・一部追加〉

(1) △ACE ∽ △FDEであることを証明せよ。

(2) △AFE ∽ △CDEであることを証明せよ。

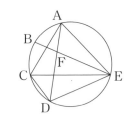

解法

> **方針** 等しい弧に対する円周角から、∠AEB = ∠BEC = ∠CED（★）。

(1) **証明** △ACEと△FDEにおいて、

∠ACE = ∠ADE（$\overparen{AE}$に対する円周角）（…❶）

∠AEC = ∠AEB + ∠BEC

　　　= ∠CEB + ∠DEC（★より）

　　　= ∠FED　（…❷）

以上❶❷より、「二組の角がそれぞれ等しい」から、

△ACE ∽ △FDE

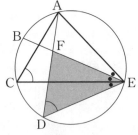

(2) **証明** △AFEと△CDEにおいて、

∠DAE = ∠DCE（$\overparen{DE}$に対する円周角）（…❸）

∠AEB = ∠CED（★より）（…❹）

以上❸❹より、「二組の角がそれぞれ等しい」から、

△AFE ∽ △CDE

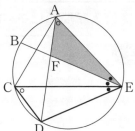

ワンポイントアドバイス

(1)(2)の相似ともに、点Eを中心とした回転系相似。

さて、(1)の2つの相似形の対応する辺の比をとれば、AE : FE = CE : DE

だから、AE : CE = FE : DE（…❺）　また、∠AEF = ∠CED（…❻）

❺と❻から「二組の辺の比とその間の角がそれぞれ等しい」から、(2)の△AFE ∽ △CDE

が示せる。 べスト解 055 にあるように、(1)の結果より(2)の証明ができる。同じように、

(2)から(1)を示すこともできる。

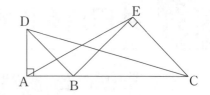

例題 2　図のように、3点 A、B、C が一直線上に並んでいて、そこに ∠A ＝ 90°の直角二等辺三角形 DAB と、∠E ＝ 90°の直角二等辺三角形 BEC をつくる。直角二等辺三角形の直角を挟む辺と斜辺の長さの比は 1：$\sqrt{2}$ となる。

このとき、点 D と E は、直線 AC について同じ側にあるとする。

△DBC ∞ △ABE を証明せよ。

証明

> **方針**　△DAB と△CEB は回転系相似だから、 **ベスト解 055** が利用できる。

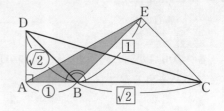

証明　△DBC と△ABE において、

DB：AB ＝ CB：EB ＝ $\sqrt{2}$：1　（…❶）

$$\begin{aligned}
∠DBC &= 180° - ∠ABD \\
&= 180° - 45° \\
&= 180° - ∠EBC \\
&= ∠ABE \quad（…❷）
\end{aligned}$$

以上❶❷より、辺の比とその間の「二組の辺の比とその間の角がそれぞれ等しい」から、

△DBC ∞ △ABE

> **ワンポイントアドバイス**
> △DAB と△CEB は点 B を中心とした回転系相似だから、 **ベスト解 055** にあるように、同じく点 B を中心とした回転系相似の△DBC と△ABE を生み出した。

高校入試問題にチャレンジ

解答・解説 ▶ P.27

問題1　右の図のような円があり、異なる3点 A、B、C は円周上の点で、AB ＝ AC である。線分 AC 上に2点 A、C と異なる点 D をとり、直線 BD と円との交点のうち、点 B と異なる点を E とする。また、点 A と点 E、点 B と点 C をそれぞれ結ぶ。

このとき、次の (1)、(2) の問いに答えなさい。〈香川県〉

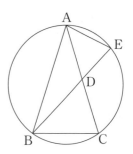

(1)　△ADE ∞ △BDC であることを証明せよ。

(2)　点 C と点 E を結ぶ。線分 BE 上に EC ＝ EF となる点 F をとり、直線 CF と円との交点のうち、点 C と異なる点を G とする。点 E と点 G を結ぶとき、△ACE ≡ △GEF であることを証明せよ。

問題2　右の図のように、AB ＝ AC、∠BAC ＝ 90°の直角二等辺三角形 ABC と DB ＝ DE、∠BDE ＝ 90°の直角二等辺三角形 DBE がある。

△ADB ∞ △CEB であることを証明せよ。〈福井県・一部略〉

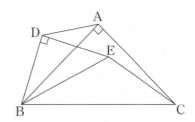

4

平面図形

回転系相似から新たな相似

117

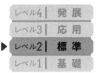
056 共円点を探す

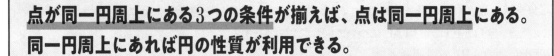

点が同一円周上にある3つの条件が揃えば、点は同一円周上にある。
同一円周上にあれば円の性質が利用できる。

点が同一円周上にある条件

4つの頂点が同一円周上

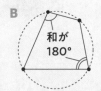

4つの頂点が同一円周上

よく見られるタイプ

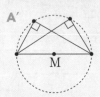

このとき、中点Mは円の中心となる。

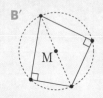

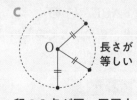

印の3点が同一円周上
このとき、Oは円の中心となる。

例題1 4点A、B、C、Dが同じ円周上にあるものを、次の①〜④の中から<u>すべて</u>選び、番号を書きなさい。〈佐賀県〉

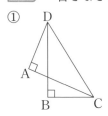

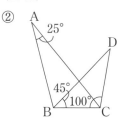

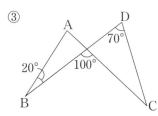

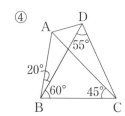

解法 ①…∠DAC＝∠DBCより、 ベスト解056A′

④…∠BAC＝∠BDC＝55°より、 ベスト解056A **答** ①・④

例題2 右の図のように、円Oの周上に3点A、B、CをAB＞BCとなるようにとる。

また、点Bを含まない $\overset{\frown}{AC}$ 上に2点A、Cとは異なる点Dをとり、線分ACと線分BDとの交点をEとする。

さらに、線分AB上に点Fを∠BDC＝∠BDFとなるようにとる。

三角形BCDと三角形FEDが相似であることを証明しなさい。

〈神奈川県・一部略〉

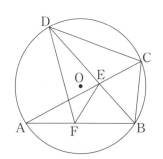

解法

> **方針** i）4点D、A、F、Eは同一円周上にある。
> ii）この円から相似を示す。

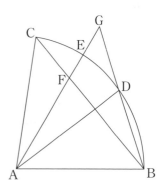

証明

ⅰ）∠BDC ＝ ∠BAC（$\overparen{BC}$ の円周角）

　より、∠BAC ＝ ∠BDF だから、

　ベスト解 056 A　より、

　4点D、A、F、Eは同一円周上（円O′とする）にある。

ⅱ）さて、△BCDと△FEDにおいて、

　∠BDC ＝ ∠BDF　（…❶）（仮定より）

　∠EFD ＝ ∠EAD（円O′で $\overparen{DE}$ の円周角）＝ ∠CBD（円Oで $\overparen{DC}$ の円周角）　（…❷）

　以上❶❷より、「二組の角がそれぞれ等しい」から、△BCD ∽ △FED

> **ワンポイントアドバイス**
>
> 同一円周上にある点を"**共円点**"という。
>
> この 例題2 の場合には、「点D、A、F、Eは共円点」という言い方をする。

高校入試問題にチャレンジ

解答・解説 ▶ P.28

問題1　右の図のような、おうぎ形ABCがあり、$\overparen{BC}$ 上に点Dを
とり、$\overparen{DC}$ 上に点Eを、$\overparen{DE} ＝ \overparen{EC}$ となるようにとる。また、線分
AEと線分BCの交点をF、線分AEの延長と線分BDの延長の交点
をGとする。

次の(1)、(2)に答えなさい。〈山口県・一部改〉

(1)　△CAF ∽ △GADであることを証明しなさい。

(2)　おうぎ形ABCの半径が8cm、線分EGの長さが2cmである
　　とき、線分AFの長さを求めなさい。

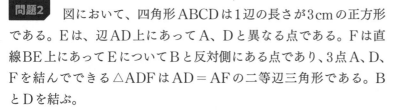

問題2　図において、四角形ABCDは1辺の長さが3cmの正方形
である。Eは、辺AD上にあってA、Dと異なる点である。Fは直
線BE上にあってEについてBと反対側にある点であり、3点A、D、
Fを結んでできる△ADFはAD ＝ AFの二等辺三角形である。B
とDを結ぶ。

△DEB ∽ △FDBであることを証明しなさい。〈大阪府・一部略〉

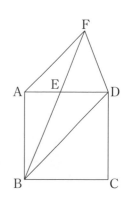

057　角の二等分線が二等辺三角形を作る

平行線と角の二等分線があれば、二等辺三角形ができる。

角の二等分線と平行線の相性はとてもよい。下図のような平行四辺形で、⑦平行線を延長し、等しい錯角を利用して角を移す。すると①のような二等辺三角形がそこに現れる。
この二等辺三角形の作り方を知っておくと便利である。

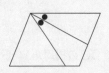
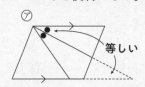
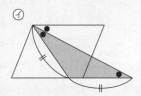

例題 1　右の図のように、円周上の3点A、B、Cを頂点とする△ABCがありAを通る接線lと辺BCは平行である。ただし、AB＞BCである。また、∠ACBの二等分線と辺AB、lとの交点をそれぞれD、Eとし、線分CE上にCD＝EFとなる点FをとりAと結ぶ。
∠AFD＝∠ADFとなることを証明しなさい。〈福島県・一部略〉

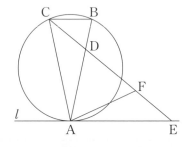

解法

方針　i）角の二等分線CDとBC∥EAから、**ベスト解 057**より、等しい錯角で角を移した二等辺三角形からii）合同を証明し、利用する。

証明

i）BC∥直線lだから、∠BCD＝∠AEF
　これと、∠BCD＝∠ACD（仮定より）から、
　∠ACD＝∠AEF（…❶）
　つまり、△CAEは
　AC＝AEの二等辺三角形（…❷）

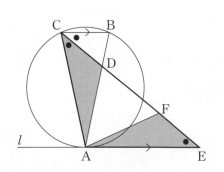

ii）△CADと△EAFにおいて、
　　　CD＝EF（仮定より）（…❸）
　∠ACD＝∠AEF（❶より）（…❹）
　　AC＝AE（❷より）（…❺）
以上、❸❹❺より、
「二組の辺とその間の角がそれぞれ等しい」から、
△CAD≡△EAF
このことから、合同な2つの図形の対応する角は等しいから、∠ADC＝∠AFEだから、
∠ADF＝∠AFDとなる。

例題2　図の△ABCにおいて、∠BACの二等分線と辺BCとの交点を点Dとする。また、点Dを通りABと平行な直線をひき、辺ACとの交点を点Eとする。

BD＝4cm、DC＝3cm、AC＝5cmのとき、次の各問いに答えよ。

(1)　EDの長さを求めよ。

(2)　ABの長さを求めよ。

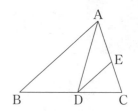

解法

> **方針**　角の二等分線ADとAB∥DEから、**ベスト解057**
> より、等しい錯角を移し二等辺三角形★を作る。

AB∥DEだから、

∠BAD＝∠EDA、

これと仮定∠BAD＝∠DACから、

∠EDA＝∠DAE

△ADEはEA＝EDの二等辺三角形（★）

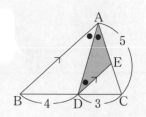

(1)

> **方針**　代わりにEAを求める。

△ABCでAB∥DEから **ベスト解052①** より、

CE：EA＝CD：DB＝3：4

★より、ED＝EA＝$5 \times \dfrac{4}{7} = \dfrac{20}{7}$　**答** $\dfrac{20}{7}$ cm

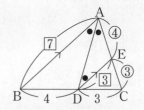

(2)　ED：AB＝CD：CB＝3：7

$\dfrac{20}{7}$：AB＝3：7　AB＝$\dfrac{20}{7} \times \dfrac{7}{3} = \dfrac{20}{3}$　**答** $\dfrac{20}{3}$ cm

> **ワンポイントアドバイス**
> **ベスト解080** の角の二等分線定理を使いABを求めることもできる。

高校入試問題にチャレンジ

解答・解説 ▶ P.28

問題1　図で、△ABCはAB＝ACの二等辺三角形であり、D、Eはそれぞれ辺AB、AC上の点で、DE∥BCである。また、F、Gはそれぞれ∠ABCの二等分線と辺AC、直線DEとの交点である。

AB＝12cm、BC＝8cm、DE＝2cmのとき、線分EGの長さは何cmか、求めなさい。〈愛知県・一部改〉

問題2　右の図のような長方形ABCDがある。AB＝11cm、BC＝8cmである。点Eは辺CD上の点で、CE＝6cm、BE＝10cmである。

∠ABEの二等分線をひき、辺ADとの交点をFとするとき、線分DFの長さは何cmか。〈香川県・一部改〉

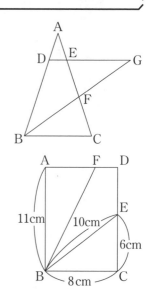

差の配分

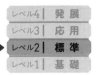
3本の引かれた平行線では、**比の割合から長さを求めること**ができる。本書ではこれを、**差の配分**と呼ぶことにする。

例1

差の配分

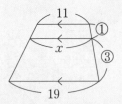

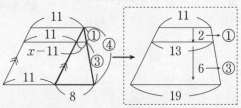

右図のような補助平行線を引く。

太枠の三角形で、
$(x-11):8=1:4$
$x=13$

下底と上底の差$19-11=8$が、
①：③に配分されていることがわかる。

例2

差の配分

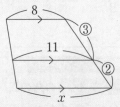

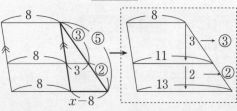

右図のような補助平行線を引く。

太枠の三角形で、
$3:(x-8)=3:5$
$x=13$

下底と上底の差$13-8=5$が、
②：③に配分されていることがわかる。

例3

差の配分

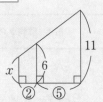

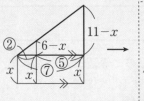

右図のような補助平行線を引く。

太枠の三角形で、
$(6-x):(11-x)=2:7$
$x=4$

下底と上底の差$11-4=7$が、
②：⑤に配分されていることがわかる。

例題
1

次の(1)、(2)において、xの値を求めよ。

(1)

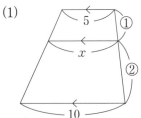

(2)

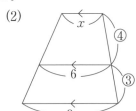

解法

> **方針** | ベスト解058 差の配分を使う。

(1) 下底と上底の長さの差で比べる。③で、$10-5=5$の差。

$① = 5 \div 3 = \dfrac{5}{3}$　　$x = 5 + \dfrac{5}{3} = \dfrac{20}{3}$　　**答** $x = \dfrac{20}{3}$

(2) 真ん中の線分と下底の長さの差で比べる。③で、$8-6=2$の差。

$① = 2 \div 3 = \dfrac{2}{3}$　　$④ = ① \times 4 = \dfrac{2}{3} \times 4 = \dfrac{8}{3}$　　$x = 6 - \dfrac{8}{3} = \dfrac{10}{3}$　　**答** $x = \dfrac{10}{3}$

> **例題 2** 右の図のように、台形ABCDの対角線ACとDBの交点をE
> とする。Eを通り、ADと平行な直線と、辺AB、CDの交点
> をそれぞれP、Qとする。
> $AD = 8$、$BC = 12$のとき、xの値を求めよ。

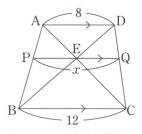

解法

> **方針** | i)DQ：QCを求めて、ii) ベスト解058 差の配分を使う。

i) $AD \sslash BC$から、$\triangle AED \backsim \triangle CEB$

　$AE : CE = AD : CB = 8 : 12 = 2 : 3$

ii) $\triangle CDA$で$AD \sslash EQ$から、ベスト解052① より、

　$DQ : QC = AE : EC = 2 : 3$

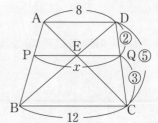

$⑤$で、$12 - 8 = 4$の差。$① = 4 \div 5 = \dfrac{4}{5}$

$② = ① \times 2 = \dfrac{4}{5} \times 2 = \dfrac{8}{5}$　　$x = 8 + \dfrac{8}{5} = \dfrac{48}{5}$　　**答** $x = \dfrac{48}{5}$

高校入試問題にチャレンジ

解答・解説 ▶ P.29

問題1 右の図で、四角形ABCDは、$AD \sslash BC$の台形です。
$EF \sslash BC$のとき、線分EFの長さを求めなさい。〈岩手県〉

問題2 右の図のように、$AD \sslash BC$、$AD : BC = 2 : 5$の台
形ABCDがある。辺AB上に、$AP : PB = 2 : 1$となる点Pを
とり、点Pから辺BCに平行な直線を引き、辺CDとの交点を
Qとする。$PQ = 16$cmのとき、xの値を求めなさい。〈新潟県〉

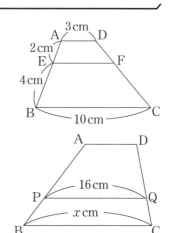

123

4

平面図形

差の配分

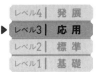
059 延長から平行四辺形内の線分比

平行四辺形内にできる図形の線分比で、**向かい合う相似な三角形が うまくできないとき**は、**線分と辺を延長し、平行四辺形に相似を作る。**

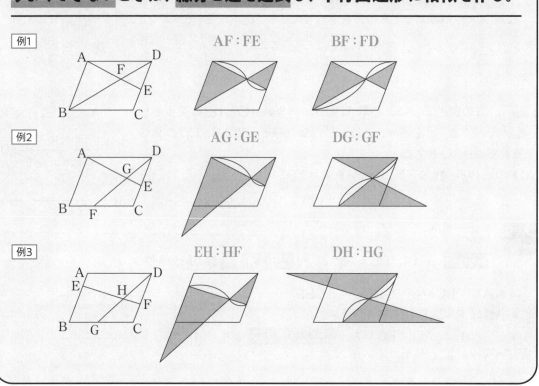

例1　AF：FE　　BF：FD

例2　AG：GE　　DG：GF

例3　EH：HF　　DH：HG

例題 1　右図の平行四辺形において、
DE＝EC、AF：FD＝1：2
のとき、FG：GCの値を最も簡単な整数の比で答えよ。

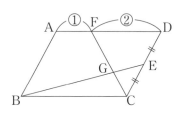

解法

方針　ベスト解059 より、FGとGCが背中合わせになるよう延ばして三角形★ を作る。図でDHも利用する。

線分BEの延長と辺ADの延長の交点をHとする。
AD∥BCより、△ECB∽△EDH
EC：ED＝CB：DHより、
CB＝③とすれば、DH＝③
そして、△GFH∽△GCB（★）
FG：GC＝FH：CB＝（②＋③）：③＝5：3

答　5：3

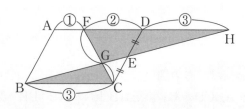

例題 2	右図の平行四辺形において、 DM＝MC、AE：ED＝CF：FB＝1：2 のとき、BG：GMの値を最も簡単な整数の比で答えよ。

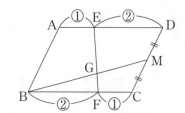

解法

> **方針** **ベスト解059** より、BGとGMが背中合わせになるよう延ばして三角形★ を作る。図で **ア** HA、**イ** ICを利用する。

線分EFの延長と、辺ABの延長と辺DCの延長の交点を、それぞれH、Iとする。

△HAE∽△HBFで、

HA：HB＝AE：BF＝1：2より、

HA：AB＝1：1だから、

もしAB＝②とすれば、HA＝② （…**ア**）

同じく、△ICF∽△IDEで、

IC＝CD＝AB＝② （…**イ**）

すると、CM＝MDよりCM＝① （…**ウ**）

最後に、HB∥DIだから、

△HBG∽△IMG（★）で、**ア イ ウ** より、

BG：MG＝HB：IM＝（HA＋AB）：（IC＋CM）

＝（②＋②）：（②＋①）＝4：3　**答** 4：3

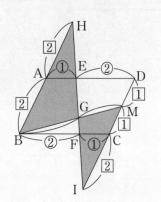

4

平面図形

延長から平行四辺形内の線分比

高校入試問題にチャレンジ

解答・解説 ▶ P.29

問題1　右の図のように、AB＝10cmの平行四辺形ABCD があります。辺AB上に、AE＝4cmとなる点Eをとり、線 分ECをひきます。線分ECと対角線BDとの交点をFとし、 点Fを通って辺BCに平行な直線と辺ABとの交点をGとしま す。

このとき、線分EGの長さを求めなさい。〈埼玉県〉

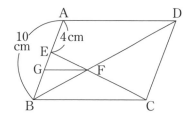

問題2　右の図において、四角形ABCDは平行四辺形であ り、点Eは辺ADの中点である。

また、点Fは辺BC上の点で、BF：FC＝3：1であり、点Gは 辺CD上の点で、CG：GD＝2：1である。

線分BGと線分EFとの交点をHとするとき、線分BHと線分 HGの長さの比を最も簡単な整数の比で表しなさい。

〈神奈川県〉

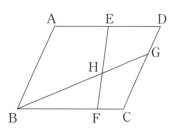

125

060 平行線から平行四辺形内の線分比

平行四辺形内にできる図形の線分比で、**求める線分が辺と交わるときは、辺と線分の交点を通る平行線を引き、平行四辺形内に相似を作る。これにより、内部に相似な三角形ができる。**

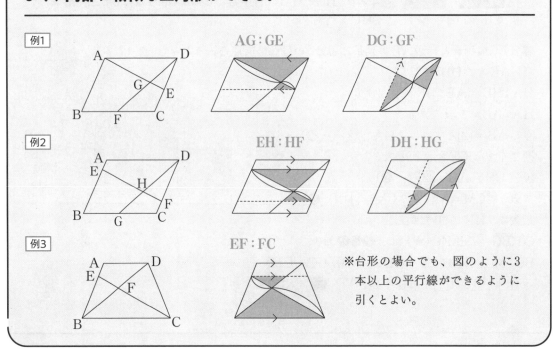

例1　AG：GE　DG：GF

例2　EH：HF　DH：HG

例3　EF：FC

※台形の場合でも、図のように3本以上の平行線ができるように引くとよい。

例題1　右図の平行四辺形において、
DE = EC、AF：FD = 1：2
のとき、FG：GCの値を最も簡単な整数の比で答えよ。

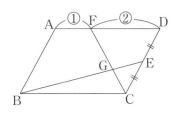

解法

方針　ベスト解060 より、比を求める線分と辺がFで交わっているから、Fを通る補助平行線を引く。図でFIを利用する。

比を求める線分の端点Fから、辺ABや辺DCと平行な
補助線FHを引き、線分BEとの交点をIとする。
△BHI ∽ △BCEで、
IH：EC = BH：BC = AF：AD = 1：3だから、
IH = ①とすればEC = ③
すると、FH = DC = 2EC = ③×2 = ⑥
このことから、FI = FH − IH = ⑥ − ① = ⑤

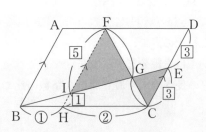

最後に、△FGI ∽ △CGE より、

FG : GC = FI : CE = 5 : 3　　**答** 5 : 3

例題 2　右の図の平行四辺形において、
DM = MC、AE : ED = CF : FB = 1 : 2
のとき、BG : GM の値を最も簡単な整数の比で答えよ。

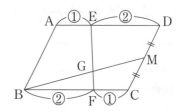

解法

方針　ベスト解060 より、比を求める線分と辺がMで交わっているから、Mを通る補助平行線を引く。図でIMを利用する。

求める線分の端点Mから、辺ADや辺BCと平行な補助線MHを引き、線分EFとの交点をIとする。

AD ∥ HM ∥ BC だから、

台形EFCDでCM : MD = 1 : 1 から、

ベスト解058 差の配分より、

IM = ①.⑤

ここで、△GBF ∽ △GMI より、

BG : GM = BF : MI

　　　　= 2 : 1.5 = 4 : 3

答 4 : 3

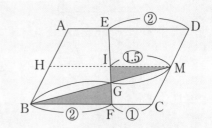

ワンポイントアドバイス

ベスト解059 と ベスト解060 のどちらの方法が自分にとってやりやすいか、練習の段階で両方試すとよい。もちろん問題により両方を使い分けられるのが最もよい。

また、この方法では ベスト解058 差の配分を必ず用いるので、習得しておこう。

高校入試問題にチャレンジ

解答・解説 ▶ P.29

問題　ベスト解059 の 問題2 と同じだが、ここでは ベスト解060 を使って解きなさい。

右の図において、四角形ABCDは平行四辺形であり、点Eは辺ADの中点である。

また、点Fは辺BC上の点で、BF : FC = 3 : 1であり、点Gは辺CD上の点で、CG : GD = 2 : 1である。

線分BGと線分EFとの交点をHとするとき、線分BHと線分HGの長さの比を最も簡単な整数の比で表しなさい。〈神奈川県〉

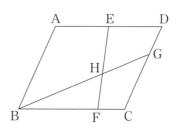

061 連比の操作

与えられた線分が3つに分けられるときは、連比を使って整理する。

次の 例1 、 例2 では、

操作1　線分を点Pによって2つの比に分ける。

操作2　線分を点Qによって2つの比に分ける。

操作3　Pで分けられた線分と、Qで分けられた線分を、**連比**というものを使って表す。

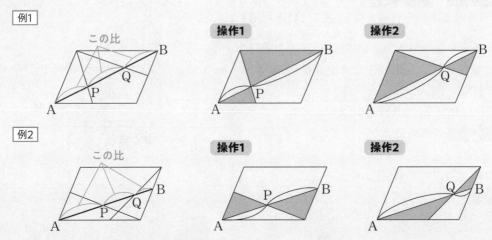

上の 例 のように分けた後の **操作3**

もし、AP：PB＝①：③、AQ：QB＝②：①ならば、合わせた④と③の最小公倍数の12を全体の数とする。AP：PQ：QB＝3：5：4になる。

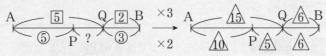

また、AP：QB＝⑤：③、AQ：QB＝⑤：②ならば、QBを③と②の最小公倍数の6とする。AP：PQ：QB＝10：5：6になる。

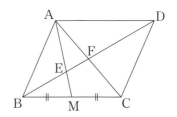

例題 1　右の図のような、平行四辺形ABCDがあり、点Mは辺BCの中点である。

対角線BDと、線分AM、対角線ACの交点をそれぞれE、Fとするとき、BE：EF：FDを最も簡単な整数の比で答えよ。

解法

方針 i）BE：ED、BF：FDと順に求め、ii）連比の操作をする。

i）**ベスト解059** より、

BE：ED＝BM：DA＝①：②
BF：FD＝BC：DA＝□1：□1

それぞれ合わせると③と□2だから、

ii）**ベスト解061** より、

全体を最小公倍数の6にする。右図で、

BE：EF：FD
＝2：1：3　　**答** 2：1：3

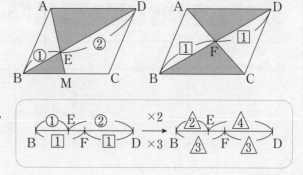

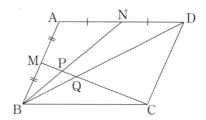

例題2 右の図のような、平行四辺形ABCDがあり、点Mは辺ABの、点Nは辺ADのそれぞれ中点である。

線分MCと、線分BN、対角線BDの交点をそれぞれP、Qとするとき、MP：PQ：QCを最も簡単な整数の比で答えよ。

解法

方針 i）MP：PC、MQ：QCと順に求め、ii）連比の操作をする。

i）**ベスト解059** や **ベスト解060** より、

MP：PC＝BM：EC＝□1：□4
MQ：QC＝BM：DC＝△1：△2

それぞれ合わせると□5と△3だから、

ii）**ベスト解061** より、

全体を最小公倍数の15にする。

右図で、MP：PQ：QC

＝3：2：10　　**答** 3：2：10

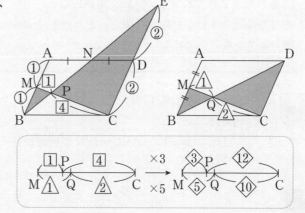

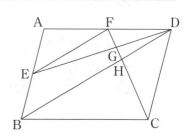

高校入試問題にチャレンジ

解答・解説 ▶ P.30

問題 右の図のように、平行四辺形ABCDがある。辺ABの中点をEとし、点Eを通り線分BDに平行な直線とADとの交点をFとする。また線分CFと線分ED、辺BDとの交点をそれぞれG、Hとする。

CH：HGを最も簡単な整数の比で表しなさい。〈茨城県・一部略〉

062 底辺や高さが等しい三角形の面積比

高さの等しい三角形の面積比は底辺の比から、底辺が等しければ高さから求める。

A 高さが等しいと見立てる　㋐：㋑＝3：2

例1

高さ（太線）が等しいから、
底辺の長さの比3：2が、その
まま面積比になる。

B 底辺が等しいと見立てる　㋐：㋑＝3：2

例2

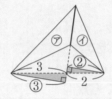

例3
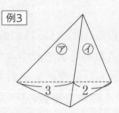
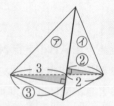

色のついた図形どうしは相似*。底辺（太線）は等しく、それに対する高さの比は3：2

*相似の　理由　（ ベスト解052 参照。）

色の付いた2つの図形は、1つの直角と対頂角から、
「2組の角がそれぞれ等しい」から相似となる。
そこで斜辺どうしは対応する辺で、それが$a：b$なら
ば、直角を挟む辺の比も$a：b$となる。

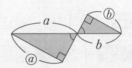

例題　図のような△ABCにおいて、辺BC、辺ACの中点をそれ
ぞれD、Eとする。
このとき、△ADEの面積は△ABCの面積の何倍か答えよ。

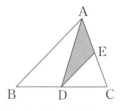

解法

方針　△ADE＝Sとし、△CDE、△ABDもSで表す。

△ADE＝Sとする。
ベスト解062A より、△ADE：△CDE＝AE：EC＝1：1
よって△CDE＝Sだから、△ACD＝2S
さらに、 ベスト解062A より、△ABD：△ACD＝BD：DC＝1：1
よって、△ABD＝2S
以上より、△ABC＝△ABD＋△ACD＝2S＋2S＝4S

△ADE：△ABC＝S：4S＝1：4　　答 $\dfrac{1}{4}$倍

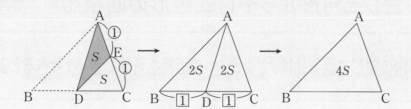

解法
2

方針 △ABC＝Sとし、△ADC、△ADEをSで表す。

△ABC＝Sとする。

すると、BD：DC＝1：1だから、 より、△ADC＝$\dfrac{1}{2}S$

また、AE：EC＝1：1だから、 ベスト解062A より、

△ADE＝$\dfrac{1}{2}$△ADCだから、△ADE＝$\dfrac{1}{2}×\dfrac{1}{2}S＝\dfrac{1}{4}S$ **答** $\dfrac{1}{4}$倍

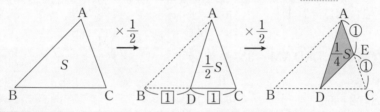

ワンポイントアドバイス

もとにする面積をSとする、あるいは比べられる面積をSとするという2つの方法がある。自身のやりやすい方法を身につけるとよい。

高校入試問題にチャレンジ

解答・解説 ▶ P.30

問題1 右の図の△ABCで、点Dは辺AB上にあり、AD：DB＝1：2です。
点Eが線分CDの中点のとき、△ABCと△AECの面積比を求めなさい。〈岩手県〉

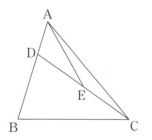

問題2 図のように、線分ABを直径とする円Oの周上に2点A、Bと異なる点Cがある。点Cを含まない$\overset{\frown}{AB}$上に2点A、Bと異なる点Pをとる。また、ABとCPの交点をDとすると、AD：DB＝3：1、CD：DP＝2：3であった。
このとき、四角形APBCの面積は△DBCの面積の何倍になるか求めなさい。〈富山県・一部略〉

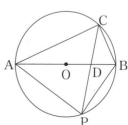

063 隣り合う三角形から平行四辺形の面積比

レベル4	発展
レベル3	応用
レベル2	**標準**
レベル1	基礎

平行四辺形内の図形の面積比は、どこか1つの面積を基準に置いて比べるとよい。

例題 1 右の図の平行四辺形 ABCD において、M は辺 DC の中点であり、線分 AM と対角線 BD との交点を E とする。

このとき、平行四辺形 ABCD の面積は、△DEM の面積の何倍か。

解法

方針 ベスト解 063 より、△DEM を S と置き、平行四辺形全体を S で表す。

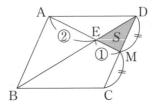 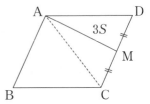

△BEA ∽ △DEM であり、

AE : ME = AB : MD = 2 : 1

△DEM = S とすれば、

ベスト解 062A より、△DAM = 3S

すると右図より、

△DAC = 3S × 2 = 6S

平行四辺形 ABCD = 2△DAC = 2 × 6S = 12S　**答 12倍**

例題 2 図の平行四辺形 ABCD の辺 CD、AD の中点をそれぞれ M、N とし、線分 AM と BN の交点を E とする。

このとき、次の各問いに答えよ。

(1) AE : EM を最も簡単な整数の比で表せ。

(2) 平行四辺形 ABCD の面積を 10 cm^2 とするとき、△EBM の面積はいくつか。

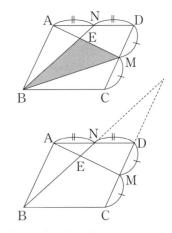

解法

(1) 右の図で DM = ① とすると、

ベスト解 059 より、

△NAB ∽ △NDF より、

FD = BA = CD = 2DM = ②

よって、△EAB ∽ △EMF より、

AE : ME = AB : FM = 2 : 3　**答 2 : 3**

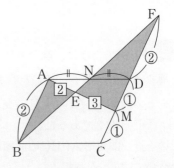

(2)

| 方針 | $\triangle ABM = 5\,cm^2$ を基準にし、$\triangle EBM$ を表す。 |

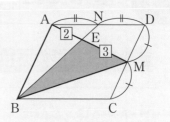

(1)から ベスト解063 を使い、$\triangle EBM = \dfrac{3}{5}\triangle ABM$ （★）

$\triangle ABM = $ 平行四辺形 $ABCD \times \dfrac{1}{2} = 5$

★ $= \dfrac{3}{5} \times 5 = 3$　　答 $3\,cm^2$

例題 3

図のように長方形 $ABCD$ があり、辺 BC の中点を M とする。対角線 AC と線分 DM、対角線 DB の交点をそれぞれ E、O とする。長方形 $ABCD$ の面積を S とする。

このとき、次の各問いに答えよ。

(1)　$\triangle OBM$ の面積を S を用いて表せ。

(2)　$\triangle OEM$ の面積を S を用いて表せ。

(3)　四角形 $OBME$ の面積を S を用いて表せ。

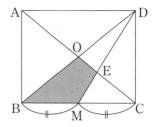

解法

| 方針 | $\triangle DBM$ を基準にして比べる。 |

(1)　$BM = MC$ から、$\triangle DBM = \dfrac{1}{4}S$ がわかる。

$DO:OB = 1:1$ から、 ベスト解063 より、

$\triangle OBM = \underline{\triangle DBM \times \dfrac{1}{2} = \dfrac{1}{8}S}$　　答 $\dfrac{1}{8}S$

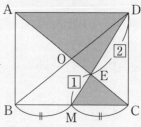

(2)　$\triangle AED \backsim \triangle CEM$ から、

$DE:ME = AD:CM = 2:1$ から、 ベスト解063 より、

$\triangle OEM = \underline{\triangle ODM \times \dfrac{1}{3} = \triangle DBM \times \dfrac{1}{2} \times \dfrac{1}{3} = \dfrac{1}{24}S}$　　答 $\dfrac{1}{24}S$

(3)　四角形 $OBME = \triangle OBM + \triangle OEM$

$= \dfrac{1}{8}S + \dfrac{1}{24}S = \dfrac{4}{24}S = \dfrac{1}{6}S$　　答 $\dfrac{1}{6}S$

高校入試問題にチャレンジ

解答・解説 ▶ P.31

問題　右図において、四角形 $ABCD$ は1辺の長さが6cmの正方形である。B と D を結ぶ。E は、直線 AB 上にあって A について B と反対側にある点であり、$EA = 6\,cm$ である。F は辺 DC の中点である。F と B、F と E をそれぞれ結ぶ。G は、線分 EF と線分 BD の交点である。

$\triangle GBF$ の面積を求めなさい。〈大阪府・一部略〉

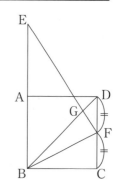

べ|ス|ト|解 064 重なる三角形の面積比

重なる三角形の面積比は、共有する角を挟む辺の積から計算する。

例 **A** $\triangle ABC : \triangle ADE$

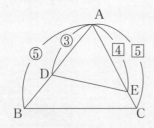
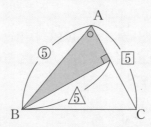
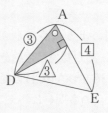

方法1 色のついた三角形は、∠A共通と直角から相似。

$$⑤ \times \triangle{⑤} \times \frac{1}{2} : ④ \times \triangle{③} \times \frac{1}{2} = ⑤ \times \triangle{⑤} : ④ \times \triangle{③} = ⑤ \times ⑤ : ④ \times ③ = 25 : 12 \quad \text{答 } 25:12$$

$$\boxed{\triangle ABC : \triangle ADE = AB \times AC : AD \times AE}$$

方法2 **方法1** で$\triangle ABC = S$として、$S : \triangle ADE = 5 \times 5 : 3 \times 4$、

$\triangle ADE \times 5 \times 5 = S \times 3 \times 4$から、

$$\triangle ADE = \triangle ABC \times \frac{3}{5} \times \frac{4}{5} = S \times \frac{3}{5} \times \frac{4}{5} = \frac{12}{25}S \qquad \boxed{\triangle ADE = \triangle ABC \times \frac{AD}{AB} \times \frac{AE}{AC}}$$

上の 例 で、**B** $\triangle ABC :$ 四角形 DBCE

$\triangle ABC = S$として、

$$四角形DBCE = \triangle ABC - \triangle ADE = S - \frac{12}{25}S = \frac{13}{25}S$$

$$\triangle ABC : 四角形DBCE = S : \frac{13}{25}S = 25 : 13$$

$$\begin{aligned}四角形DBCE &= \triangle ABC - \triangle ADE \\ &= \triangle ABC - \triangle ABC \times \frac{AD}{AB} \times \frac{AE}{AC} = \triangle ABC \times \left(1 - \frac{AD}{AB} \times \frac{AE}{AC}\right)\end{aligned}$$

$$\boxed{四角形DBCE = \triangle ABC \times \left(1 - \frac{AD}{AB} \times \frac{AE}{AC}\right)}$$

例題 1 図の平行四辺形ABCDで、辺BC上にBE ＝EF＝FCとなる点E、Fをとる。対角線 ACと線分DE、DFとの交点をそれぞれG、Hとする。 このとき、△DEFと△DGHの面積の比を、最も簡単 な整数の比で答えよ。

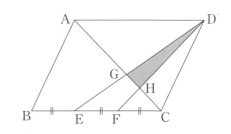

解法

> **方針** まず、 ベスト解059 より i) DG：GE、ii) DH：HF を求めておく。

ⅰ）△AGD ∽ △CGE から、
DG：EG = AD：CE = 3：2

ⅱ）△AHD ∽ △CHF から、
DH：FH = AD：CF = 3：1

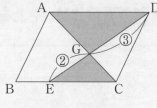
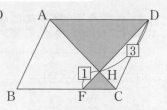

ベスト解064A より、

△DEF：△DGH = DE × DF：DG × DH

△DEF：△DGH = 5 × 4：3 × 3 = 20：9　　**答** 20：9

別解 △DEF = S とすれば、

$$\triangle DGH = \triangle DEF \times \frac{DG}{DE} \times \frac{DH}{DF} = S \times \frac{3}{5} \times \frac{3}{4} = \frac{9}{20}S$$

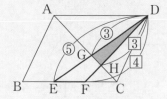
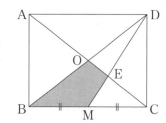

例題 2

図のように長方形 ABCD があり、辺 BC の中点を M とする。対角線 AC と線分 DM、対角線 DB の交点をそれぞれ E、O とする。長方形 ABCD の面積を S とするとき、四角形 OBME の面積を S を用いて表せ。

解法

> **方針** ベスト解064B より、△DBM と比べる。DE：ME、DO：OB が必要。

△AED ∽ △CEM から、DE：ME = AD：CM = 2：1

また、DO：OB = 1：1、そこで、 ベスト解064B より、

$$\text{四角形OBME} = \triangle DBM \times \left(1 - \frac{DO}{DB} \times \frac{DE}{DM}\right)$$

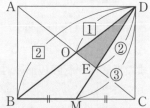
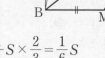

$\triangle DBM = \dfrac{1}{4}S$ だから、

$$\text{四角形OBME} = \frac{1}{4}S \times \left(1 - \frac{1}{2} \times \frac{2}{3}\right) = \frac{1}{4}S \times \left(1 - \frac{1}{3}\right) = \frac{1}{4}S \times \frac{2}{3} = \frac{1}{6}S$$

答 $\dfrac{1}{6}S$

高校入試問題にチャレンジ

解答・解説 ▶ P.31

問題 図で、四角形 ABCD は長方形、E は辺 AD 上の点、F、G はともに辺 BC 上の点で、EF ⊥ AC、EG ⊥ BC である。また、H、I はそれぞれ線分 AC と EF、EG との交点である。

AB = 4cm、AD = 6cm、AE = 4cm のとき、次の(1)、(2)の問いに答えなさい。〈愛知県〉

(1) 線分 FG の長さは何 cm か、求めなさい。

(2) 四角形 HFGI の面積は長方形 ABCD の面積の何倍か、求めなさい。

平面図形

重なる三角形の面積比

135

1つの頂角を共有する面積比

1つの角を共有する三角形の面積比は、それを挟む辺の積から計算する。

例 △ABC：△ADE

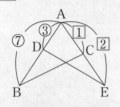

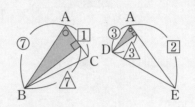

色のついた三角形は、
∠A共通と直角から相似。

$$1 \times A \times \frac{1}{2} : 2 \times 3 \times \frac{1}{2}$$
$$= 1 \times 7 : 2 \times 3$$
$$= 7 : 6$$

△ABC：△ADE ＝ AB×AC：AD×AE

※ ベスト解064 を含むので、式が同じになることに注意したい。

例題1　図のような平行四辺形ABCDがあり、辺CD上に
CE：ED＝2：1となる点Eをとる。
対角線BDと対角線AC、線分AEとの交点をそれぞれF、G
として、△AGCの面積と△AEFの面積の比を最も簡単な整
数の比で表せ。

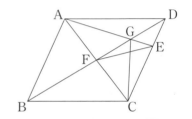

解法

方針　∠EACを共有している。AG：EG、AF：CFを求め、ベスト解065 。

△GAB∽△GEDより、
AG：EG＝AB：ED＝3：1（…ア）
また点Fは平行四辺形の対角線
の交点だから、
AF：FC＝1：1（…イ）
ベスト解065 より、
△AGC：△AEF＝AG×AC：AF×AE（★）
アイより、図のようになるから、
★＝3×2：4×1＝6：4＝3：2

答 3：2

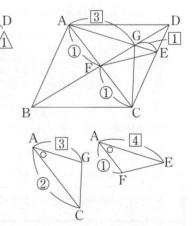

例題2　図のような平行四辺形ABCDがあり、辺BC上にBM：MC
＝1：1となる点M、辺CD上にCE：ED＝2：1となる点
Eをとる。線分BEと線分AM、対角線ACの交点をそれぞれF、
Gとする。
このとき、△AFG：△ECGを求めよ。

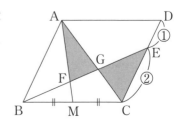

解法

> **方針** i) ⑦と⑦の連比から⑦を得る。それと
> ⑦から、ii) ∠AGF = ∠EGC を利用する。

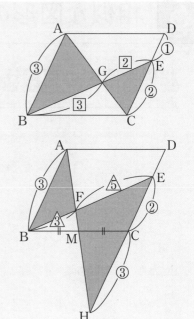

i) BF : FG : GE を求める。

△AGB ∽ △CGE だから、

BG : EG = AB : CE = 3 : 2 (…⑦)

BF : FE を求めるには、 ベスト解 059 より、

右図のように延長した図形を作る。

さて、DE = ① とすれば、EC = ②

したがって、AB = DC = DE + EC = ③

ここで、△ABM と △HCM で考えれば、

HC = AB = ③

続けて △AFB ∽ △HFE で、

BF : EF = AB : HE = 3 : 5 (…⑦)

そこで⑦⑦から ベスト解 061 連比の操作をし、

BF : FG : GE = 15 : 9 : 16 (…⑦)

また、GA : GC は △AGB ∽ △CGE

だから、GA : GC = AB : CE = 3 : 2 (…⑦)

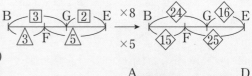

ii) ⑦と⑦から、右図のようになる。

∠AGF = ∠EGC だから、

ベスト解 065 より、

△AFG : △ECG = GA × GF : GC × GE

= 3 × 9 : 2 × 16 = 27 : 32　　 **答** 27 : 32

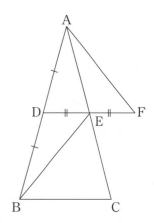

4
平面図形

1つの頂角を共有する面積比

高校入試問題にチャレンジ

解答・解説 ▶ P.31

問題　右の図において、△ABC は AB = AC の二等辺三角形であり、
点 D、E はそれぞれ辺 AB、AC の中点である。

また、点 F は直線 DE 上の点であり、EF = DE である。

線分 BF と線分 CE との交点を G とする。

△ADE と △GBC の面積の比を最も簡単な整数の比で答えよ。

〈福島県・一部改〉

ベ|ス|ト|解
066 相似な図形の面積比

相似な図形の面積比は、対応する辺の比を平方して比べる。

例1 A △ABC：△ADE

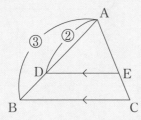 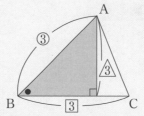 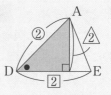

色のついた三角形は、平行線の同位角などを利用し相似。

$$\boxed{3} \times \triangle{3} \times \frac{1}{2} : \boxed{2} \times \triangle{2} \times \frac{1}{2} = \boxed{3} \times ③ : \boxed{2} \times ② = 9 : 4$$

$$\boxed{\triangle ABC : \triangle ADE = AB^2 : AD^2 = AC^2 : AE^2 = BC^2 : DE^2}$$

※頂点から下ろした垂線（三角形の高さ）も2：3になっていることに注意。

例2 B △ABC：△PBQ＝2S：S ならば

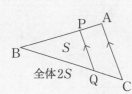 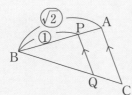

$$BA^2 : BP^2 = 2 : 1$$
$$BA : BP = \sqrt{2} : 1$$

例題 1
図のような∠A＝90°の直角三角形ABCがあり、A
から辺BCへ下ろした垂線の足をHとする。
AB＝4、AC＝3のとき、△ABHと面積の△ACHの面積の
比を答えよ。

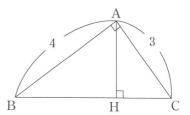

解法

方針 △ABHと△ACHは相似。

ベスト解 053 から、△ABH∽△CAHが成り立つ。
そこで、この相似の組で、辺ABと辺CAは対応する
辺だから、 ベスト解 066A より、
△ABH：△ACH＝AB²：CA²
よって、△ABH：△ACH＝4²：3²
$$= 16 : 9$$

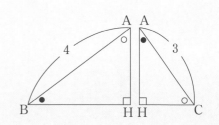

答 16：9

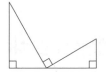
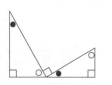

| 例題 2 | $\triangle ABC$ は $\angle ABC = 90°$ の直角三角形であり、$AB = 8$、$AC = 10$である。直線 l が $\triangle ABC$ の辺 AB 上の点 D、辺 AC 上の点 E を通り、面積を二等分するとき、(1)、(2) の AE の長さをそれぞれ求めよ。 |

(1) 直線 l が辺 AB と垂直

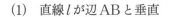
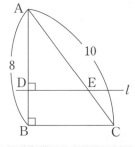

(2) 直線 l が辺 AC と垂直

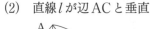
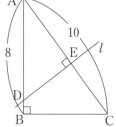

解法

方針 相似を使う。$\triangle ADE$ は $\triangle ABC$ の面積の半分。

(1) $\triangle ABC \backsim \triangle ADE$ であり、
$\triangle ABC : \triangle ADE = 2 : 1$ だから、

ベスト解066B より、相似比は $\sqrt{2} : 1$

図で、$AC : AE = \sqrt{2} : 1$

$\qquad 10 : AE = \sqrt{2} : 1$

$\qquad AE = 10 \times \dfrac{1}{\sqrt{2}} = 5\sqrt{2}$ **答** $\underline{5\sqrt{2}}$

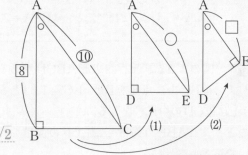

(2) 今度は、$\triangle ABC \backsim \triangle AED$ であり、$\triangle ABC : \triangle AED = 2 : 1$ だから、**ベスト解066B**
より、相似比は $\sqrt{2} : 1$

図で、$AB : AE = \sqrt{2} : 1$ $\quad 8 : AE = \sqrt{2} : 1$、$AE = 8 \times \dfrac{1}{\sqrt{2}} = 4\sqrt{2}$ **答** $\underline{4\sqrt{2}}$

高校入試問題にチャレンジ

<blockquote>解答・解説 ▶ P.31</blockquote>

問題 右の図のように、半径6cmの円Oの周上に6つの点
A、B、C、D、E、Fがあり、これらの点は円周を6等分して
いる。ここで、線分 AE と線分 BF の交点を G とする。
$\triangle AGF$ と四角形BCDEの面積の比を求めなさい。

〈沖縄県・一部略〉

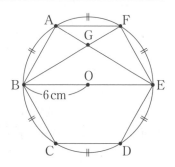

べ|ス|ト|解 067 補角から三角形の面積比

頂点が補角になる2つの三角形の面積比は、それを挟む辺の積を計算する。

∠BCA + ∠DCE = 180°のとき（この関係を'補角をなす'という）、

例 △ABC：△CDE

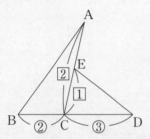
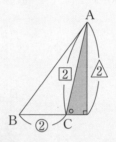
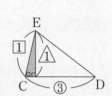

色のついた三角形は、直角と等しい角から相似。

$$② × Ⓐ × \frac{1}{2} : ③ × \hat{1} × \frac{1}{2} = ② × ② : ① × ③ = 4 : 3$$

$$\boxed{△ABC：△CDE = BC × AC：CD × EC}$$

※「∠BCA + ∠DCE = 180°」と「∠BCA = ∠DCE」は、同じような比の式ができる。

例題 1　図のような、平行四辺形ABCDがある。
辺BC上に点EをBE：EC = 1：2となるようにとり、辺CD上に辺CDの中点Fをとる。
このとき、△ABEの面積と△ECFの面積の比を最も簡単な整数の比で答えよ。

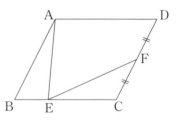

解法

方針 ∠Bと∠Cは補角をなす。

AB∥DCから、右図のように○ + ● = 180°
つまり、△ABEと△ECFの∠Bと∠Cは、
補角をなすので、**ベスト解 067** より、
∠Bを挟む辺と∠Cを挟む辺の比で考える。
△ABE：△ECF = AB × BE：FC × EC
△ABE：△ECF = 2 × 1：1 × 2 = 1：1　　**答** 1：1

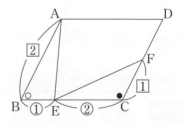

例題 2　右の図は、AD∥BCの台形ABCDである。
AD = 4、BC = 6とする。
辺AB上に点Eを、AE：EB = 1：2となるようにとるとき、△AEDの面積と△EBCの面積の比を求めよ。

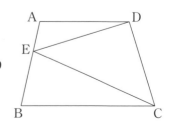

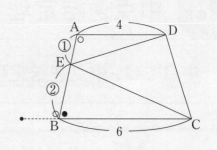

方針 ∠Aと∠Bは補角をなす。

AD∥BCから、右図のように○＋●＝180°
つまり、△AEDと△EBCの∠Aと∠Bは、
補角をなすので、ベスト解067 より、
∠Aを挟む辺と∠Bを挟む辺の比で考える。

△AED：△EBC＝AD×AE：BC×BE

△AED：△EBC＝4×1：6×2＝4：12＝1：3　　**答** 1：3

例題 3　右の図のように△ABCがある。辺AB上に点Dをとり、
四角形DBCEが平行四辺形となるように点Eをとる。
線分ACと線分DEの交点をFとする。
AD＝2、DB＝3のとき、△ADFと△BCEの面積の比を求めよ。

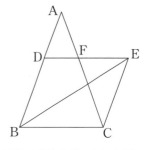

解法

方針 平行四辺形の向かい合う角は等しいから補角が使える。

∠BCE＝∠BDEだから、
△ADFと△BCEの∠Dと∠Cは、
補角をなすので、ベスト解067 より、
∠Dを挟む辺と∠Cを挟む辺の比で考える。

△ADF：△BCE＝DA×DF：CE×CB

△ADF：△BCE＝2×2：5×3＝4：15

答 4：15

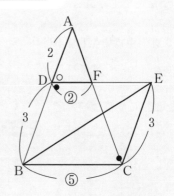

高校入試問題にチャレンジ　　　　　　解答・解説 ▶ P.32

問題　図のように、点D、Eが辺AB、ACをAの方向に延長した
直線上にある。∠ABE＝∠ACDである。BC＝6cm、CD＝5cm、
DE＝2cm、EB＝4cmのとき、△ABEと△ABCの面積の比を求め
なさい。〈秋田県〉

ヒント　4点B、C、D、Eは同一円周上にある。

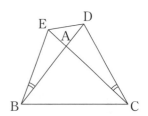

4
平面図形

補角から三角形の面積比

068 中点連結定理

中点では、中点連結定理が使えるか考える。

三角形の中点連結定理

A

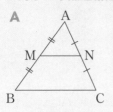

理由A

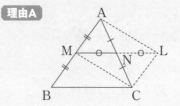

M、Nが中点ならば、

$MN \parallel BC、MN = \dfrac{1}{2}BC$

MNを延長し、MN＝NLとなるL
をとる。AN＝NC、MN＝NLから、
四角形AMCLは「対角線が各々の
中点で交わる」から平行四辺形。
よってAM＝LC＝MB、MB∥LC
から、四角形MBCLは「1組の対辺が
平行で長さが等しい」ので平行四辺形。

$ML \parallel BC、MN = \dfrac{1}{2}BC$

B

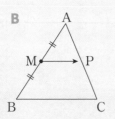

理由B

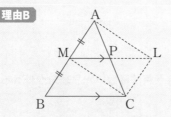

Mが中点でMP∥BC
ならば、**Pも中点**

MPを延長し、BC＝MLとなるL
をとる。四角形MBCLは「1組の対
辺が平行で長さが等しい」から平行
四辺形。よってLC＝MB＝AMで、
AM∥LCから四角形AMCLも「1
組の対辺が平行で長さが等しい」か
ら平行四辺形。「対角線は各々の中
点で交わる」から、AP＝PC

台形の中点連結定理

C

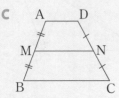

理由C

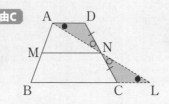

M、Nが中点ならば、

$AD \parallel MN \parallel BC、MN = \dfrac{1}{2}(AD + BC)$

ANを延長しBCの延長との交点を
Lとする。図より△NAD≡△NLC
だから、AN＝LN　ここで△ABL
で三角形の中点連結定理**A**が成り立
ち、MN∥BC

$MN = \dfrac{1}{2}BL = \dfrac{1}{2}(BC + AD)$

D

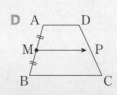

理由D

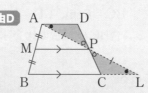

Mが中点でAD∥MP∥BC
ならば、**Pも中点**

APを延長しBCの延長との交点を
Lとする。△ABLで三角形の中点連
結定理**B**より、AP＝PLだから、図
より△PAD≡△PLCだから、DP
＝PC

| 例題 1 | 図のように正六角形ABCDEFの辺AB、EFの中点をそれぞれS、Uとする。 |

線分BFと線分SUの交点をPとすると、点Pは線分BFの中点であることを証明しなさい。〈滋賀県・一部略〉

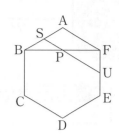

解法

| 方針 | 台形の中点連結定理。 |

証明 四角形ABEFは、AF∥BEの台形。

ベスト解068C 台形の中点連結定理より、SUもAF、BEと平行。

ここで△ABFで、Sは中点、AF∥SPより、

ベスト解068B 三角形の中点連結定理より、点Pは辺BFの中点となる。

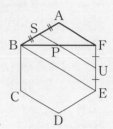

| 例題 2 | 右の図において、四角形ABCDはAD∥BCの台形であり、点E、Fはそれぞれ辺AB、CDの中点である。 |

AD＝3cm、BC＝11cmのとき、線分EFの長さを求めなさい。

〈秋田県〉

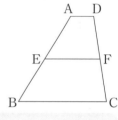

解法

ベスト解069C 台形の中点連結定理より、

$$EF = \frac{1}{2}(AD + BC) = \frac{1}{2} \times (3 + 11) = 7$$

答 7cm

高校入試問題にチャレンジ

解答・解説 ▶ P.32

問題1 右の図のように、線分ABを直径とする半円があり、線分ABの中点をOとします。点Cを弧AB上の点とし、線分BC上に点Dをとります。線分ADと線分OCとの交点をEとします。

BD＝DC、OD＝2cmのとき、線分ACの長さを求めなさい。〈北海道〉

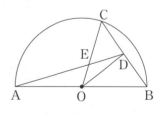

問題2 図のように、△ABCの外部に点Dをとり、四角形ABCDをつくる。四角形ABCDの辺AB、BC、CD、ADの中点をそれぞれP、Q、R、Sとする。4点P、Q、R、Sを結んで四角形PQRSをつくる。次の(1)、(2)の問いに答えなさい。〈大分県・一部略〉

(1) 四角形PQRSが平行四辺形であることを証明しなさい。

(2) 平行四辺形PQRSが正方形になるとき、点Dをどのようにとればよいか。

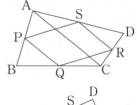

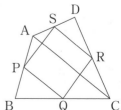

069 三平方の定理

直角三角形の辺の長さは、三平方の定理から求める。

A 三平方の定理

直角三角形において、

$a^2 + b^2 = c^2$

（a、bは直角を挟む2辺）

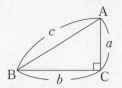

証明 いくつもあるが代表的なものとして、

❶ 左図と右図の正方形の面積が同じことを利用し、

$$\frac{ab}{2} \times 4 + c^2 = (a+b)^2、 \quad 2ab + c^2 = a^2 + 2ab + b^2、$$

整理して、$c^2 = a^2 + b^2$

正方形の周囲に
合同な直角三角
形を並べた図

正方形になる

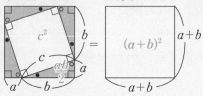

❷ 直角三角形の面積比を利用する。

それぞれの対応する辺はa、b、cだから、面積比はそれぞれa^2、b^2、c^2

このことから、$a^2 + b^2 = c^2$

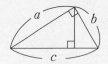   

計算例1 $a = 3$、$b = 1$のとき、cの値

$c = \sqrt{a^2 + b^2} = \sqrt{3^2 + 1^2} = \sqrt{9+1} = \sqrt{10}$

計算例2 $c = 5$、$b = 1$のとき、aの値

$a = \sqrt{c^2 - b^2} = \sqrt{5^2 - 1^2} = \sqrt{25-1} = \sqrt{24} = 2\sqrt{6}$

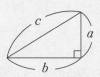

B 三平方の定理の逆

右図で$a^2 + b^2 = c^2$が成り立てば、$\angle \mathrm{ACB} = 90°$
である。これを「三平方の定理の逆」といい、
直角を示すときに用いる。

※辺cの対角が90°になる。

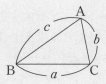

例題 図のように、円周上に3点A、B、Cがあり、AB＝AC＝3cm、BC＝2cmである。

点Aから線分BCに引いた垂線と線分BCとの交点をHとするとき、線分AHの長さは何cmか。〈長崎県〉

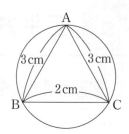

解法

> **方針** 点HはBCの中点。△ABHで三平方の定理。

△AHB≡△AHCだから、BH＝HC

よって、BH＝$\frac{1}{2}$BC＝1

△ABHで三平方の定理より、

AH＝$\sqrt{AB^2-BH^2}=\sqrt{3^2-1^2}=\sqrt{8}=2\sqrt{2}$

答 $2\sqrt{2}$ cm

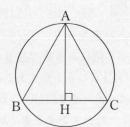

高校入試問題にチャレンジ

解答・解説 ▶ P.32

問題1 次の長さを3辺とする三角形のうち、直角三角形をア〜オから2つ選びなさい。〈北海道〉

ア 2cm、7cm、8cm

イ 3cm、4cm、5cm

ウ 3cm、5cm、$\sqrt{30}$cm

エ $\sqrt{2}$cm、$\sqrt{3}$cm、3cm

オ $\sqrt{3}$cm、$\sqrt{7}$cm、$\sqrt{10}$cm

問題2 右の図のような長方形ABCDがあり、AD＝12cm、BD＝13cmである。辺AB上に点EをBE＝2cmとなるようにとり、2点C、Eを通る直線と対角線BDとの交点をFとする。また、長方形ABCDの対角線の交点をGとする。

2点D、Eを通る直線と対角線のACとの交点をIとするとき、四角形EFGIの面積を求めよ。〈京都府・一部略〉

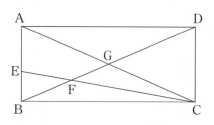

070　三平方の定理と相似を組み合わせる

図形の求長の多くは、三平方の定理から長さを求め、相似で長さを移す。

例題1　右図において、四角形ABCDは1辺の長さが3cmの正方形である。Eは直線BC上にあってCについてBと反対側にある点であり、CE＜BCである。F、Gは直線DCについてEと同じ側にある点であり、4点D、E、F、Gを結んでできる四角形DEFGは正方形である。

Hは、Eを通り辺DCに平行な直線と線分DGとの交点である。

CE＝2cmであるときの線分DHの長さを求めなさい。

〈大阪府・一部略〉

解法

　方針　ⅰ）三平方の定理でDEを求め、ⅱ）相似を利用する。

ⅰ）△DCEで三平方の定理より、

$$DE = \sqrt{DC^2 + CE^2} = \sqrt{3^2 + 2^2} = \sqrt{9 + 4} = \sqrt{13}$$

ここで、DC∥HEだから、

∠CDE＝∠HEDとなり、

ⅱ）図のように△DCE∽△EDH

DC：EC＝ED：HD

$$3 : 2 = \sqrt{13} : HD,\ 3HD = 2\sqrt{13},\ HD = \frac{2\sqrt{13}}{3}$$

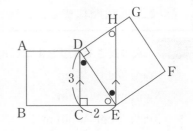

答 $\dfrac{2\sqrt{13}}{3}$ cm

例題2　右の図のような、AB＝ACの二等辺三角形ABCがある。辺AC上に2点A、Cと異なる点Dをとり、点Cを通り辺BCに垂直な直線をひき、直線BDとの交点をEとする。

AB＝5cm、BC＝CE＝6cmであるとき、次の問いに答えよ。

〈香川県・一部改〉

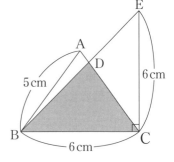

(1)　AD：DCを最も簡単な整数の比で答えよ。

(2)　△BCDの面積は何cm²か。

A、DからBCへ下ろした垂線の足をそれぞれH、Iとする。また、AHとBDとの交点をFとする。

> **方針**　**FH**から、**AF**を求めることを目標とする。

(1)　△ABCは二等辺三角形だから、Hは辺BCの中点で、△ABHで三平方の定理より、

$$AH = \sqrt{AB^2 - BH^2} = \sqrt{5^2 - 3^2} = \sqrt{25 - 9} = 4$$

ここで**AF**を求める。

△BCE∽△BHFだから、

BC：CE＝BH：HF、6：6＝3：HF、HF＝3

すると、**AF**＝AH−FH＝4−3＝1

そこで、△AFD∽△CEDから、

AD：CD＝FA：EC＝1：6　**答**　1：6

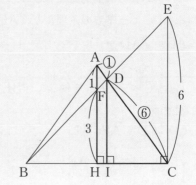

> **方針**　**CA**と**CD**の比から、**AH**と**DI**を比較することで高さ**DI**を求める。

(2)　DIを求める。

△CAH∽△CDI

CA：CD＝AH：DI

$$(6+1) : 6 = 4 : DI, \quad DI = \frac{24}{7}$$

$$\triangle BCD = BC \times DI \times \frac{1}{2} = 6 \times \frac{24}{7} \times \frac{1}{2} = \frac{72}{7} \quad \textbf{答}\ \frac{72}{7}\,cm^2$$

高校入試問題にチャレンジ
解答・解説 ▶ P.33

> **問題**　右の図のように、関数 $y = \dfrac{12}{5}x$ …① のグラフ上に点Aが

あります。点Aのx座標を5とします。点Aからx軸に垂線をひき、x軸との交点をBとします。点Oは原点とします。

次の(1)、(2)に答えなさい。〈北海道〉

(1)　線分OAの長さを求めなさい。

(2)　線分AB上に点Cをとり、点Cを通り線分OAに垂直な直線と線分OAとの交点をDとします。

　　AD＝3となるとき、2点O、Cを通る直線の式を求めなさい。

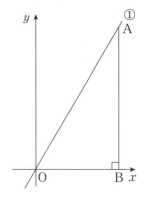

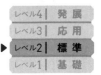
071 長方形内の相似と三平方の定理

長方形の直角が、三平方の定理や直角の相似を生む。

例 図のような長方形では、

△ADCで三平方の定理より、ACを計算することで、

$$AC = \sqrt{AD^2 + DC^2} = \sqrt{2^2 + 1^2} = \sqrt{4+1} = \sqrt{5}$$

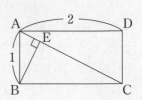

△ADC∽△BEAを使って、BEやAEを求めることができる。

$CA:CD = AB:AE$

$\sqrt{5}:1 = 1:AE,\ AE = \dfrac{\sqrt{5}}{5}$

$CA:AD = AB:BE$

$\sqrt{5}:2 = 1:BE,\ BE = \dfrac{2\sqrt{5}}{5}$

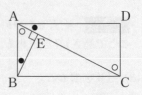

例題 1 AB＝3cm、AD＝6cmの長方形ABCDの辺AD上に、AE：ED＝2：1となる点Eをとる。また、線分BEへ点FをBEとCFが垂直になるようにとる。

このとき、BFの長さを求めよ。

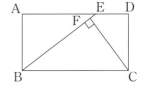

解法 AE＝4であり、

△ABEで三平方の定理より、

$$BE = \sqrt{AB^2 + AE^2} = \sqrt{3^2 + 4^2} = \sqrt{9+16} = 5$$

ここで、AD∥BCから、∠AEB＝∠FBC

だから、図のように、

△ABE∽△FCB

$AE:BE = FB:CB$

$4:5 = FB:6,\ 5FB = 4×6,\ FB = \dfrac{24}{5}$

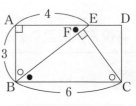

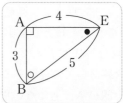

答 $\dfrac{24}{5}$ cm

例題 2 右の図のように、長方形ABCDがあり、辺ABの中点をEとする。

また、辺BC上に点FをBF：FC＝2：1となるようにとり、辺AD上に点Gを、線分DEと線分FGが垂直に交わるようにとる。

さらに、線分DEと線分FGとの交点をHとする。

AB＝2cm、BC＝3cmのとき、線分GHの長さを求めなさい。〈神奈川県〉

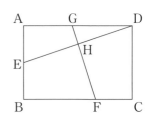

方針 GからBCへ垂線GJを下ろすと△AEDと△JFGと△HFIは相似になる。三平方の定理から△AEDのすべての辺の長さがわかるから、先ほどの相似から、i) ⑦GF、ii) ⑦HFを求める。

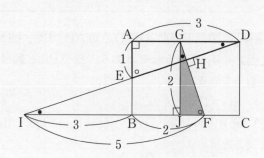

△AEDのEDの長さは、
三平方の定理で、

$$ED = \sqrt{AE^2 + AD^2} = \sqrt{1^2 + 3^2} = \sqrt{10}$$

i) ⑦を求める。

図のように、△AED ∽ △JFG

$$DA : DE = GJ : GF$$

$$3 : \sqrt{10} = 2 : GF,$$

$$GF = \frac{2\sqrt{10}}{3} \ (\cdots⑦)$$

ii) ⑦を求める。

△AED ∽ △HFI

$$AE : ED = HF : FI$$

$$1 : \sqrt{10} = HF : 5, \ \sqrt{10}HF = 5,$$

$$HF = \frac{5}{\sqrt{10}} = \frac{5\sqrt{10}}{10} = \frac{\sqrt{10}}{2} \ (\cdots⑦)$$

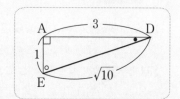

最後にGHの長さは、

$$GH = GF - HF = ⑦ - ⑦$$

$$= \frac{2\sqrt{10}}{3} - \frac{\sqrt{10}}{2} = \frac{4\sqrt{10} - 3\sqrt{10}}{6} = \frac{\sqrt{10}}{6}$$

答 $\dfrac{\sqrt{10}}{6}$ (cm)

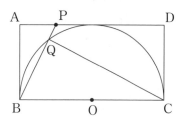

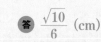

高校入試問題にチャレンジ

解答・解説 ▶ P.33

問題 右の図で、四角形ABCDは、AB = 6cm、BC = 12cmの長方形である。

辺BCを直径とする半円Oの$\overset{\frown}{BC}$は、2つの頂点B、Cを通る直線に対して頂点Aと同じ側にある。

点Pは、辺AD上にある点で、頂点Aに一致しない。

頂点Bと点Pを結んだ線分と、$\overset{\frown}{BC}$との交点のうち、頂点Bと異なる点をQとする。

AP : PD = 1 : 3のとき、線分PQの長さを求めなさい。〈東京都〉

ベ|ス|ト|解

072 合同を見抜き、三平方の定理を利用

正方形内は合同ができやすい。また、三平方の定理が絡む計算にも慣れておく。

例題1
図の正方形ABCDの辺AB、BC、CD、DAの辺上にP、Q、R、Sがそれぞれあり、線分PRと線分SQは、点Oで垂直に交わっている。

(1)　SQ＝PRを示せ。

(2)　正方形の1辺が4cm、SD＝1cm、QC＝3cmのとき、線分PRの長さを求めよ。

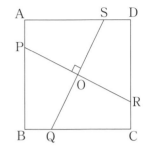

解法

> **方針**　図で△SQH≡△RPIを示す。

(1)　Sから辺BCへ、Rから辺ABへそれぞれ垂線SH、RIを下ろす。そこで、SH⊥RIになることに注意する。この交点をTとする。

SHとRPの交点をUとして、SQ⊥PRだったから、
△SUOと△RUTの内角で考えて、
∠USO＝∠URTとなる（図の●の印）。
このこととSH＝RIから、△SQH≡△RPI
（「1組の辺とその両端の角が等しい」）
合同な図形の対応する辺の長さは等しいから、SQ＝PR

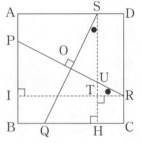

(2)　PRの代わりにSQを求めればよい。
QH＝QC－HC＝QC－SD＝3－1＝2
△SQHで三平方の定理より、
$SQ = \sqrt{SH^2 + QH^2} = \sqrt{4^2 + 2^2} = \sqrt{20} = 2\sqrt{5}$
ゆえに、$PR = SQ = 2\sqrt{5}$

答 $2\sqrt{5}$ cm

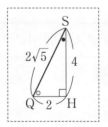

例題2
四角形ABCDは1辺の長さが3cmの正方形である。Eは、辺AD上にあってA、Dと異なる点である。Fは直線BE上にあってEについてBと反対側にある点であり、3点A、D、Fを結んでできる△ADFはAD＝AFの二等辺三角形である。

AE＝1cmであるとき、△FBCの面積を求めなさい。〈大阪府・一部略〉

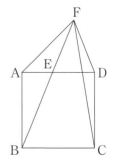

方針　FBを底辺、Cから下ろした垂線を高さとみなす。

点AからFBへ垂線AGをひき、GB＝aとする。

点CからBFへ垂線CHを下ろせば、BC＝3だから、図より、△GAB≡△HBC

よって、CH＝BG＝a

また、△ABFはAB＝AFだから、△GAB≡△GAFより、GF＝GB＝a

すると、△FBC＝FB×CH×$\frac{1}{2}$＝（FG＋GB）×CH×$\frac{1}{2}$＝$2a×a×\frac{1}{2}$＝a^2（★）

ここからaの長さを求める。

まず△AEBのEBの長さは、

三平方の定理より、

$EB=\sqrt{AE^2+AB^2}=\sqrt{1^2+3^2}=\sqrt{10}$

そして図より、△AEB∽△GAB

だから、AB：EB＝GB：AB

$3:\sqrt{10}=a:3$

$\sqrt{10}\,a=3×3$、　$a=\dfrac{9}{\sqrt{10}}$

★より、△FBC＝$a^2=\left(\dfrac{9}{\sqrt{10}}\right)^2=\dfrac{81}{10}$

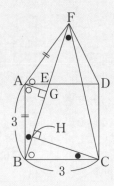
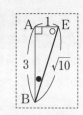

答　$\dfrac{81}{10}$ cm²

高校入試問題にチャレンジ

解答・解説 ▶ P.33

問題1　右の図のような、正方形ABCDがあり、2点E、Fはそれぞれ辺AB、辺AD上の点である。辺ABをBの方に延長した直線上に点Gをとる。線分FGと線分EC、辺BCとの交点をそれぞれH、Iとする。

∠CHF＝90°、AD＝12cm、BE＝5cm、FH＝9cmであるとき、線分CHの長さは何cmか。〈香川県〉

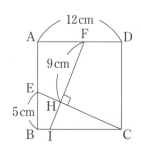

問題2　図のように、1辺の長さが8cmの正方形ABCDがある。辺BC上にBE＝2cmとなる点Eをとり、線分DEの延長と辺ABの延長との交点をFとする。

辺AB上に点Pをとる。点Pから線分DFに引いた垂線と線分DFとの交点をQとする。

DQ＝8cmとなるとき、四角形APQDと四角形BEQPの面積の比を最も簡単な整数の比で表せ。〈長崎県・一部略〉

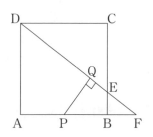

073 三角定規の辺の比

$30°45°60°$ の図形では、三角定規の辺の比を使いこなす。

A　三角定規の辺の比

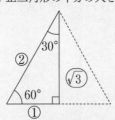 ⼤ 正三角形の半分の大きさ

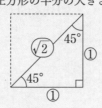 ⼩ 正方形の半分の大きさ

B　1辺aの正三角形の面積

$$a \times \frac{\sqrt{3}}{2}a \times \frac{1}{2}$$
$$= \frac{\sqrt{3}}{4}a^2$$

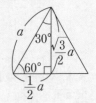

また、これらを組み合わせることで、
次のような三角形もできる。

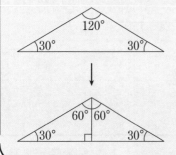

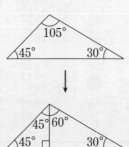

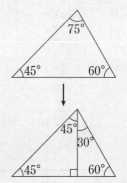

例題 1　図で、六角形 ABCDEF は内角の大きさがすべて等しい。
　AB＝AF＝4cm、ED＝3cm、FE＝2cm のとき、六角
形 ABCDEF の面積は何cm²か、求めなさい。〈愛知県・一部略〉

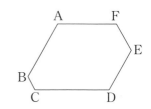

解法　「すべての内角が等しい六角形」＝「すべての外角が等しい六角形」
と考えれば、1つの外角は、360÷6＝60°となる。
そこで右の図のように、色のついた図形をつけ加える。
するとこれらは正三角形。
そこで△GHIも正三角形で、GI＝4＋4＋2＝10から
これが1辺の長さ。

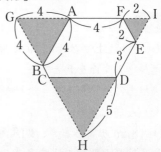

ベスト解 073 B より、1辺がaの正三角形の面積は $\frac{\sqrt{3}}{4}a^2$

六角形 ABCDEF ＝ 正三角形GHI － (正三角形GBA ＋ 正三角形CHD ＋ 正三角形FEI)

$$= \frac{\sqrt{3}}{4} \times 10^2 - \left(\frac{\sqrt{3}}{4} \times 4^2 + \frac{\sqrt{3}}{4} \times 5^2 + \frac{\sqrt{3}}{4} \times 2^2 \right) = 25\sqrt{3} - 4\sqrt{3} - \frac{25\sqrt{3}}{4} - \sqrt{3} = \frac{55\sqrt{3}}{4}$$

例題 2 図のように、1辺が6cmの正方形ABCDの辺BC上に点Eがある。AEとBDの交点をFとする。

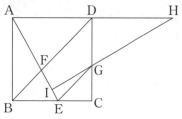

Eを通りBDと平行な直線と辺DCとの交点をGとする。また、辺ADの延長上にAD＝DHとなる点Hをとり、HとGを結ぶ。また、HGの延長とAEとの交点をIとする。

次の(1)、(2)に答えなさい。〈和歌山県〉

(1) △ABE≡△HDGを証明しなさい。

(2) ∠BAE＝30°のとき、四角形IECGの面積を求めなさい。

解法

(1) **証明** △ABEと△HDGにおいて、

AB＝HD（題意よりAD＝DHだから）（…❶）

∠ABE＝∠HDG（＝90°）（…❷）

BE＝BC－EC＝DC－GC＝DG（CB＝CDでBD∥EGだから、CE＝CG）（…❸）

以上、❶❷❸より、「2組の辺とその間の角がそれぞれ等しい」から、△ABE≡△HDG

(2) **方針** (1)から面積を交換する。そこでAI、HIの長さを求めることが目標。

四角形IECG＝正方形ABCD－（△ABE＋四角形AIGD）

＝正方形ABCD－（△HDG＋四角形AIGD）＝正方形ABCD－△AIH（★）

そこで△AIHの面積を求める。

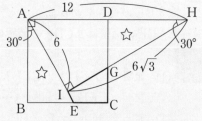

(1)より、∠BAE＝∠AHI＝30°だから、

△AIHは∠AIH＝90°の三角定規型㋐

AH＝12だから、**ベスト解 073** より、

$AI＝6$、$IH＝\dfrac{\sqrt{3}}{2}AH＝6\sqrt{3}$

★＝$6\times6-6\times6\sqrt{3}\times\dfrac{1}{2}＝36-18\sqrt{3}$　答 $36-18\sqrt{3}$ (cm²)

4 平面図形

三角定規の辺の比

高校入試問題にチャレンジ　　　　解答・解説 ▶ P.34

問題 右の図で、△BCDと△ACEはともに正三角形である。また、線分ADとBEとの交点をF、ADと辺BCとの交点をGとする。

次の(1)、(2)の問いに答えなさい。〈岐阜県〉

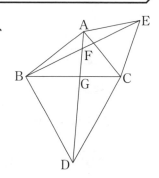

(1) △ADC≡△EBCであることを証明しなさい。

(2) AB＝4cm、AC＝4cm、BC＝6cmのとき、

　(ア) DGの長さを求めなさい。

　(イ) EFの長さを求めなさい。

べスト解

074

Chapter4　平面図形

レベル4｜発展
レベル3｜応用
▶ レベル2｜標準
レベル1｜基礎

60°の利用

60°の角を持つ三角形は、60°以外の頂点から垂線を下ろすとよい。

例 右の図なら、頂点C以外の、頂点Aや頂点Bから下ろす。

例えば頂点Aから辺BCへ垂線AHを下ろせば、△ACHは三角定規型㊎（ ベスト解 073Ａ ）で、

$$\boxed{HC : CA : AH = 1 : 2 : \sqrt{3}}$$

だから、ACを使って、HCやAHを求めることができる。

※BからACへ垂線BIを引けば、BC＝5から、BIやCIの長さが分数になるので、頂点Aからの方がよい。

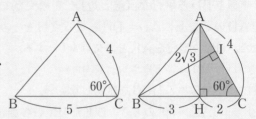

例題 右の図の四角形ABCDは、AB＝$3\sqrt{3}$cm、BC＝6cm、AD∥BC、∠ABC＝90°、∠BCD＝60°の台形である。

頂点Bから線分ACに引いた垂線と線分ACとの交点をE、頂点Dから線分ACに引いた垂線と線分ACとの交点をFとする。

各問いに答えよ。〈奈良県・一部略〉

(1)　△AFD∽△CEBを証明せよ。

(2)　線分BEの長さを求めよ。

(3)　△ABEの面積は△CDFの面積の何倍か。

解法

(1)　証明 △AFDと△CEBにおいて、

∠AFD＝∠CEB（＝90°）（…❶）

∠DAF＝∠BCE（AD∥BCより）（…❷）

以上❶❷より、「2組の角がそれぞれ等しい」から、△AFD∽△CEB

(2)　△ABCで三平方の定理より、AC＝$\sqrt{AB^2+BC^2}=\sqrt{\left(3\sqrt{3}\right)^2+6^2}=\sqrt{27+36}=\sqrt{63}=3\sqrt{7}$

ここで、△ABC∽△AEB（…❸）より、

AC：CB＝AB：BE　$3\sqrt{7}:6=3\sqrt{3}:BE$

$3\sqrt{7}BE=3\sqrt{3}\times6$、$BE=\dfrac{6\sqrt{21}}{7}$　答 $\dfrac{6\sqrt{21}}{7}$ cm

(3)

方針  i）△ABEとii）△CDFの面積を直接求める。

i）❸より、AC：AB＝AB：AE

$3\sqrt{7}:3\sqrt{3}=3\sqrt{3}:AE$、$3\sqrt{7}AE=3\sqrt{3}\times3\sqrt{3}$、$AE=\dfrac{9\sqrt{7}}{7}$

$\triangle ABE=AE\times BE\times\dfrac{1}{2}=\dfrac{9\sqrt{7}}{7}\times\dfrac{6\sqrt{21}}{7}\times\dfrac{1}{2}$

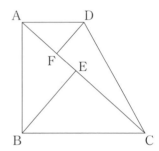

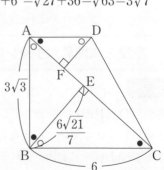

ii) DFを求めるのに、まずADを出したい。

図のようにDHを引けば、△DHCは三角定規型㋐だから、HC $= \dfrac{1}{\sqrt{3}}$ DH $= \dfrac{1}{\sqrt{3}} \times 3\sqrt{3} = 3$

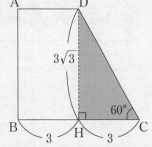

AD = BH = BC − HC = 6 − 3 = 3

△ABC ∽ △DFA（★）

AB : AC = DF : DA、$3\sqrt{3} : 3\sqrt{7} = $ DF : 3

DF $= 3 \times \dfrac{3\sqrt{3}}{3\sqrt{7}} = \dfrac{3\sqrt{21}}{7}$

続けてFCを求める。

★より、BC : AC = FA : DA、$6 : 3\sqrt{7} = $ FA : 3

FA $= 3 \times \dfrac{6}{3\sqrt{7}} = \dfrac{6\sqrt{7}}{7}$、FC = AC − AF $= 3\sqrt{7} - \dfrac{6\sqrt{7}}{7} = \dfrac{15\sqrt{7}}{7}$

△CDF = FC × DF $\times \dfrac{1}{2} = \dfrac{15\sqrt{7}}{7} \times \dfrac{3\sqrt{21}}{7} \times \dfrac{1}{2}$

△ABE : △CDF $= \dfrac{9\sqrt{7}}{7} \times \dfrac{6\sqrt{21}}{7} \times \dfrac{1}{2} : \dfrac{15\sqrt{7}}{7} \times \dfrac{3\sqrt{21}}{7} \times \dfrac{1}{2} = 9 \times 6 : 15 \times 3 = 6 : 5$　**答** $\dfrac{6}{5}$ 倍

高校入試問題にチャレンジ

解答・解説 ▶ P.35

問題1　図のように AB = 6cm、BC = 8cm、∠ABC = 60°の平
行四辺形ABCDがある。
このとき、次の問いに答えなさい。〈長崎県・一部略〉

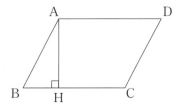

(1)　点Aから辺BCに引いた垂線と辺BCとの交点をHとすると
き、線分AHの長さは何 cmか。

(2)　平行四辺形ABCDの面積は何 cm² か。

問題2　右の図のように、∠AOB = 120°の△OABがある。
この三角形を、点Oを回転の中心として、時計の針の回転と
同じ向きに60°回転移動させる。移動後の三角形を△OCDと
し、線分ABと線分ODの交点をEとすると、OE = 3cm、
ED = 4cmであった。線分OAと線分CDの交点をF、線分
ABと線分CDの交点をGとする。
このとき、次の問に答えなさい。〈愛媛県〉

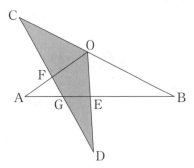

(1)　△OBE ≡ △ODFであることを証明せよ。

(2)　線分OCの長さを求めよ。

(3)　△OAEの面積を求めよ。

注意　回転移動する前の辺OAが、回転移動後にOCになったのだから、
∠COA = 60°である。∠COD = 120°であるのだから、つまり∠AOD = 60°
で、∠COA = ∠AOD = ∠DOB = 60°である。また3点C、O、Bは一直線上
にある。

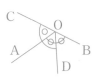

ベ|ス|ト|解

075

Chapter4　平面図形

レベル4｜発展
レベル3｜応用
▶ レベル2｜標準
レベル1｜基礎

頂角135°の利用

∠A＝135°の三角形では、45°の三角定規型を補う。

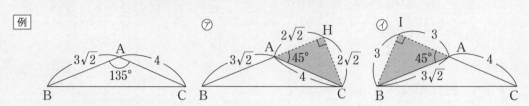

⑦ $\triangle ABC = 3\sqrt{2} \times 2\sqrt{2} \times \dfrac{1}{2} = 6$、$BC = \sqrt{BH^2 + CH^2} = \sqrt{(5\sqrt{2})^2 + (2\sqrt{2})^2} = \sqrt{58}$

④ $\triangle ABC = 4 \times 3 \times \dfrac{1}{2} = 6$、$BC = \sqrt{CI^2 + BI^2} = \sqrt{7^2 + 3^2} = \sqrt{58}$

注意　**ベスト解076** もそうだが、Aから対辺に垂線を
引いても、∠Aは二等分されない。

誤りの例

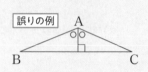

例題1　中心をOとする半径4cmの半円があり、線分ABはその直径である。

$\overset{\frown}{AC} : \overset{\frown}{CB} = 3:1$となる点Cを半円の弧にとり、AとCを結び、

AD：DC＝2：1である点Dを線分AC上にとる。

このとき、次の各問いに答えよ。

(1)　∠AOCの大きさを求めよ。

(2)　△DOCの面積を求めよ。

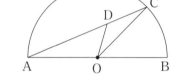

解法

(1)　∠AOC：∠COB＝3：1だから、∠AOC＝$180° \times \dfrac{3}{4} = 135°$　　**答** 135°

(2)

方針　頂角135°の △AOC を介する。

　　△AOCに、**ベスト解075** より、45°の角を持つ三角定規小を補う。

図でCH＝$\dfrac{1}{\sqrt{2}}OC = \dfrac{1}{\sqrt{2}} \times 4 = 2\sqrt{2}$

$\triangle DOC = \triangle AOC \times \dfrac{1}{3} = AO \times CH \times \dfrac{1}{2} \times \dfrac{1}{3}$

$= 4 \times 2\sqrt{2} \times \dfrac{1}{2} \times \dfrac{1}{3} = \dfrac{4\sqrt{2}}{3}$　　**答** $\dfrac{4\sqrt{2}}{3}$ cm²

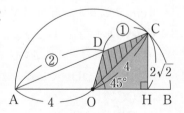

例題2 四角形 ABCD は、AB ＝ $3\sqrt{2}$ cm、BC ＝6cm、∠DCB ＝ 135° の平行四辺形である。点E、F は辺BC を三等分する点であり、AE、AF と BD との交点をそれぞれ G、H とする。

このとき、△AGH の面積を求めよ。

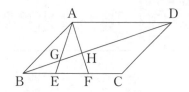

解法

方針 △AEF を計算し、i）AG：GE、ii）AH：HF を利用する。

ベスト解075 より、図のように 45° の三角定規型⑪の △DCI を補う。

$$DI = \frac{1}{\sqrt{2}}DC = \frac{1}{\sqrt{2}} \times 3\sqrt{2} = 3$$

i）さて、BE ＝ EF ＝ FC ＝2 だから、**ベスト解059** で、
　△AGD ∽ △EGB で、AG：EG ＝ AD：EB
　＝6：2 ＝ ③：①

ii）△AHD ∽ △FHB で、AH：FH ＝ AD：FB
　＝6：4 ＝ ③：②

　このことから、**ベスト解064A** より、

$$△AGH = △AEF \times \frac{3}{4} \times \frac{3}{5} = EF \times DI \times \frac{1}{2} \times \frac{3}{4} \times \frac{3}{5} = 2 \times 3 \times \frac{1}{2} \times \frac{3}{4} \times \frac{3}{5} = \frac{27}{20}$$

答 $\frac{27}{20}$ cm²

高校入試問題にチャレンジ

解答・解説 ▶ P.35

問題 右の図のように、五角形 ABCDE があり、AB ＝ BC、AC ＝ CD、AD ＝ DE、∠ABC ＝ ∠ACD ＝ ∠ADE ＝ 90° である。また、線分 CE と線分 BD の交点を F とする。

このとき、次の問いに答えよ。ただし、AB ＝1cm とする。〈福井県〉

(1) CE の長さを求めよ。

(2) △BCD ∽ △CDE であることを証明せよ。

(3) △CDF の面積を求めよ。

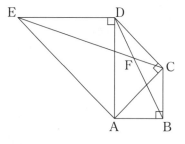

ヒント 五角形 ABCDE は、3つの直角二等辺三角形（45° の三角定規型⑪）が集まってつくられている。

△ABC…直角を挟む辺1cm、斜辺 $1 \times \sqrt{2} = \sqrt{2}$ cm

△ACD…直角を挟む辺 $\sqrt{2}$ cm、斜辺 $\sqrt{2} \times \sqrt{2} = 2$ cm

△DEA…直角を挟む辺2cm、斜辺 $2 \times \sqrt{2} = 2\sqrt{2}$ cm

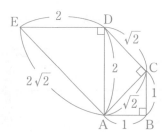

157

076　頂角120°や150°の利用

頂角120°の三角形では、60°の三角定規型を、150°の三角形では30°の三角定規を補う。

例 △ABC

$$= BA \times CH \times \frac{1}{2} = 3 \times \sqrt{3} \times \frac{1}{2} = \frac{3\sqrt{3}}{2}$$

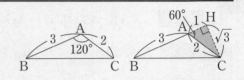

150°の三角形では、となりに30°の三角定規型㋐を補う。

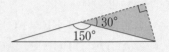

例題　右の図のように、AB = 4 cm、AD = 8 cm、∠ABC = 60°の平行四辺形ABCDがある。辺BC上に点Eを、BE = 4 cmとなるようにとり、線分EC上に点Fを、∠EAF = ∠ADBとなるようにとる。また、線分AEと対角線BDとの交点をG、線分AFと対角線BDとの交点をHとする。

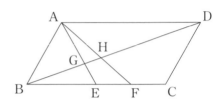

このとき、次の問いに答えなさい。〈愛媛県・一部改〉

(1)　△AEF ∽ △DABであることを証明しなさい。

(2)　△DABの面積を求めなさい。

(3)　△AGHの面積を求めなさい。

解法

方針　△ABEは、AB = BE = 4 cm
∠ABC = 60°だから、
正三角形（★）。

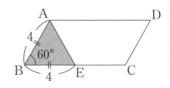

(1) 証明 △AEFと△DABにおいて、
∠EAF = ∠ADB（仮定より）（…❶）
∠AEF = 180° − ∠AEB
　　　= 180° − ∠ABC（★より）
　　　= ∠DAB（…❷）

等しい

以上❶❷より、「2組の角がそれぞれ等しい」から、△AEF ∽ △DAB（☆）

(2)　右図のように、DAの延長線上へ点Bから垂線BIを下ろす。
∠IAB = ∠ABC = 60°だから、

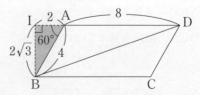

図の色のついた三角形は、三角定規型Ⓐで、

$BA : BI = 2 : \sqrt{3}$ だから、$BI = 4 \times \dfrac{\sqrt{3}}{2} = 2\sqrt{3}$

$\triangle DAB = AD \times BI \times \dfrac{1}{2} = 8 \times 2\sqrt{3} \times \dfrac{1}{2} = 8\sqrt{3}$ 　答 $\underline{8\sqrt{3}\,\text{cm}^2}$

(3)

> **方針** 　i）AH : AF、ii）AG : AE を求める。iii）△AEF は(1)(2)を利用。

まず、☆より、DA : AB = AE : EF = 2 : 1 だから、
EF = 2 となる。

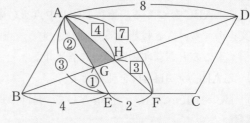

ⅰ）そこで、△AHD∽△FHB より、
　AH : FH = AD : FB = 8 : 6 = 4 : 3
　よって、AH : AF = 4 : 7

ⅱ）また、△AGD∽△EGB より、
　AG : EG = AD : EB = 8 : 4 = 2 : 1
　よって、AG : AE = 2 : 3

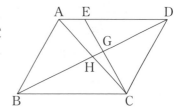

ⅲ）☆より、△AEF : △DAB = AE² : DA²
　 $= 4^2 : 8^2 = 1 : 4$

　よって、$\triangle AEF = \triangle DAB \times \dfrac{1}{4} = 2\sqrt{3}$

最後に、 ベスト解064 より、

$\triangle AGH = \triangle AEF \times \dfrac{AG}{AE} \times \dfrac{AH}{AF} = 2\sqrt{3} \times \dfrac{2}{3} \times \dfrac{4}{7} = \dfrac{16\sqrt{3}}{21}$ 　答 $\underline{\dfrac{16\sqrt{3}}{21}\,\text{cm}^2}$

高校入試問題にチャレンジ

解答・解説 ▶ P.36

問題1 　AB = 6cm、AD = 8cm の平行四辺形 ABCD があり、
辺 AD 上に点 E を △CDE が正三角形になるようにとる。点 A と C
を結び、AC と BD の交点を H とする。また、EC と BD の交点を
G とする。〈長野県・一部略〉

(1)　BD の長さを求めなさい。

(2)　△CGH の面積を求めなさい。

問題2 　図のように、円 O の周上に点 A、B、C、D があり、△ABC は正三角形である。
また、線分 BD 上に、BE = CD となる点 E をとる。また、線分 AE
の延長と円 O との交点を F とし、AD = 2cm、CD = 4cm とする。
このとき、次の問いに答えなさい。〈富山県〉

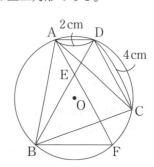

(1)　△ABE ≡ △ACD を証明しなさい。

(2)　次の問いに答えなさい。

　（ア）　△BFE の面積を求めなさい。

　（イ）　線分 BC の長さを求めなさい。

077 三平方の定理と円にできる相似

円に直角はできやすい。ここでも三平方の定理を使うこと。

A 直径の弧に対する円周角は90°
B 半径を使った二等辺三角形

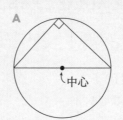
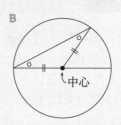

例題 1　右の図のように、BCを直径とする円Oの周上に点Aがあり、△ABCをつくる。直径BCの中点をOとし、AOの延長と円Oとの交点のうち、Aとは異なる点をDとする。点Bから線分ADへ垂線BHを引く。このとき、次の各問いに答えよ。

(1)　△ABC∽△HABを証明せよ。

(2)　$BC = 10\,cm$、$AC = 6\,cm$として、BHの長さを求めよ。

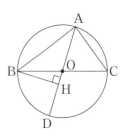

解法　(1)　証明　△ABCと△HABにおいて、∠CAB = ∠BHA（= 90°）（…❶）

∠CBA = ∠BAH（ ベスト解 077B より）（…❷）

以上❶❷より、「2組の角がそれぞれ等しい」から、△ABC∽△HAB

(2)

方針　三平方の定理からABを求め、(1)の相似を利用する。

△CABで三平方の定理で、

$$AB = \sqrt{BC^2 - AC^2} = \sqrt{10^2 - 6^2} = \sqrt{64} = 8$$

(1)より、△ABC∽△HABだから、BC：CA = AB：BH

$10 : 6 = 8 : BH$　$10BH = 6 \times 8$、$BH = \dfrac{24}{5}$　　**答** $\dfrac{24}{5}\,cm$

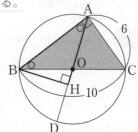

例題 2　右の図は、線分ABを直径とする半円で、点OはABの中点である。点Cは $\overset{\frown}{AB}$ 上にあり、点Dは線分BC上にあって、OD⊥BCである。点EはODの延長と $\overset{\frown}{BC}$ との交点、点Fは線分AEと線分BCとの交点である。

このとき、次の各問いに答えなさい。〈熊本県〉

(1)　△AFC∽△BEDであることを証明しなさい。

(2)　$AB = 10\,cm$、$BC = 8\,cm$のとき、

（ア）　線分DEの長さを求めなさい。

（イ）　線分AFの長さを求めなさい。

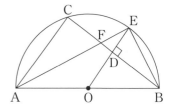

解法

(1) △AFCと△BEDにおいて、

∠ACF = ∠BDE = 90°（ **ベスト解 077A** と仮定より）（…❶）

∠CAF = ∠CBE（$\overarc{CE}$ の円周角）（…❷）

以上❶❷より、「2組の角がそれぞれ等しい」から、△AFC ∽ △BED

(2) △BCAで三平方の定理で、CA $= \sqrt{AB^2 - CB^2} = \sqrt{10^2 - 8^2} = \sqrt{36} = 6$

> **方針** 点Dは線分CBの中点になるから、DOの長さを利用する。

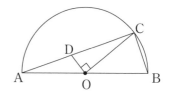

（ア） CA∥DOだから、△BCA ∽ △BDO（★）で、

CA : DO = BA : BO、6 : DO = 10 : 5、DO = 3

DE = OE − OD = 5 − 3 = 2 cm   **答** 2cm

（イ） DBの長さを求め、三平方の定理からEBを得る。

★より、CB : DB = BA : BO   8 : DB = 10 : 5   DB = 4

△EDBで三平方の定理で、EB $= \sqrt{ED^2 + DB^2} = \sqrt{2^2 + 4^2} = \sqrt{20} = 2\sqrt{5}$

そこで次の相似を使う。

(1)より、△AFC ∽ △BED だから、CA : FA = DB : EB

6 : FA = 4 : $2\sqrt{5}$ 4FA = 6 × $2\sqrt{5}$ FA = $3\sqrt{5}$ **答** $3\sqrt{5}$ cm

高校入試問題にチャレンジ

解答・解説 ▶ P.37

問題1 右の図は、線分ABを直径とする半円で、点OはABの中点である。$\overarc{AB}$ 上に点Cを、$\overarc{AC}$ の長さが $\overarc{BC}$ の長さより長くなるようにとる。点Dは線分AC上にあって、DO⊥OCである。このとき、次の各問いに答えなさい。〈熊本県〉

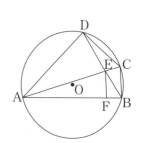

(1) △ABC ∽ △CDOであることを証明しなさい。

(2) AB = 6cm、BC = 2cmのとき、

　（ア） 線分CDの長さを求めなさい。

　（イ） △AODの面積を求めなさい。

問題2 右の図のように、四角形ABCDの4つの頂点A、B、C、Dが円Oの周上にある。線分ACとBDの交点をEとする。また、Eを通り辺BCと平行な直線と辺ABとの交点をFとする。次の(1)、(2)の問いに答えなさい。〈岐阜県〉

(1) △ACD ∽ △EBFであることを証明しなさい。

(2) ACが円Oの直径で、OA = 6cm、BC = 3cm、CE = 2cmのとき、

　（ア） ABの長さを求めなさい。

　（イ） BFの長さを求めなさい。

　（ウ） △ACDの面積を求めなさい。

4

平面図形

三平方の定理と円にできる相似

078 中心角60°や120°の利用

中心角が60°、120°の円では、三角定規型を使う。「角度→長さ」の流れで処理していく。

Oを円の中心とし、△OABを正三角形とする。
このとき、$\overset{\frown}{AB}$で∠AOB＝60°だから、
∠APBは円周角で、∠APB＝30°

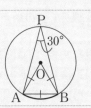

例1 中心がO、BCが直径、△AOCは正三角形、円の半径が2のとき、△ABOの面積

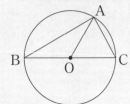

AからBCへ垂線AHを下ろす。
AO：AH＝2：$\sqrt{3}$、
AH＝$\sqrt{3}$、OB＝2

$$\triangle ABO = BO \times AH \times \frac{1}{2} = 2 \times \sqrt{3} \times \frac{1}{2} = \sqrt{3}$$

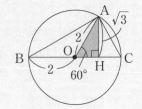

例2 中心がO、AB＝AC、BC＝2、円の半径が2のとき、△ABCの面積

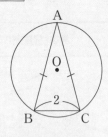

△OBCは正三角形。
AからBCへ垂線AHを下ろす。
対称性から中心Oを通る。
OH：BH＝$\sqrt{3}$：1、
OH＝$\sqrt{3}$、AO＝2

$$\triangle ABC = BC \times AH \times \frac{1}{2} = 2 \times (2 + \sqrt{3}) \times \frac{1}{2} = 2 + \sqrt{3}$$

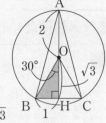

例3 中心がO、△OBCは正三角形、AB＝AC＝4のとき、△ABCの面積

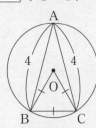

∠BAC＝30°
BからACへ垂線BHを下ろす。
AB：BH＝2：1、BH＝2、AC＝4

$$\triangle ABC = AC \times BH \times \frac{1}{2} = 4 \times 2 \times \frac{1}{2} = 4$$

※もし、AからBCへ垂線を下ろして計算しよう
　とすると、複雑な式になり、求めにくい。

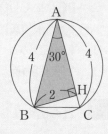

例題1　右の図で、3点A、B、Cは円Oの周上、点D
は円Oの内部の点であり、△OAB、△BCD
は正三角形である。
AB＝$\sqrt{21}$cm、BC＝6cmのとき、2点A、Cを結ぶ
線分ACの長さを求めなさい。〈山口県・一部略〉

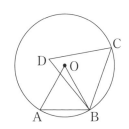

解法

方針 i) ∠AOB＝60°から より、∠ACB＝30°からii）CH、BHを求める。

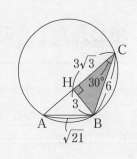

i）まずCHは、△CABは∠ACB＝30°だから、

点BからCAへ垂線BHを引けば、△CBHは三角定規型⊛になる。

ii）CB：CH：HB＝2：$\sqrt{3}$：1だから、CH＝$3\sqrt{3}$、BH＝3

続いてHAは、△HABで三平方の定理から、

$$HA = \sqrt{AB^2 - HB^2} = \sqrt{\left(\sqrt{21}\right)^2 - 3^2} = \sqrt{12} = 2\sqrt{3}$$

$$AC = CH + HA = 3\sqrt{3} + 2\sqrt{3} = 5\sqrt{3}$$

答 $5\sqrt{3}$ cm

例題 2 右の図は、線分ABが直径で、Oを中心とする円である。

この円の周上に、$\overset{\frown}{AC} = \overset{\frown}{CD} = \overset{\frown}{DB}$ となる2点C、Dをとる。

線分ADと線分BCの交点をEとする。

AO＝6cmのとき、図の色のついた図形の面積を求めよ。

解法

方針 ∠COD＝60°。おうぎ形OCD－（△CEO＋△DEO）として求める。

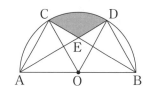 より、i）まず角度、ii）次に長さの順に処理する。

i）∠AOC＝∠COD＝∠DOB＝60°

よって∠DAO＝∠ADO＝30°、同様に∠CBO＝∠BCO＝30°

などから、図のように○印＝30°となる。

ii）求める面積は、おうぎ形OCD－（△CEO＋△DEO）

$$= おうぎ形OCD - △COD \times \frac{2}{3} = 6^2 \times \pi \times \frac{60°}{360°} - \frac{\sqrt{3}}{4} \times 6 \times 6 \times \frac{2}{3}$$

$$= 6\pi - 6\sqrt{3} \;(\; \text{ベスト解 073 B より。})$$

答 $6\pi - 6\sqrt{3}$ （cm²）

高校入試問題にチャレンジ

解答・解説 ▶ P.38

問題 図のように、点Oを中心とする円の周上に、3点A、B、Cがあり、$\overset{\frown}{AB} = \overset{\frown}{BC}$ である。点Cを通り線分ABと平行な直線と円Oとの交点のうち点Cとは異なる点をDとし、線分CDについて点Aと反対側の円周上に点Eをとる。線分CDと線分AE、BEとの交点をそれぞれF、Gとし、線分AEと線分BDとの交点をHとする。

図は、点Gが点Oと同じ位置となるように4点A、B、C、Eをとったときのものである。円Oの半径が4cmであるとき、四角形BHFGの面積を求めなさい。〈山形県・一部略〉

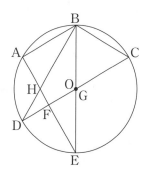

4

平面図形

中心角60°や120°の利用

163

079 中心角90°の利用

中心角が90°のときは、円周角の45°の三角定規型を使う。

A $\overset{\frown}{AB}$で∠AOB = 90°ならば∠APB = 45°
あるいは逆に、∠APB = 45°なら∠AOB = 90°

B ABが直径のとき、Cが$\overset{\frown}{AC}$ = $\overset{\frown}{CB}$ならば、
∠AOC = 90°だから、∠APC = 45°
あるいは逆に、∠APC = 45°ならば、Cは$\overset{\frown}{AB}$
の中点である。

※**A**の△AOB、**B**の△ACBが直角二等辺三角形になる。

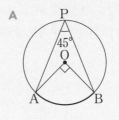
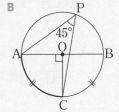

例題 1 図のように、円Oの周上に3点A、B、CをAB = ACとなるよう
にとり、△ABCをつくる。∠BAC = 60°、点Cを含まない$\overset{\frown}{AD}$と
$\overset{\frown}{DB}$の長さの比は3 : 1である。
円Oの半径が4cmのとき、△ADCの面積を求めよ。〈福岡県〉

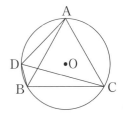

解法

方針 i) 円周角を利用して角の大きさを求め、
ii) 次に **ベスト解079A** から長さを求める。

i) まず始めに、△ADCの角の大きさを求める。
∠BAC = 60°とAB = ACから、∠ACB = 60°
また∠ACD : ∠DCB = 3 : 1より∠ACD = 45°
つまり△ADCは、右下の図のように三角定規型因小
の組み合わせ。

ii) ここで **ベスト解079A** より∠AOD = 90°だから、
直角二等辺三角形AODでAO = 4から、AD = $4\sqrt{2}$
そこで、△ADCは、右の図の長さになる。

$$△ADC = DC × AH × \frac{1}{2} = (2\sqrt{2} + 2\sqrt{6}) × 2\sqrt{6} × \frac{1}{2}$$
$$= 4\sqrt{3} + 12$$

答 $4\sqrt{3} + 12$ (cm²)

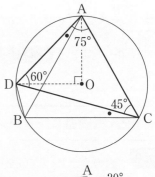
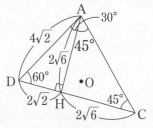

例題 2 　右下の図のように、関数 $y = \dfrac{1}{2}x^2$ のグラフと、1辺の長さが a の正方形OABCがある。

点Aは x 軸上の点であり、点Aの x 座標は負である。点Cは y 軸上の点であり、点Cの y 座標は正である。点Dは関数 $y = \dfrac{1}{2}x^2$ のグラフ上の点であり、点Dの x 座標は4である。このとき、次の(1)、(2)の問いに答えなさい。〈高知県・一部表現改〉

(1)　点Dの座標を求めなさい。

(2)　CO＝CDのとき、次の(ア)、(イ)の問いに答えよ。

　（ア）　a の値を求めよ。

　（イ）　∠ODBの大きさを求めよ。

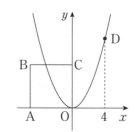

解法

(1)　$y = \dfrac{1}{2} \times 4^2 = 8$　ゆえに、D$(4,\ 8)$　　**答** D$(4,\ 8)$

(2)　（ア）　CD＝CO＝r として、
Cの座標を求める。
右の図の色のついた図形で三平方の定理より、

$r^2 = (8-r)^2 + 4^2$

$r^2 = r^2 - 16r + 64 + 16$

$16r = 80,\ r = 5$

よって、C$(0,\ 5)$　CO＝a より $a = 5$　　**答** $a = 5$

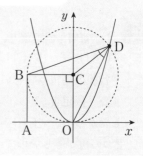

（イ）

　方針 　CO＝CB＝CDより、**ベスト解 056 C** からCは円の中心。

CO＝CB＝CD＝5より、点Cを中心とした円は、点D、O、Bを通る。

そこで、$\overarc{\mathrm{BO}}$ について、**ベスト解 079** より、

$\angle \mathrm{ODB} = \dfrac{1}{2}\angle \mathrm{OCB} = \dfrac{1}{2} \times 90° = 45°$　　**答** $45°$

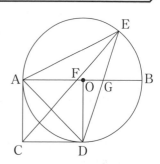

高校入試問題にチャレンジ

解答・解説 ▶ P.38

問題 　右の図は、点Oを中心とする円で、線分ABは円の直径である。四角形OACDは、線分OAを1辺とする正方形で、点Cは円の外部にあり、点Dは $\overarc{\mathrm{AB}}$ 上にある。また、Dを含まない $\overarc{\mathrm{AB}}$ 上に点Eをとり、線分ABと線分EC、線分EDとの交点をそれぞれF、Gとする。

このとき、次の各問いに答えなさい。〈熊本県・一部略〉

(1)　△EAD∽△AGDであることを証明しなさい。

(2)　AB＝6cm、BG＝2cmのとき、線分EDの長さを求めなさい。

べ｜ス｜ト｜解 080 角の二等分線定理

二等分された角では、角の二等分線定理が成り立っている。

∠BAD = ∠CADのとき、

AB：AC = BD：DC

※証明は **例題1** にて。

例題1　右の図のように、△ABCにおいて、∠BACの二等分線と辺BC
の交点をDとするとき、AB：AC = BD：DCが成り立つことを、
次にしたがって証明しなさい。〈徳島県・一部改〉

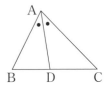

(1)　点Bを通り、DAに平行な直線と、
　　CAを延長した直線との交点をEとする。

(2)　点Bを通り、ACに平行な直線と、
　　ADを延長した直線との交点をFとする。

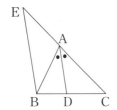

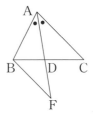

解法　(1) [証明] 仮定より、AD∥EBから、平行線の同位角は等しいので、

　　∠CAD = ∠CEB

　　平行線の錯角は等しいので、∠BAD = ∠ABE

　　また、仮定より、∠CAD = ∠BAD

　　したがって、∠CEB = ∠ABE

　　2つの角が等しいので、

　　△ABEは二等辺三角形となり、AE = AB（…❶）

　　さて、△BCEで、AD∥EBから、EA：AC = BD：DC（…❷）

　　❶❷から、AB：AC = BD：DC

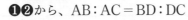

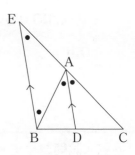

(2) [証明] △FBDと△ACDで、

　　AC∥BFから、∠BFD = ∠CAD（…❸）

　　また、対頂角は等しいから、∠FDB = ∠ADC（…❹）

　　❸❹より、「2組の角がそれぞれ等しい」から、

　　△FBD∽△ACDより、FB：AC = BD：CD（…❺）

　　そこで、∠BFA = ∠BAFで2つの角が等しいので、

　　△BFAは二等辺三角形となり、FB = AB（…❻）

　　❺❻から、AB：AC = BD：DC

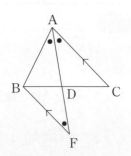

例題 2

図で、△ABCはAB＝ACの二等辺三角形であり、D、Eはそれぞれ辺AB、AC上の点で、DE∥BCである。また、F、Gはそれぞれ∠ABCの二等分線と辺AC、直線DEとの交点である。AB＝12cm、BC＝8cm、DE＝2cmのとき、△FBCの面積は△ADEの面積の何倍か、求めなさい。〈愛知県・一部略〉

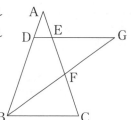

解法

> **方針** CFは ベスト解080 より求める。

△FBCと△ADEは、∠BCF＝∠DEAだから、

ベスト解065 より、△FBC：△ADE＝BC×CF：DE×EA（★）

まず ベスト解080 より、角の二等分線定理で、

CF：AF＝BC：BA＝8：12＝2：3

$$CF＝AC×\frac{2}{5}＝12×\frac{2}{5}＝\frac{24}{5}$$

また△ADE∽△ABCで、

AE：AC＝DE：BC

AE：12＝2：8、

8AE＝12×2、AE＝3

$$★＝8×\frac{24}{5}：2×3＝\frac{32}{5}：1$$　ゆえに、$\frac{32}{5}$倍

答 $\frac{32}{5}$倍

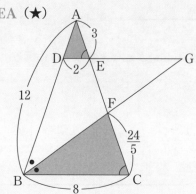

高校入試問題にチャレンジ

解答・解説 ▶ P.39

問題1 図のように、AB＝6cm、BC＝9cm、CA＝8cmの△ABCがある。∠Aの二等分線が辺BCと交わる点をDとするとき、線分BDの長さは何cmか。〈長崎県〉

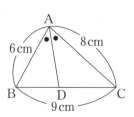

問題2 右の図のように、線分ABを直径とする円Oがある。円Oの周上に点Cをとり、BC＜ACである三角形ABCをつくる。三角形ACDがAC＝ADの直角二等辺三角形となるような点Dをとり、辺CDと直径ABの交点をEとする。また、点Dから直径ABに垂線をひき、直径ABとの交点をFとする。このとき、次の(1)、(2)の問いに答えなさい。〈高知県〉

(1) △ABC∽△DAFを証明せよ。

(2) AB＝10cm、BC＝6cm、CA＝8cmとするとき、線分FEの長さを求めなさい。

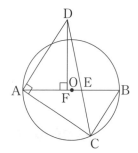

081 長方形の折り返し図形

折り返し図形では、折り返してできる直角三角形で三平方の定理を使う。

A 対角線で折る

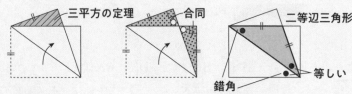

三平方の定理　合同　二等辺三角形

錯角　等しい

B 頂点が辺に重なるように折る

三平方の定理　相似

例題1

右の図のように、長方形ABCDを対角線ACで折り、頂点Bが
移動した点をB′、ADとB′Cの交点をEとする。

AB＝6cm、BC＝10cmとする。AEの長さを求めなさい。

〈群馬県・一部略〉

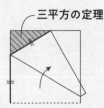

解法

方針 　ベスト解081A より、i）色のついた三角形は合同、ii）そして
三平方の定理。

i）△EB′Aと△EDCは、
∠B′EA＝∠DEC、∠EB′A＝∠EDC（…❶）、だから、残っ
た角も∠B′AE＝∠DCE（…❷）
また、B′A＝DC（…❸）
❶❷❸から、「1組の辺とその両端の角がそれぞれ等しい」
から、△EB′A≡△EDC、B′E＝DE

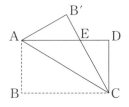

ii）ここから、△B′AEでの三平方の定理へ向かう。
AE＝xとして、B′E＝ED＝AD－AE＝10－x
ベスト解081A より、△B′AEで三平方の定理で、$AE^2 = AB'^2 + B'E^2$

$x^2 = 6^2 + (10-x)^2$、$x^2 = 36 + x^2 - 20x + 100$、$20x = 136$、$x = \dfrac{34}{5}$

答 $\dfrac{34}{5}$ cm

例題2 右の図は、AB＝4cm、BC＝8cmの長方形ABCDを、辺CD上の点Rと頂点Aを結んだ線分ARを折り目として、頂点Dが辺BC上にくるように折り曲げたものとする。このとき、CRの長さを求めなさい。〈長野県・一部略〉

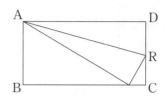

解法

> **方針** ∠Dは直角だから折った先へもそれが移動し、 ベスト解081B より相似。
> i）三平方の定理からBEを求め、ii）相似を使う。例題1とは逆の流れ。

頂点Dの移った先を点Eとする。

i） ベスト解081B より、△ABEで三平方の定理で、

$$BE = \sqrt{AE^2 - AB^2} = \sqrt{8^2 - 4^2} = \sqrt{48} = 4\sqrt{3}$$

よって、$EC = BC - BE = 8 - 4\sqrt{3}$

ii）ここで∠AER＝∠ADR＝90°だから、

図より、△ABE∽△ECRで、

$AB : BE = EC : CR$

$4 : 4\sqrt{3} = (8 - 4\sqrt{3}) : CR$

$4CR = 4\sqrt{3}(8 - 4\sqrt{3})$、$CR = 8\sqrt{3} - 12$

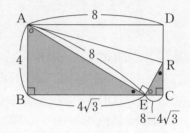

答 $8\sqrt{3} - 12$ （cm）

高校入試問題にチャレンジ

解答・解説 ▶ P.39

問題1 右の図のように、長方形ABCDで、対角線BDを折り目として△BCDを折り返したところ、頂点Cが点Eに移った。辺ADと線分BEとの交点をFとする。また、AGは頂点AからBDへ引いた垂線であり、BEとAGとの交点をHとする。

AB＝3cm、BC＝4cmのとき、次の(1)、(2)の問いに答えなさい。

〈岐阜県・一部略〉

(1) BGの長さを求めなさい。

(2) AHの長さを求めなさい。

問題2 AB＝6cm、BC＝10cmの長方形ABCDがある。辺DC上に点Pをとり、線分BPを折り目としてこの長方形を折ったところ、点Aが点Eに、点Dが点Fに移り、線分EFは頂点Cに重なった。このとき、DPの長さを求めなさい。〈新潟県・一部改〉

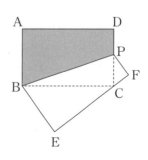

4

平面図形

長方形の折り返し図形

ベ|ス|ト|解
Chapter4　平面図形
レベル4｜発展
▶ レベル3｜応用
レベル2｜標準
レベル1｜基礎

082 正三角形の折り返し

正三角形の折り返しには、固有の相似がある。

正三角形ABCを、DEを折り目として、点Aが点Fに重なるように折る。

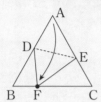

すると右図のように、
△DBF ∽ △FCE
が成り立つ。

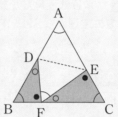

理由 △DBFで、∠BDF ＝ ○、∠DFB ＝ ● とすると、○ ＋ ● ＝ 120°
すると、∠EFC ＝ 180° － ∠DFB － 60° ＝ 120° － ∠DFB ＝ 120° － ● ＝ ○
よって、△DBFと△FCEにおいて、
∠DBF ＝ ∠FCE ＝ 60°、∠BDF ＝ ∠CFE ＝ ○より、△DBF ∽ △FCE

例題 1辺の長さが10cmの正三角形ABCがあり、辺AB上にBD ＝ 3cm となる点Dがある。
図は、辺AC上に点Gをとり、線分DGを折り目として点Aが辺BC上にぴったり重なるように折ったものである。
この重なった点をHとするとき、線分HCの長さを求めよ。〈宮崎県・一部略〉

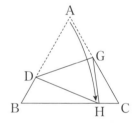

解法

方針 ベスト解082 より△DBH ∽ △HCGを利用。文字の置き方☆がコツ。

HD ＝ AD ＝ AB － DB ＝ 10 － 3 ＝ 7
そこで、△DBH ∽ △HCG（★）から、DB：DH ＝ HC：HG ＝ 3：7
よって、HC ＝ $3a$、HG ＝ $7a$ とする（☆）。
すると、BH ＝ BC － HC ＝ 10 － $3a$
GC ＝ AC － AG ＝ AC － HG ＝ 10 － $7a$
★より、DB：BH ＝ HC：CG
$3:(10-3a) = 3a:(10-7a)$
$3a(10-3a) = 3(10-7a)$
$a(10-3a) = 10-7a$
$10a-3a^2 = 10-7a$
$3a^2-17a+10 = 0$

$(3a-2)(a-5) = 0$、$a = \dfrac{2}{3}$、5

ただし、$7a<10$ より $a<\dfrac{10}{7}$　　よって $a = \dfrac{2}{3}$　HC ＝ $3a = 3 \times \dfrac{2}{3} = 2$　**答** 2cm

別解 右図のように、点Dから辺BCへ垂線DIを引く。

ベスト解074 を利用して、

△DBIは∠DBI = 60°から、三角定規型Ⓐ。

BI : DB : DI = 1 : 2 : $\sqrt{3}$

だから、DB = 3、BI = $\dfrac{3}{2}$（…⑦）、DI = $\dfrac{3\sqrt{3}}{2}$

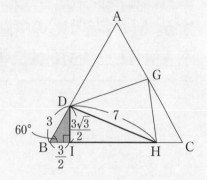

そこで、△DIHで三平方の定理より、

$$IH = \sqrt{DH^2 - DI^2} = \sqrt{7^2 - \left(\dfrac{3\sqrt{3}}{2}\right)^2} = \sqrt{49 - \dfrac{27}{4}}$$

$$= \sqrt{\dfrac{196 - 27}{4}} = \sqrt{\dfrac{169}{4}} = \dfrac{13}{2} \quad (\cdots❶)$$

HC = BC − BH = BC − (BI + IH)

$$= 10 - (⑦ + ❶) = 10 - \left(\dfrac{3}{2} + \dfrac{13}{2}\right) = 10 - 8 = 2$$

ワンポイントアドバイス

60°を挟む相似

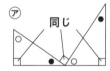

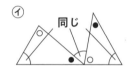

⑦はこれまで多く出てきた直角を挟む相似（ ベスト解053 など）。

④は60°を挟む、今回出てきた相似。

⑦と④はよく見ると、挟む三角形の離れた角と、挟まれる角の大きさが同じである。
このような構図では、相似になることに注意する。

解答・解説 ▶ P.40

高校入試問題にチャレンジ

問題 右の図のように、正三角形ABCの辺BC上にBD：DC = 1：2となる点Dをとり、頂点Aが点Dと重なるように折り返すと、折り目は辺AB上の点Eと辺AC上の点Fを結ぶ線分EFとなった。

BC = 12 cm、CF = 5 cmのとき、三角形DEFの面積を求めよ。

〈高知県〉

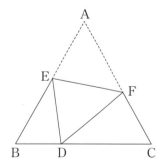

ベ|ス|ト|解

083 | 折り返しが作る重なる相似

直角三角形の斜辺の中点が絡む折り返しでは、重なる相似に注意する。Mが斜辺BCの中点ならば、BM＝AM＝CMとなる。また、△AMBと△AMCは二等辺三角形になっている。

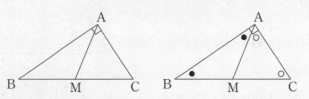

理由 図のような**長方形**をイメージするとよい。「長方形の対角線の長さは等しく、それぞれの中点で交わる」から、BM＝AM＝CMである。あるいは図のように**外接円**を描けば、Mが円の中心だから、それぞれが円の半径になる。

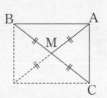
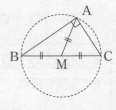

"直角三角形の斜辺の中点 ＋ 折り返し図形の性質"で、見つけにくい重なった相似が生まれる。それには○印をつけた重なった角に注意を払うこと（☆）。

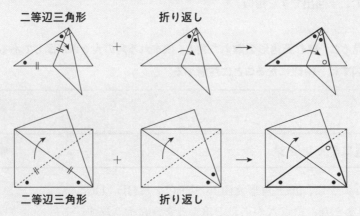

二等辺三角形　　　　折り返し

二等辺三角形　　　　折り返し

例題 ∠A＝90°の直角三角形ABCの、斜辺BCの中点をMとする。

図のようにAMを折り目としてこの直角三角形を折り返したころ、頂点Bが点Dへ移った。

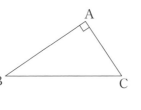
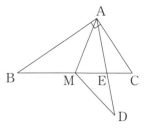

ADとBCの交点をEとし、BE＝8cmのとき、次の問いに答えよ。

(1) AE＝4cmのとき、MEの長さを求めよ。

(2) AB＝10cmのとき、AEの長さを求めよ。

方針 **ベスト解083** よりAM＝BMで、△AMBは二等辺三角形である。
また、折り返し図形の性質なども利用して、△ABEと△MAEに注目するとよい。

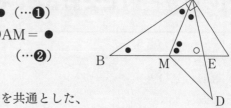

△ABCは直角三角形で、Mは斜辺の中点だから、

ベスト解083 のように、∠ABM＝∠BAM＝●（…❶）

また、折り返し図形の性質から、∠BAM＝∠DAM＝●
（…❷）

❶❷より、∠ABM＝∠DAM

そこで、P.172の☆より、右図のように∠AEMを共通とした、

△ABE∽△MAE（★）となる。

（∠AME＝2●は、△ABMの外角から）

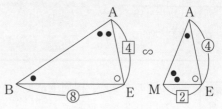

(1) 右の図のような長さだから、

　　★より、BE：AE＝AE：ME

　　　8：4＝4：ME、8ME＝4×4、ME＝2

　　　　　　　　　　　　　答 2cm

(2) AE＝xとすると、AB：BE＝MA：AEだから、

　　10：8＝MA：x、8MA＝10x、MA＝$\dfrac{5}{4}x$

　　よって、ME＝BE－BM＝BE－AM＝8－$\dfrac{5}{4}x$

　　★より、AE：ME＝BE：AE

　　$x：\left(8-\dfrac{5}{4}x\right)=8：x$、$x^2=64-10x$、$x^2+10x=64$、

　　$(x+5)^2-25=64$、$(x+5)^2=89$、

　　$x=-5\pm\sqrt{89}$

　　$8-\dfrac{5}{4}x>0$、$x<6.4$、より$0<x<6.4$、

　　$x=-5+\sqrt{89}$　　**答** $\sqrt{89}-5$(cm)

ワンポイントアドバイス

ベスト解080 角の二等分線定理より、
AB：AE＝BM：MEを利用することも
できる。

高校入試問題にチャレンジ
解答・解説 ▶ P.40

問題 Ⅰ図のように、AB＜BCである長方形ABCDを、対角線ACを折り目として折り返し、
点Bが移った点をE、線分ADと線分CEの交点をFとする。次に、Ⅱ図のように、折り返した部分をもとにもどす。線分BDと線分AC、線分CFとの交点をそれぞれG、Hとすると、CH＝12cm、GH＝8cmである。
このとき、次の問い(1)、(2)に答えよ。〈京都府〉

(1) 線分BGの長さを求めよ。

(2) △DFHの面積を求めよ。

Ⅰ図
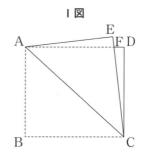

Ⅱ図
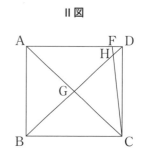

レベル4│発展
レベル3│応用
レベル2│標準
▶ レベル1│基礎

084 円の弦が円内で交わる相似

円の弦が円内で交わると、そこには相似形が生まれる。

右の図で、
△APB∽△DPC
だから、
AP：BP＝DP：CP
AP：DP＝BP：CP
が成り立つ。

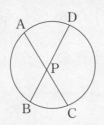

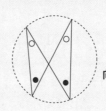

向きが異なる

※平行線にできる相似と向きが反対なのに注意する。

例題 1　右の図のように、円周上に4点A、B、C、Dをとり、線分AC
とBDの交点をPとする。

このとき、次の各問いに答えなさい。〈沖縄県〉

(1)　PA：PD＝PB：PCであることを証明しなさい。

(2)　線分PCの長さは線分PAの長さの2倍である。PB＝6cm、
　　PD＝5cmのとき、
　　（ア）　線分PAの長さを求めなさい。
　　（イ）　△PABと△PDCの面積の比を求めなさい。

解法

 方針　ベスト解084 よりできる △PAB と △PDC は相似。

(1)　証明　△PAB と △PDC において、
　　∠PAB＝∠PDC（$\overgroup{BC}$ に対する円周角）（…❶）
　　∠APB＝∠DPC（対頂角）（…❷）
　　❶❷より、「2組の角がそれぞれ等しい」から、
　　△PAB∽△PDC

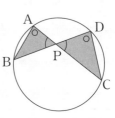

　　相似な図形の対応する辺の比は等しいので、PA：PD＝PB：PCが成り立つ。

(2)

　（ア）　PA＝x、PC＝$2x$ とする。
　　(1)より、PA：PD＝PB：PC
　　$x : 5 = 6 : 2x$、
　　$2x^2 = 5 \times 6$、
　　$x^2 = 15$、
　　$x = \sqrt{15}$　　PA＝$\sqrt{15}$　　**答** $\sqrt{15}$ cm

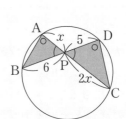

（イ）　∠APB＝∠DPCだから、

ベスト解065 より、

$$\triangle PAB : \triangle PDC = PA \times PB : PD \times PC$$
$$= x \times 6 : 5 \times 2x = 6x : 10x = 3 : 5$$

答 $3 : 5$

例題 2　右の図のように、半径5cmの円Oがあり、線分ABは円Oの直径である。線分AB上の点でAC：CB＝3：2となる点をCとする。円Oの周上に2点A、Bと異なる点Dをとり、円Oと直線CDとの交点のうち、点Dと異なる点をEとする。AB⊥DEのとき、線分ADの長さを求めなさい。〈茨城県・一部略〉

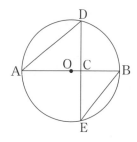

解法

方針　i）点Dと点Eは線分ABについて対称だからDC＝CE＝xとし、△DACと△BECの相似を使う。ii）そして三平方の定理。

i）まずDCを求める。

AC：CB＝3：2だから、AC＝6cm、CB＝4cm

DC＝CE＝xとする（※）。

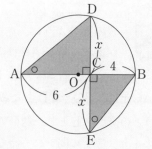

ベスト解084 より、△DAC∽△BECなので、

AC：DC＝EC：BC

$$6 : x = x : 4 \qquad x^2 = 24, \ DC^2 = 24$$

ii）△DACで三平方の定理より、

$$AD = \sqrt{AC^2 + DC^2} = \sqrt{6^2 + 24} = \sqrt{60} = 2\sqrt{15}$$

答 $2\sqrt{15}$ cm

ワンポイントアドバイス

AB⊥DEならば、△ODC≡△OEC（OD＝OE、OC共通、∠OCD＝∠OCE）だから、※のDC＝ECが成り立つ。

高校入試問題にチャレンジ

解答・解説 ▶ P.41

問題　図のように、半径6cmの円Oの周上に3点A、B、Cがある。線分BCは円の直径で、AB＝ACである。

線分OBの中点をDとし、直線ADと円Oとの交点のうち、Aでないほうの点をEとする。

このとき、次の(1)〜(3)に答えよ。〈長崎県・一部略〉

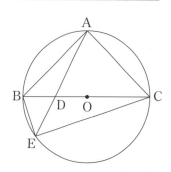

(1)　△ADCの面積は何 cm^2 か。

(2)　△ADCと△BDEの相似比を求めよ。

(3)　四角形ABECの面積は何 cm^2 か。

085 円の弦の延長が円外で交わる相似

円の弦の延長が円外で交わると、そこには相似形が生まれる。

例 図で、PA：PC＝PD：PB、PA：PD＝PC：PB が成り立つ。

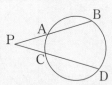 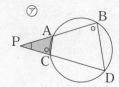 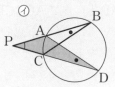

証明 ⑦ 円に内接する四角形の性質から、∠ABD＝180°−∠ACD＝∠PCA

これより ∠PCA＝∠PBD と、∠BPD は共通だから、 △PCA∽△PBD

よって、PA：PC＝PD：PB、PA：PD＝PC：PB

⑦ 弧ACに対する円周角より、∠ABC＝∠ADC　　これと ∠BPD は共通だから、

△PBC∽△PDA　　よって、PA：PC＝PD：PB、PA：AD＝PC：CB

例題 　右の図のように、点Oを中心とする、半径3cmの半円O
がある。線分ABは直径であり、弧AB上に、∠ABCの
大きさが45°より大きくなるように点Cをとり、点CとOを結ぶ。
弧AC上に、$\overarc{BC}=\overarc{CD}$ となるように点Dをとる。直線BCと直線
ADとの交点をEとし、線分ACと線分ODとの交点をFとする。
このとき、あとの問いに答えなさい。〈山形県〉

(1)　△ABC≡△AECであることを証明しなさい。

(2)　BC＝4cmであるとき、次の問いに答えなさい。

　(ア)　ACの長さを求めなさい。

　(イ)　AFの長さを求めなさい。

解法 (1) 証明 △ABCと△AECにおいて、

∠ACB＝∠ACE（＝90°）(…❶)

∠CAB＝∠CAE（$\overarc{BC}=\overarc{CD}$より）(…❷)

ACは共通 (…❸)

以上、❶❷❸より、「1組の辺とその両端の角がそれぞれ等しい」から、△ABC≡△AEC

ワンポイントアドバイス

右の図で、$\overarc{BC}=\overarc{CD}$、あるいはBC＝CDのいずれかの条
件が与えられれば、△ABC≡△APCとなる。
すなわち、AB＝APだから、点Cが円周上を動けば、点P
は、点Aを中心としABを半径とする四分円を描く。

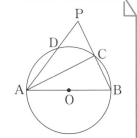

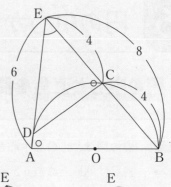

(2)(ア)　△ABCで三平方の定理から、

$$AC = \sqrt{AB^2 - BC^2} = \sqrt{6^2 - 4^2} = \sqrt{20} = 2\sqrt{5}$$

答　$2\sqrt{5}$ cm

方針　i)△EABと△ECDの相似からED
がわかればDAが出る。ii)△DAFと△OCF
の相似に気がつけば、AFが求められる。

（イ）　i）まず、EDの長さを求める。

(1)より、EA = BA = 6、EB = 2BC = 8

ここで　**ベスト解085**　より、△EAB∽△ECD

だから、EA:EB = EC:ED

$6:8 = 4:ED$、$6ED = 32$、$ED = \dfrac{16}{3}$

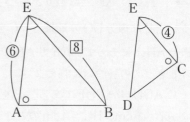

そこで、$DA = EA - ED = 6 - \dfrac{16}{3} = \dfrac{2}{3}$

ii）　さて、△BEAで、BC = CE、BO = OAより

ベスト解068A　三角形の中点連結定理より、

CO∥EAから図のように、△DAF∽△OCF

だから、

AF:CF = DA:OC（★）

OC = 3なので、

★より、$AF:CF = DA:OC = \dfrac{2}{3}:3 = 2:9$

$$AF = AC \times \dfrac{2}{2+9} = AC \times \dfrac{2}{11} = 2\sqrt{5} \times \dfrac{2}{11} = \dfrac{4\sqrt{5}}{11}$$

答　$\dfrac{4\sqrt{5}}{11}$ cm

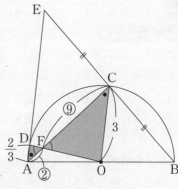

解答・解説 ▶ P.41

高校入試問題にチャレンジ

問題　右の図のように、円Oの周上に4点A、B、C、Dを頂点と
する長方形ABCDがある。点B、Cを含まない $\overset{\frown}{\text{AD}}$ 上に、点A、D
と異なる点Eをとり、直線AEと直線CDの交点をFとする。
AB = 2 cm、BC = $2\sqrt{2}$ cm、DF = 1 cmとする。
このとき、次の問いに答えよ。〈福井県・一部略〉

(1)　円Oの半径とDEの長さを求めよ。

(2)　△BCEの面積を求めよ。

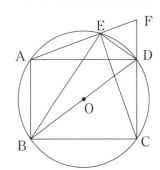

4　平面図形

円の弦の延長が円外で交わる相似

086 円の中心から中点連結定理

円の中心と直角を使った、中点連結定理に注意する。

例題 1 右の図は、点Oを中心とする円で、線分ABは円の直径である。点Cは $\overset{\frown}{AB}$ 上にあり、点Dは線分AC上にあって、AD＝CDである。点Eは線分DOの延長と、Cを含まない $\overset{\frown}{AB}$ との交点であり、点Fは線分AB上にあって、EF⊥ABである。

このとき、次の各問いに答えなさい。〈熊本県・一部略〉

(1) △AOD≡△EOFであることを証明しなさい。

(2) AB＝6cm、BC＝4cmのとき、線分BEの長さを求めなさい。

解法 △CABで、AD＝DC、AO＝OBより、

ベスト解068A 三角形の中点連結定理よりDO∥CB。

よって、∠ADO＝90°（☆）（ ベスト解086 ）

(1) **証明** △AODと△EOFにおいて、

∠ADO＝∠EFO（☆より）（…❶）

∠AOD＝∠EOF（対頂角）（…❷）

AO＝EO（円の半径）（…❸）

以上❶❷❸より、「直角三角形において、斜辺と1鋭角が等しい」ので、△AOD≡△EOF

(2) ☆より、$OD = \dfrac{1}{2}BC = \dfrac{1}{2} \times 4 = 2$

△AODで三平方の定理より、

$AD = \sqrt{AO^2 - OD^2} = \sqrt{3^2 - 2^2} = \sqrt{5} = EF$

$BF = BO - FO = BO - DO = 3 - 2 = 1$

△BFEで三平方の定理より、$BE = \sqrt{FB^2 + FE^2} = \sqrt{1^2 + \left(\sqrt{5}\right)^2} = \sqrt{6}$

答 $\sqrt{6}$ cm

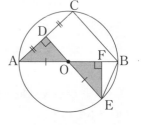

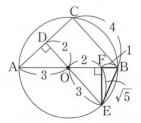

例題 2 AB＝3cm、BC＝5cmの△ABCがある。辺BCの中点をD、∠ADCの二等分線と辺ACとの交点をEとする。∠ADB＝2∠ACDのとき、次の問いに答えなさい。〈兵庫県・一部改〉

(1) 辺ACの長さは何cmか、求めなさい。

(2) 点Bから線分ADに垂線BFをひき、直線BF上に点Bとは異なる点Gを、∠CGB＝90°となるようにとる。

(ア) 線分BGの長さは何cmか、求めなさい。

(イ) △CDGの面積は何cm²か、求めなさい。

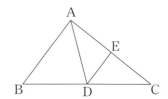

解法

>**方針**　○＋●＝90°だから、右下の図のようになる。

つまり、∠BAC＝90°（★）であり、また、DB＝DC＝DA（☆）でもある。

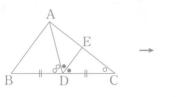　→　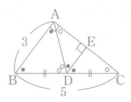

(1)　★より、△ABCで三平方の定理より、$AC = \sqrt{BC^2 - AB^2} = \sqrt{5^2 - 3^2} = \sqrt{16} = 4$

> **答** 4 cm

(2)(ア)　上記の右の図から、∠BAD＝∠ABC＝●

∠BFA＝∠CAB（＝90°）より、

△FAB∽△ABC（…❼）　BF：AB＝CA：BC

$BF：3 = 4：5$、$5BF = 3 \times 4$、$BF = \dfrac{12}{5}$

さて、△GBCで、FD∥GC、BD＝DC

`ベスト解 068 B` 三角形の中点連結定理より、BF＝FG

$BG = 2BF = 2 \times \dfrac{12}{5} = \dfrac{24}{5}$　　**答** $\dfrac{24}{5}$ cm

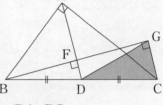

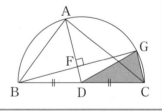

(イ)

> **方針**　代わりに△DGBを求める。

BD＝DCから、△CDG≡△DGB、❼より、AF：AB＝BA：BC

$AF：3 = 3：5$、$5AF = 3 \times 3$、$AF = \dfrac{9}{5}$

☆から、$FD = AD - AF = \dfrac{5}{2} - \dfrac{9}{5} = \dfrac{25 - 18}{10} = \dfrac{7}{10}$

$\triangle DGB = BG \times FD \times \dfrac{1}{2} = \dfrac{24}{5} \times \dfrac{7}{10} \times \dfrac{1}{2} = \dfrac{42}{25}$

> **答** $\dfrac{42}{25}$ cm²

> **ワンポイントアドバイス**
>
> **実は次のような構図であった。**
>
>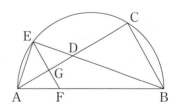

高校入試問題にチャレンジ

解答・解説 ▶ P.42

問題　右の図は、線分ABを直径とする半円で、点CはAB
上にある。点Dは線分AC上の点であって、点EはBDの延長と
ACとの交点である。点Fは線分AB上にあって、EF∥CBで
あり、点Gは線分ACと線分EFとの交点である。

AB＝12cm、BC＝6cm、AD＝DCのとき、線分FGの長さを
求めなさい。〈熊本県・一部略〉

ベスト解

087

Chapter4　平面図形

レベル4｜発展
レベル3｜応用
▶ レベル2｜標準
レベル1｜基礎

不等辺三角形の高さ

不等辺三角形では、2つの直角三角形に分けて連立する。

どの辺も等しくなく、また角度のわからない三角形は、図のように頂点から底辺へ向かい垂線を引き、△ABHと△ACHに分け、それぞれについて**三平方の定理**の式を立てる。

△ABHについて、$AB^2 = AH^2 + BH^2$
　　　　　→ $AH^2 = AB^2 - BH^2$（…❶）
△ACHについて、$AC^2 = AH^2 + CH^2$
　　　　　→ $AH^2 = AC^2 - CH^2$（…❷）
❶❷の右辺どうしを比較して、$AB^2 - BH^2 = AC^2 - CH^2$
として計算する。

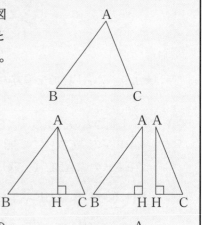

例　$AB = 15$、$BC = 14$、$CA = 13$ の △ABC の面積は図のように辺BC上にHをとり、$CH = x$ とすれば、

$15^2 - (14 - x)^2 = 13^2 - x^2$

$225 - (196 - 28x + x^2) = 169 - x^2$

$225 - 196 + 28x - x^2 = 169 - x^2$

$29 + 28x = 169$

$28x = 140$　　$x = 5$

△AHCで三平方の定理から、$AH = \sqrt{AC^2 - HC^2} = \sqrt{13^2 - 5^2} = \sqrt{169 - 25} = \sqrt{144} = 12$

$\triangle ABC = BC \times AH \times \dfrac{1}{2} = 14 \times 12 \times \dfrac{1}{2} = 84$

例題　$AB = 8\,\mathrm{cm}$、$BC = 12\,\mathrm{cm}$、$CA = 10\,\mathrm{cm}$ の △ABC がある。
∠Aの二等分線と辺BCとの交点をDとし、点Aから辺BC
に垂線AEを引くとき、次の問いに答えなさい。〈兵庫県・一部改〉

(1)　線分BDの長さは何 cm か、求めなさい。

(2)　線分BEの長さは何 cm か、求めなさい。

(3)　線分ADの長さは何 cm か、求めなさい。

(4)　∠ADCの二等分線と辺ACとの交点をHとするとき、△ADHの面積は何 cm^2 か、求めなさい。

解法　(1)　**ベスト解080** 角の二等分線定理より、

$BD : DC = AB : AC = 8 : 10 = 4 : 5$

$BD = BC \times \dfrac{4}{9} = 12 \times \dfrac{4}{9} = \dfrac{16}{3}$　　**答** $\dfrac{16}{3}\,\mathrm{cm}$

(2)

方針 AEで2つの直角三角形に分ける。

BE $= x$ とする。

ベスト解087 より、2つの直角三角形△ABEと△ACEから、

$$8^2 - x^2 = 10^2 - (12-x)^2$$
$$64 - x^2 = 100 - (144 - 24x + x^2)$$
$$64 - x^2 = -44 + 24x - x^2$$
$$24x = 108 \quad x = \frac{9}{2} \quad \text{答} \quad \frac{9}{2}\text{cm}$$

(3)

方針 △AEDで三平方の定理（★）。

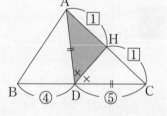

BD $>$ BE より、

$$ED = BD - BE = \frac{16}{3} - \frac{9}{2} = \frac{32 - 27}{6} = \frac{5}{6}$$

△ABEで三平方の定理より、

$$AE^2 = AB^2 - BE^2 = 8^2 - \left(\frac{9}{2}\right)^2 = 64 - \frac{81}{4} = \frac{256 - 81}{4} = \frac{175}{4}$$

$$\left(AE = \sqrt{\frac{175}{4}} = \frac{5\sqrt{7}}{2}\right)$$

★より、$AD = \sqrt{AE^2 + ED^2} = \sqrt{\frac{175}{4} + \left(\frac{5}{6}\right)^2} = \sqrt{\frac{175}{4} + \frac{25}{36}} = \sqrt{\frac{400}{9}} = \frac{20}{3}$ **答** $\frac{20}{3}$cm

(4) $DC = BC - BD = 12 - \frac{16}{3} = \frac{20}{3}$

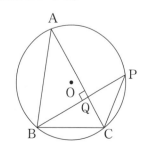

すると、△ADCにおいて、$DA = DC = \frac{20}{3}$ だから、

点Hは辺ACの中点。

よって、$△ADH = △ABC \times \frac{5}{9} \times \frac{1}{2}$

$$= BC \times AE \times \frac{1}{2} \times \frac{5}{9} \times \frac{1}{2} = 12 \times \frac{5\sqrt{7}}{2} \times \frac{1}{2} \times \frac{5}{9} \times \frac{1}{2} = \frac{25\sqrt{7}}{6}$$ **答** $\frac{25\sqrt{7}}{6}$cm²

高校入試問題にチャレンジ

解答・解説 ▶ P.42

問題 右の図のように、円Oの周上に3点A、B、Cをとり、三角形ABCをつくる。

また、点Bを含まない $\overset{\frown}{AC}$ 上に2点A、Cとは異なる点Pをとり、線

分ACと線分BPとの交点をQとする。

Qは線分ACと線分BPが垂直に交わるようにとる。

$AB = 7$cm、$AC = 8$cm、$BC = 5$cm のとき、〈神奈川県・一部改〉

(1) 線分BQの長さを求めなさい。

(2) 線分BPの長さを求めなさい。

4

平面図形

不等辺三角形の高さ

ベ|ス|ト|解
088
円内の角の二等分線と二等辺三角形

円内の角の二等分線と二等辺三角形は逆さにすると同じ性質が使える。

A　円内の角の二等分から現れる相似

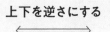
上下を逆さにする
⟷

B　円内の二等辺三角形から現れる相似

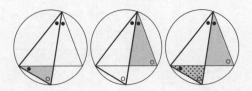

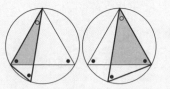

【例題1】　右の図で、点A、B、C、Dは円周上にあり、ACとBDの交点をEとする。∠ACB = ∠ACDのとき、次の問いに答えなさい。〈青森県〉

(1)　△ABEと△ACBが相似になることを証明しなさい。

(2)　AB = 6cm、AC = 9cmのとき、AEの長さを求めなさい。

【解法】

(1)　〔証明〕△ABEと△ACBにおいて、

∠ABE = ∠ACD（$\overset{\frown}{AD}$ の円周角）

　　　　= ∠ACB（仮定より）（…❶）

∠BACは共通（…❷）

以上❶❷より、「2組の角がそれぞれ等しい」

ので、△ABE ∽ △ACB

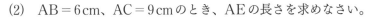
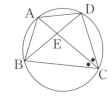

(2)　(1)より（ ベスト解088 ）、AE：AB = AB：AC

AE：6 = 6：9　9AE = 6×6　　AE = 4　　【答】4cm

【例題2】　図において、3点A、B、Cは円Oの円周上の点であり、AB = ACである。AC上にBC = BDとなる点Dをとり、BDの延長と円Oとの交点をEとする。

このとき、次の(1)、(2)の問いに答えなさい。〈静岡県〉

(1)　CB = CEであることを証明しなさい。

(2)　AB = 6cm、BC = 4cmのとき、DEの長さを求めなさい。

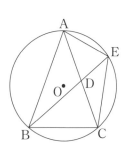

(1) 【証明】 AB＝AC、BC＝BDだから、

∠ABC＝∠ACB＝∠CDB（＝○）

このことから、△ABCと△BCD
の残った内角は等しく、

∠BAC＝∠DBC（＝●）

また、∠BAC＝∠BEC（$\overparen{BC}$の円周角）

だから、△BCEは2つの角が等しく、
二等辺三角形であるから、CB＝CE

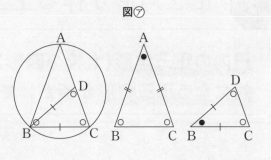

図⑦

(2)

方針 △ABCと△BDCと△ADEは相似な二等辺三角形。
これらを組み合わせる。CD→AD→DEの順に求める。

△ABCと△BDCは、**図⑦**より、

「2組の角がそれぞれ等しい」から、

△ABC∽△BDC

AB：BC＝BD：DC、BD＝BCから、

$6：4＝4：CD \quad 6CD＝16 \quad CD＝\dfrac{8}{3}$

よって、$AD＝AC－DC＝AB－DC＝6－\dfrac{8}{3}＝\dfrac{10}{3}$

さてここで、 ベスト解088 より、

△ACB∽△AEDだから、

AB：BC＝AD：DE

$6：4＝\dfrac{10}{3}：DE$

$6DE＝\dfrac{40}{3}$

$DE＝\dfrac{20}{9}$ 答 $\dfrac{20}{9}$ cm

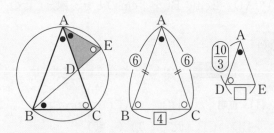

高校入試問題にチャレンジ 　　　　　　　　　　　　　解答・解説 ▶ P.43

問題 　図のように、円周上に3点A、B、Cがあり、AB＝AC＝3cm、
BC＝2cmである。

点Bをふくまない弧AC上に∠BAC＝∠CADとなる点Dをとり、線
分ACと線分BDとの交点をEとする。

このとき、次の(1)〜(3)に答えよ。〈長崎県・一部改〉

(1) △ABC∽△BECであることを証明せよ。

(2) △ABEの面積は何 cm² か。

(3) 四角形ABCDの面積は何 cm² か。

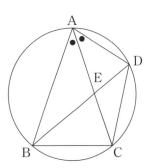

ベスト解

089 正三角形が作る正三角形

円内の正三角形(太枠の図形)を利用することで、もう一つ対になる正三角形が新たにできる。

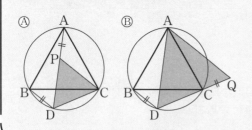

Ⓐは BD = AP、Ⓑは BD = CQ となるようにとったもの。
このとき、太枠と色のついた2組の正三角形ができる。

例題1 右の図のように、円Oの円周上にある3点A、B、Cを頂点とする正三角形ABCがある。点Cを含まない $\overset{\frown}{AB}$ 上に、2点A、Bとは異なる点Dをとり、点Dと、3点A、B、Cをそれぞれ結ぶ。線分CD上に、BD = CEとなる点Eをとり、点Aと点Eを結ぶ。このとき、次の(1)、(2)の問いに答えなさい。〈千葉県・一部略〉

(1) △ADE が正三角形となることを証明しなさい。

(2) AD = 2cm、BC = 3cmのとき、線分CEの長さを求めなさい。

解法

方針 △ADBと△AECは合同。

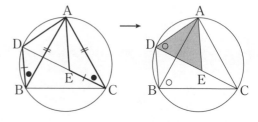

(1) **証明** △ADBと△AECにおいて、
BD = CE（仮定より）（…❶）
AB = AC（仮定より）（…❷）
∠DBA = ∠DCA（$\overset{\frown}{AD}$ の円周角）（…❸）

以上❶❷❸より、「2組の辺とその間の角がそれぞれ等しい」から、△ADB ≡ △AEC
合同な図形の対応する辺の長さは等しいから AD = AE
また、$\overset{\frown}{AC}$ に対する円周角は等しいので、∠ADC = ∠ABC = 60°

以上より △ADEは、底角が60°の二等辺三角形だから **正三角形** (ベスト解089)

(2) CE = BD だから、BDの長さを求める。
円に内接する四角形の性質から、
∠ADB = 180° − ∠ACB = 180° − 60° = 120°
△ADBで、 ベスト解076 より、図の色のついた三角定規型Ⓐを補う。
△AHBで三平方の定理より、
$BH = \sqrt{AB^2 - AH^2} = \sqrt{3^2 - (\sqrt{3})^2} = \sqrt{9-3} = \sqrt{6}$
$CE = BD = BH - DH = \sqrt{6} - 1$ **答** $\sqrt{6} - 1$ (cm)

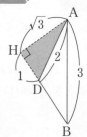

例題 2　円周上に4点A、B、C、Dがあり、AB＝2cm、AC＝4cmであり、△BDCは正三角形である。

辺ABをBの側に延長し、CA＝BEとなる点Eをとる。

このとき、次の各問いに答えよ。

(1)　△ACD≡△EBDであることを証明せよ。

(2)　四角形ABDCの面積を求めよ。

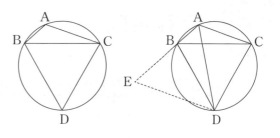

解法

(1)　証明　△ACDと△EBDにおいて、

CA＝BE（仮定より）（…❶）

DC＝DB（仮定より）（…❷）

∠DCA＝180°－∠ABD＝∠DBE（…❸）

以上❶❷❸より、「2組の辺とその間の角がそれぞれ等しい」から、△ACD≡△EBD

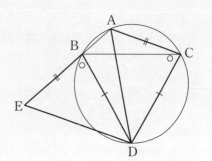

(2)

方針　△AEDは正三角形になる。

(1)より、DA＝DE、また、∠DCB＝∠DAB＝60°

よって△AEDは正三角形（★）（ベスト解 089）

(1)を利用して、

$$四角形ABDC＝△ACD＋△ABD$$
$$＝△EBD＋△ABD$$
$$＝△AED$$

ここで★より、その1辺の長さは、

AE＝AB＋BE＝AB＋CA＝2＋4＝6

ベスト解 073B から、

$$△AED＝\frac{\sqrt{3}}{4}×6×6＝9\sqrt{3}$$

答 $9\sqrt{3}\,\mathrm{cm}^2$

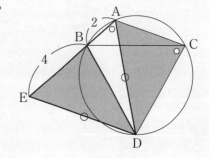

高校入試問題にチャレンジ

解答・解説 ▶ P.44

問題　図のように、4点A、B、C、Dが同一円周上にあり、△BCDは正三角形である。線分AC上にAP＝BPとなる点Pをとるとき、次の(1)〜(3)に答えなさい。〈島根県〉

(1)　∠BADの大きさを求めなさい。

(2)　△PABは正三角形であることを証明しなさい。

(3)　AB＝5cm、AD＝3cm、BC＝7cmの関係にある。このとき、四角形ABCDの面積を求めなさい。

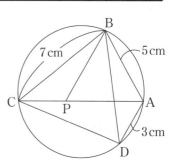

べ|ス|ト|解

Chapter4　平面図形

レベル4 ｜ 発展
▶ レベル3 ｜ 応用
レベル2 ｜ 標準
レベル1 ｜ 基礎

090　正五角形

正五角形は、辺と対角線を比べる相似で攻略する。

正五角形の1つの内角の大きさは108°で、対角線などで内部を分けれ
ば、その角の大きさは○＝36°として、右の図のようになっている。

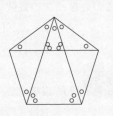

このことから、代表的なものとして、次の3種類の組の相似形がある。

A

B

C
 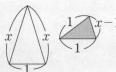

例題1　図の△ABCは、AB＝AC＝1cm、∠BAC＝36°の二等辺三角
形であり、点Dは∠ABCの二等分線と辺ACの交点である。
次の(1)～(3)に答えなさい。〈島根県〉

(1)　∠BDCの大きさを求めよ。

(2)　辺BCと同じ長さの線分をすべて答えなさい。

(3)　BC＝$x$cmとして、xを求めるための方程式をつくりなさい。また、
　　このときのxの値を求めなさい。

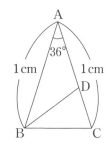

解法　(1)　△ABCの角度の大きさは右の図のようになる。そこで
　　○＝36°とすれば、
　　∠BDC＝∠DBA＋∠DAB＝○＋○＝72°　**答** 72°

(2)　△BCDは二等辺三角形だから、BC＝BDで、線分BD
　　また△DABも二等辺三角形だから、
　　BD＝ADで、線分AD　**答** 線分BD、線分AD

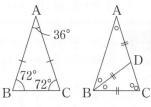

方針　36°は正五角形に現れる角度。**ベスト解 090 C**

(3)　△ABC ∽ △BCD
　　DC＝AC－AD＝1－xより、AB：BC＝BC：CD

$1:x = x:(1-x)$, $x^2 = 1-x$, $x^2+x-1=0$

$x = \dfrac{-1\pm\sqrt{1^2-4\times1\times(-1)}}{2\times1} = \dfrac{-1\pm\sqrt{5}}{2}$

ここで、$x>0$ だから、$x = \dfrac{-1+\sqrt{5}}{2}$

答 $x = \dfrac{-1+\sqrt{5}}{2}$

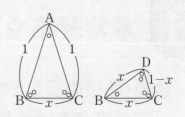

ワンポイントアドバイス

△ABC は正五角形の
一部分になっている。

例題 2 右の図のような、1辺が1cmの正五角形 ABCDE があり、
対角線 AC、AD と BE の交点をそれぞれ F、G とする。
このとき、次の各問いに答えよ。

(1) BE の長さを求めよ。

(2) FG の長さを求めよ。

解法 (1) BE $=x$ とする。 **ベスト解090A**
より、△ABE ∽ △FAB を利用し、
AB : BE = FA : AB
$1:x = (x-1):1$
$x^2-x=1$, $x^2-x-1=0$

$x = \dfrac{1\pm\sqrt{(-1)^2-4\times1\times(-1)}}{2\times1} = \dfrac{1\pm\sqrt{5}}{2}$

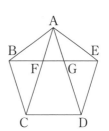

ここで、$x>0$ だから、$x = \dfrac{1+\sqrt{5}}{2}$ **答** $\dfrac{1+\sqrt{5}}{2}$ cm

(2) 対称性より、BF = EG だから、FG = BE - (BF+EG) = $x-2(x-1) = -x+2$

$= -\dfrac{1+\sqrt{5}}{2}+2 = \dfrac{-1-\sqrt{5}+4}{2} = \dfrac{3-\sqrt{5}}{2}$ **答** $\dfrac{3-\sqrt{5}}{2}$ cm

---

高校入試問題にチャレンジ 解答・解説 ▶ P.44

問題 図は、円と5個の頂点 A、B、C、D、E が円周上にある正五
角形であり、対角線 AC と対角線 BE の交点を P としたものである。
このとき、次の(1)～(3)の問いに答えなさい。 〈宮崎県〉

(1) 正五角形の内角の和を求めなさい。

(2) ∠BPC の大きさを求めなさい。

(3) AB = 2cm であるとき、対角線 AC の長さを求めなさい。

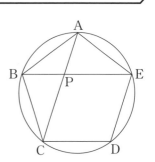

ベ|ス|ト|解

Chapter4　平面図形

▶ レベル4 | 発展
レベル3 | 応用
レベル2 | 標準
レベル1 | 基礎

091 最短経路や最短距離

最小・最短の長さを求めるには、一方の端点を対称に移動し、直線で結ぶ。

例 直線l上に点P_1、P_2をとり、㋐AP_1+P_1Bと㋑AP_2+P_2Bのどちらが短いかを考える。
このとき、点Aか Bのどちらかを直線lについて対称に移すと考えやすい。ここで点Bを移し、その点をB′とする。すると、

㋐$AP_1+P_1B=AP_1+P_1B'$
㋑$AP_2+P_2B=AP_2+P_2B'$

とできて、最も短いのは、

㋒$AP_0+P_0B=AP_0+P_0B'=AB'$

このようにP_0が直線AB′上にあるときが最短である。
このことから、$\angle a$と$\angle b$は対頂角から等しく、$\angle b$と$\angle c$は対称性から等しいため、結果、$\boxed{\angle a=\angle c}$であることもわかる。（○＝●）

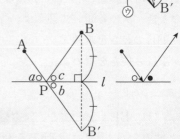

もし複数の直線l、mで跳ね返るならば、Ⓐのように直線lについて点AをA′に、直線mについて点BをB′に移動して結ぶ方法と、Ⓑのようにあくまで一方を順に直線m、lと動かして結ぶ方法とどちらでもよい。

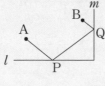
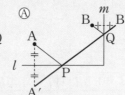
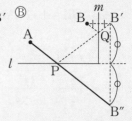

例題1 図の長方形ABCDは、AD＝6cm、AB＝4cmであり、辺CDの中点をMとする。辺BC上に点Pをとって、AP＋PMの長さが最も短くなるようにしたい。
このとき、PCの長さを求めよ。

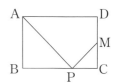

解法 図のように直線BCについて対称にA′、D′、M′をとる。
そこで、ベスト解091より、点AとM′を直線で結べばよく点Pはこの直線上にある。相似を利用すると、
△M′CP∽△M′DAで、M′C：CP＝M′D：DA
2：CP＝6：6　CP＝2　答 2cm

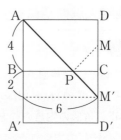

例題 2 ∠ABC＝60°の平行四辺形ABCDがあり、Pは辺AB上の点とする。AB＝6cm、AD＝4cmとする。

CP＋PDの長さが最短となるとき、その長さを求めなさい。〈石川県〉

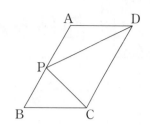

解法

方針 ベスト解091 より、直線ABで跳ね返っているので、点Cあるいは点Dのいずれかを、直線ABについて対称に移動して考える。そして三平方の定理。

点Cを直線ABについて対称に移動した点をEとする。

そこで点Cから直線ABへ垂線CHを引けば、色のついた三角形は60°の三角定規型㋐で、

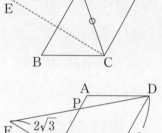

$$CH = \frac{\sqrt{3}}{2}BC = \frac{\sqrt{3}}{2} \times 4 = 2\sqrt{3} \quad よって、EC = 4\sqrt{3}$$

さてここで、AB∥DC、

∠AHC＝90°より、

∠DCE＝90°

△DCEで三平方の定理より、

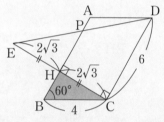

$$DE = \sqrt{DC^2 + EC^2} = \sqrt{6^2 + \left(4\sqrt{3}\right)^2} = \sqrt{36 + 48}$$

$$= \sqrt{84} = 2\sqrt{21}$$

ここで、CP＋PD＝EP＋PD＝ED＝$2\sqrt{21}$

答 $2\sqrt{21}$ cm

高校入試問題にチャレンジ

解答・解説 ▶ P.45

問題 図のように、長方形ABCDに内部の2点P、Qがある。AB＝160cm、AD＝290cmであり、点Pと辺AB、BCとの距離はそれぞれ70cm、60cm、点Qと辺CD、DAとの距離はそれぞれ60cm、70cmである。点Pにある球を、辺BCに1回、続けて辺CDに1回、合わせて2回跳ね返らせて、点Qにある球に当てる方法を考える。打ち出された球は、次のように枠内を動くものとする。

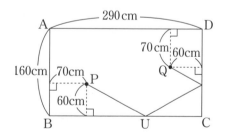

[球の動き方]

・球はまっすぐに動く。

・球は枠に当たると、図のように枠に対して、∠a＝∠bとなるように跳ね返り、再び真っすぐ動く。

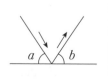

跳ね返らせる辺BC上の点をUとするとき、線分CUの長さを求めなさい。〈岡山県・一部略〉

092　面積を利用して線分を求める

垂線の長さは、面積の2通りの表し方から比べるとよい。

$BC \times AH \times \dfrac{1}{2} = \triangle ABC$ を利用し、

面積から AH の長さを求める。

　AH の長さ

$BC \times AH \times \dfrac{1}{2} = AC \times BI \times \dfrac{1}{2}$

$3 \times AH = 2 \times 2\sqrt{2}$

$AH = \dfrac{4\sqrt{2}}{3}$

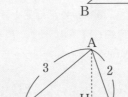

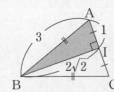

　BH の長さ

$AC \times BH \times \dfrac{1}{2} = BC \times AI \times \dfrac{1}{2}$

$2\sqrt{7} \times BH = 6 \times \sqrt{3}$

$BH = \dfrac{3\sqrt{21}}{7}$

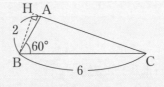

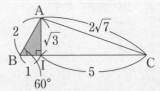

例題　図のように、AB＝6cm、BC＝8cm、∠ABC＝60°の平行四辺形 ABCD がある。

図のように、辺 AD の中点を M とし、線分 BM 上に DC＝DP となる点 P をとる。また、線分 BM の延長と辺 CD 延長との交点を Q とする。このとき、次の (1)～(3) に答えよ。〈長崎県・一部略〉

(1)　線分 QD の長さは何 cm か。

(2)　∠CPD＝x、∠DPM＝y とする。このとき、∠CPM＝90°である理由を、x、y を使って説明せよ。

(3)　線分 PC の長さは何 cm か。

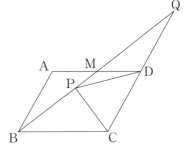

解法　(1)　AM＝MD より、△MAB≡△MDQ だから、QD＝BA＝6　**答**　6cm

(2)　**説明**　DC＝DP より、△DPC は二等辺三角形だから、

∠CPD＝∠PCD＝x

また、DQ＝DC＝DP より、△DQP も二等辺三角形だから、

∠DPM＝∠DQP＝y

△QPC の内角の和から考えれば、$2(x+y)=180°$、

$x+y=90°$

∠CPM＝∠CPD＋∠DPM＝$x+y=90°$

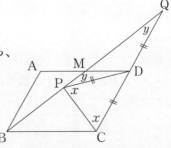

(3)

方針 ⅰ)QBを求め、ⅱ)△QBCの面積を2通りの方法で表す。

ⅰ）AB∥QCだから、右の図で、∠ABC＝∠QCH＝60°

よって、**ベスト解076** を利用して、図のような色のついた三角定規型㋐を補う。

QC＝12、CH＝6、QH＝$6\sqrt{3}$

ここで△QBHで三平方の定理より、

$QB = \sqrt{BH^2 + QH^2} = \sqrt{14^2 + \left(6\sqrt{3}\right)^2}$

$= \sqrt{196 + 108} = \sqrt{304} = 4\sqrt{19}$

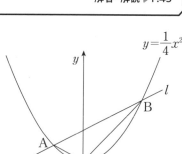

ⅱ）ここで **ベスト解092** より、$\triangle QBC = QB \times PC \times \dfrac{1}{2} = BC \times QH \times \dfrac{1}{2}$

$4\sqrt{19} \times PC \times \dfrac{1}{2} = 8 \times 6\sqrt{3} \times \dfrac{1}{2}$、$\sqrt{19}PC = 12\sqrt{3}$、$PC = \dfrac{12\sqrt{3}}{\sqrt{19}} = \dfrac{12\sqrt{57}}{19}$

答 $\dfrac{12\sqrt{57}}{19}$ cm

高校入試問題にチャレンジ

解答・解説 ▶ P.45

問題1 右の図のように、関数 $y = \dfrac{1}{4}x^2$ のグラフ上に2点A、

Bがあり、点Aのx座標は -2、点Bのy座標は4である。ただし、点Bのx座標は正とする。また、2点A、Bを通る直線をlとする。原点Oと点A、Bをそれぞれ結ぶ。

このとき、次の各問いに答えなさい。〈岡山県・一部略〉

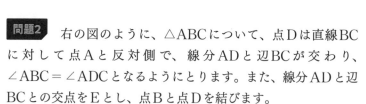

(1) 点Aの座標を求めなさい。

(2) 直線lの式を求めなさい。

(3) 線分ABの長さを求めなさい。

(4) 点Oと直線lとの距離を求めなさい。

問題2 右の図のように、△ABCについて、点Dは直線BC

に対して点Aと反対側で、線分ADと辺BCが交わり、

∠ABC＝∠ADCとなるようにとります。また、線分ADと辺

BCとの交点をEとし、点Bと点Dを結びます。

AB＝11cm、BD＝2cm、AC＝10cm、∠ABD＝90°とします。次の(1)、(2)の問いに答えなさい。〈宮城県・一部略〉

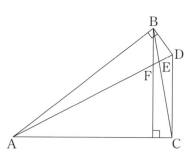

(1) 線分CDの長さを求めなさい。

(2) 点Bを通り、辺ACと垂直な直線と線分ADとの交点をF

とします。線分EFの長さを求めなさい。

093　台形の内接円

台形の内接円では、2本の接線の長さが等しいことを利用する。

AP と AQ が円 O の接線で、P、Q はそ
れぞれ接点であるとき、AP = AQ が
成り立つ。

理由 OP = OQ、AO 共通、
∠OPA = ∠OQA = 90° より、
△APO ≡ △AQO

このことから、台形で⑦になり、⑦のように、△POA ≡ △QOA、△QOB ≡ △ROB。
(2○ + 2● = 180° から、△AOB の内角で○ + ● = 90° を利用して ∠AOB = 90° でもある)
また⑦のような色の付いた直角三角形から、直径を求めることができる。

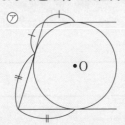 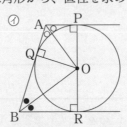 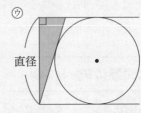

例題1　AD ∥ BC、AB = DC = 8 cm の等脚台形 ABCD に、半径 $2\sqrt{3}$ cm の 円 O が4点 P、Q、R、S で 辺 DA、AB、BC、
CD にそれぞれ接している。

このとき、次の各問いに答えよ。

(1)　A から辺 BC へ垂線 AH を引くとき、BH の長さを求めよ。

(2)　BR の長さを求めよ。

(3)　△QBR の面積を求めよ。

解法　(1)　△ABH で三平方の定理より、

$$BH = \sqrt{AB^2 - AH^2} = \sqrt{8^2 - (4\sqrt{3})^2} = \sqrt{64 - 48} = \sqrt{16} = 4$$ **答** 4 cm

(2)　HR = x とする。**ベスト解093** より、

$$AB = AQ + QB = AP + BR$$
$$= x + (4 + x) = 2x + 4 = 8 \quad x = 2$$
$$BR = 4 + x = 4 + 2 = 6$$ **答** 6 cm

(3)　△ABH の3辺の比から、∠QBR = 60°

よって、△QBR は、BQ = BR = 6 だから1辺6の正三角形。

ベスト解073B より、△QBR = $\frac{\sqrt{3}}{4} \times 6 \times 6 = 9\sqrt{3}$ **答** $9\sqrt{3}$ cm²

| 例題 2 | 図のように、1辺の長さが4cmの正方形ABCDと辺BCを直径とする半円がある。辺BCの中点をMとし、点Pを、直線APが半円に接するように辺CD上にとり、その接点をNとする。 |

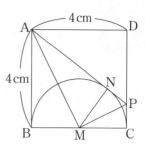

このとき、次の(1)〜(3)の各問いに答えよ。〈佐賀県・一部略〉

(1) CP＝x cmとする。線分DP、線分APの長さをそれぞれxを用いた式で表しなさい。

(2) 線分CPの長さを求めなさい。

(3) △NBCの面積を求めなさい。

解法

(1) DP＝$4-x$、 ベスト解093 より、AP＝AN＋NP＝AB＋PC＝$4+x$

答 DP＝$4-x$ (cm)、AP＝$4+x$ (cm)

(2) △APDで三平方の定理より、

$AP^2 = PD^2 + AD^2$だから、$(4+x)^2 = (4-x)^2 + 4^2$

$x^2 + 8x + 16 = x^2 - 8x + 16 + 16$、$16x = 16$、$x = 1$

CP＝1 答 1cm

(3) Nから辺BCへ垂線NHを下ろす。

台形ABCPに注目して、PN：NA＝1：4だから、

ベスト解058 差の配分より、

$$NH = 1 + (4-1) \times \frac{1}{5} = 1 + \frac{3}{5} = \frac{8}{5}$$

$$\triangle NBC = 4 \times \frac{8}{5} \times \frac{1}{2} = \frac{16}{5}$$ 答 $\frac{16}{5}$ cm²

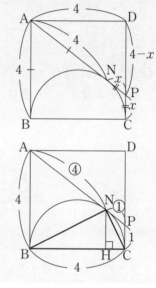

高校入試問題にチャレンジ

解答・解説 ▶ P.46

問題1 右の図の四角形ABCDは、AD∥BC、∠C＝∠D＝90°の台形で、AD＝3cm、BC＝9cmです。この台形の辺CDを直径として円をかくと、点Eで辺ABと接します。このとき、図の色（ ▨ ）をつけた部分の面積を求めなさい。

ただし、円周率はπとします。〈埼玉県〉

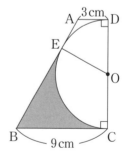

問題2 右の図のような、四角形ABCDがあり、辺DA、AB、BC、CDは、それぞれ点P、Q、R、Sで円Oに接している。∠ABC＝∠BCD＝90°、BC＝12cm、DS＝3cmのとき、線分AOの長さを求めなさい。〈秋田県〉

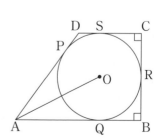

094 三角形の内心や傍心

三角形の内角や外角の二等分線の交点から、内心や傍心が生まれる。

A △ABCで、∠Aと∠Bの二等分線の交点をIとする

このとき、下の図で△AID≡△AIFより、ID＝IF（…ア）

△BID≡△BIEより、ID＝IE（…イ）

ア**イ**より、IF＝IEだから、

△CIF≡△CIE

よって、CIは∠Cを二等分している。

つまり、「三角形の3つの内角の二等分線は1点で交わる」ことがわかる。

ア**イ**より、IF＝IE＝IDだから、Iを中心として点D、E、Fで三角形の辺AB、BC、CA

とそれぞれ接する円を描ける。この円を内接円といい、中心Iを内心という。

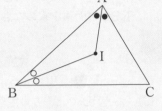

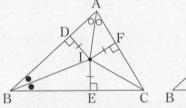

B △ABCで、∠Aの二等分線と∠Bの外角の二等分線の交点をIとする

このとき△AID≡△AIFより、

ID＝IF（…ウ）

また、△BID≡△BIEより、ID＝IE（…エ）

ウ**エ**より、IF＝IEだから、

△CIF≡△CIE

よって、CIは∠Cの外角を二等分している。

つまり、「三角形の1つの内角の二等分線と他の2角の外角の二等分線は1点で交わる」こと

がわかる。

ウ**エ**より、IF＝IE＝IDだから、Iを中心として点D、E、Fで三角形の辺ABの延長、

BC、CAの延長とそれぞれ接する円を描ける。この円を傍接円といい、中心Iを傍心という。

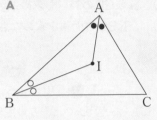

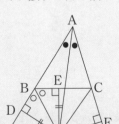

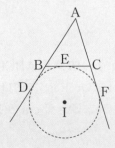

図のように△ABCがあり、∠Aと∠Cの内角の二等分線の交点をI_1、∠Aと∠Cの外角の二等分線の交点をI_2とする。

このとき、次の各問いに答えよ。

(1) ∠I_1AI_2の大きさを求めよ。

(2) ∠ABC$= a°$のとき、

（ア） ∠AI_1Cの大きさを求めよ。

（イ） ∠AI_2Cの大きさを求めよ。

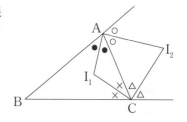

解法

(1) 図より、$2 \bullet + 2 \bigcirc = 180°$ ∠I_1A$I_2 = $∠$I_1AC+$∠$I_2AC= \bullet + \bigcirc = 90°$

答 90°

(2)(ア) ベスト解094 より、I_1は△ABCの内心。

$$∠I_1AC + ∠I_1CA = \frac{1}{2}∠BAC + \frac{1}{2}∠BCA$$

$$= \frac{1}{2}(∠BAC + ∠BCA) = \frac{1}{2} \times (180° - a°) = 90° - \frac{1}{2}a°$$

よって、△AI_1Cで、∠AI_1C$= 180° - \left(90° - \frac{1}{2}a°\right) = 90° + \frac{1}{2}a°$

答 $90° + \frac{1}{2}a°$

（イ） ベスト解094 より、I_2は△ABCの傍心。

(1)より、∠I_1A$I_2 = $∠$I_1CI_2 = 90°$

四角形AI_1CI_2で、∠AI_2C$= 360° - 90° \times 2 - \left(90° + \frac{1}{2}a°\right) = 90° - \frac{1}{2}a°$

答 $90° - \frac{1}{2}a°$

高校入試問題にチャレンジ

解答・解説 ▶ P.46

問題1 右の図のように、線分ABを直径とする半円の弧AB上に点Cがあります。線分ABの中点をOとします。線分ABを4cmとします。点Cは、弧AB上を、点Aから点Bまで移動するものとします。

∠ABCの二等分線と∠BACの二等分線との交点をDとするとき、点Dのえがいてできる線の長さを求めなさい。

〈北海道・一部略〉

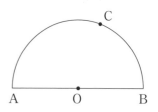

問題2 右の図のように、△ABCでBCを延長した直線上の点をEとする。∠Bの二等分線と∠ACEの二等分線の交点をDとするとき、∠xの大きさを求めなさい。〈青森県〉

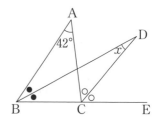

095 三平方の定理から長さを求める

立体図形では、三平方の定理を使う場面が多い。特に三角定規型は頻出。

例 1辺6cmの立方体で、図の3点A、B、Cを結んで正三角形を作る。このとき正三角形ABCの面積を求める。

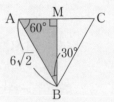

方針 辺の長さを求め→頂点から高さを引き→面積を計算する。

ACの中点をMとすると、△ABMは三角定規型㋐。

この正三角形の1辺の長さは、$6 \times \sqrt{2} = 6\sqrt{2}$

そこで$BM = \dfrac{\sqrt{3}}{2}AB = \dfrac{\sqrt{3}}{2} \times 6\sqrt{2} = 3\sqrt{6}$

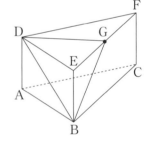

よって求める面積は、$AC \times BM \times \dfrac{1}{2}$

$= 6\sqrt{2} \times 3\sqrt{6} \times \dfrac{1}{2} = 18\sqrt{3}$（cm²）

正三角形の面積は、 **ベスト解 073 B** から計算することもできる。

例題1 右の図は、AB＝3cm、BC＝4cm、∠ABC＝90°の直角三角形ABCを底面とし、AD＝BE＝CF＝2cmを高さとする三角柱である。

また、点Gは辺EFの中点である。3点B、D、Gを結んでできる三角形の面積を求めよ。〈神奈川県・一部略〉

解法

方針 i)二等辺三角形に気付き→ii)頂点からの垂線を求め→iii)面積を計算する。

i）EG＝2cmだから△DBE≡△DGE　△BDGはDG＝DBの二等辺三角形。

△DBEで三平方の定理より、$DB = \sqrt{DE^2 + EB^2} = \sqrt{3^2 + 2^2} = \sqrt{9+4} = \sqrt{13} = DG$

△EBGは**直角二等辺三角形**だから、$GB = \sqrt{2}GE = \sqrt{2} \times 2 = 2\sqrt{2}$

ii）ここでDからの垂線とGBの交点をHとすると、$GH = \dfrac{1}{2}GB = \sqrt{2}$

△DGHで三平方の定理より、

$$DH = \sqrt{DG^2 - HG^2} = \sqrt{\left(\sqrt{13}\right)^2 - \left(\sqrt{2}\right)^2} = \sqrt{13-2} = \sqrt{11}$$

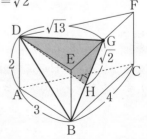

iii）よって、$\triangle DBG = GB \times DH \times \dfrac{1}{2} = 2\sqrt{2} \times \sqrt{11} \times \dfrac{1}{2} = \sqrt{22}$

答 $\sqrt{22}$ cm²

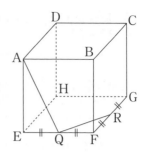

| 例題 2 |

右の図のように、1辺の長さが4cmの立方体 ABCDEFGHがある。辺EF、FGの中点をそれぞれQ、Rとする。

3点A、Q、Rを通る平面でこの立体を切ったとき、切り口の図形の面積を求めなさい。〈茨城県・一部改〉

解法

> **方針** i）等脚台形に気付き→ii）頂点からの垂線を求め→iii）面積を計算する。

i）切り口は四角形AQRCとなる（P.252 **ポイント 3** 参照）。

△DAC、△FRQはともに**直角二等辺三角形**だから、$AC = \sqrt{2}AD = \sqrt{2} \times 4 = 4\sqrt{2}$

$$QR = \sqrt{2}FQ = \sqrt{2} \times \frac{1}{2}EF = \sqrt{2} \times 2 = 2\sqrt{2}$$

またAQは、△AEQで三平方の定理より、

$$AQ = \sqrt{AE^2 + EQ^2} = \sqrt{4^2 + 2^2} = \sqrt{16 + 4} = \sqrt{20} = 2\sqrt{5}。CRも同様。$$

これより四角形AQRCは等脚台形であることがわかる。

ii）そこで図のように、点Q、RからACへ垂線QI、RJを下ろす。

すると、AC∥QRよりQI＝RJだから、

△AQI≡△CRJだから AI＝CJ

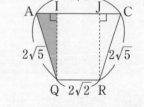

$$AI = \frac{1}{2}(AC - IJ)$$

$$= \frac{1}{2}(AC - QR)$$

$$= \frac{1}{2} \times (4\sqrt{2} - 2\sqrt{2}) = \sqrt{2}$$

△AQIで三平方の定理より、

$$QI = \sqrt{AQ^2 - AI^2} = \sqrt{\left(2\sqrt{5}\right)^2 - \left(\sqrt{2}\right)^2} = \sqrt{20 - 2} = \sqrt{18} = 3\sqrt{2}$$

iii）四角形AQRCの面積 $= (4\sqrt{2} + 2\sqrt{2}) \times 3\sqrt{2} \times \frac{1}{2} = 18$ **答** $\underline{18\,\text{cm}^2}$

5

立体図形

三平方の定理から長さを求める

高校入試問題にチャレンジ

解答・解説 ▶ P.47

問題 右の図のように、立体ABCD-EFGHにおいて、面ABCDと面EFGHは1辺の長さがそれぞれ2cm、4cmの正方形であり、この2つの面は平行である。また、それ以外の4つの面は、すべて台形で$AE = BF = CG = DH = 3cm$である。

線分AFの長さを求めなさい。〈石川県・一部略〉

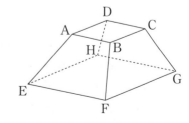

096 空間から対称面を抜き出す

立体の対称面を抜き出し、平面で考え、体積や長さを求める。

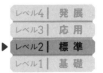

例 1辺6cmの立方体の3つの頂点B、G、Dを結び、正三角形を作る。このとき、頂点Cと面BGDの距離を、相似を利用して求めたい。

　頂点Cと△BGDとの距離をCIとする。すると、△BGDは面AEGCについて対称だから、Iは面AEGC上にある。ACとBDの交点をMとし△MGCを抜き出す。

△MCG∽△CIGだから、

MG：MC＝CG：CI（★）

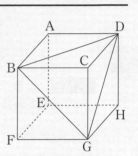

$$MC = \frac{1}{2}AC = \frac{1}{2} \times \sqrt{2}\,AB = \frac{1}{2} \times \sqrt{2} \times 6 = 3\sqrt{2}$$

△MGCで三平方の定理より、

$$MG = \sqrt{MC^2 + CG^2} = \sqrt{\left(3\sqrt{2}\right)^2 + 6^2} = \sqrt{18 + 36} = \sqrt{54} = 3\sqrt{6}$$

★より、$3\sqrt{6} : 3\sqrt{2} = 6 : CI$

$$\sqrt{3} : 1 = 6 : CI$$

$$\sqrt{3}\,CI = 6、\ CI = \frac{6}{\sqrt{3}} = \frac{6\sqrt{3}}{3} = 2\sqrt{3}\ \text{(cm)}$$

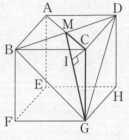

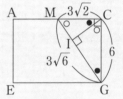

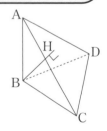

例題1　AB＝4cm、BC＝BD＝5cm、CD＝6cm、∠ABC＝∠ABD＝90°の三角すいがある。
点Bから△ACDに垂線BHを下ろすとき、その長さを求めよ。

解法

方針　i）AC＝ADだから、CDの中点をとり→ ii）この点とA、Bを使う。

i ）辺DCの中点をMとすると、対称性よりHは△ABMに含まれる。そこで ベスト解096 より、△ABMを使う。

CD⊥BMだから、△BMCで三平方の定理より、

$$BM = \sqrt{BC^2 - CM^2} = \sqrt{5^2 - 3^2} = \sqrt{25 - 9} = 4$$

△ABMは∠ABM＝90°、BA＝BM＝4

よって、直角二等辺三角形。

すると、ii）△ABM∽△BHAだから、

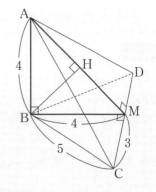

$$AB : AM = BH : BA = 1 : \sqrt{2} \qquad BH = \frac{1}{\sqrt{2}} BA = \frac{1}{\sqrt{2}} \times 4 = 2\sqrt{2}$$ 答 $2\sqrt{2}\,cm$

例題 2 右の図のように、1辺が6cmの立方体ABCD-EFGH があります。この立方体の対角線AG上に、∠AIF = 90° となる点Iをとります。線分FIの長さを求めなさい。

〈埼玉県・一部略〉

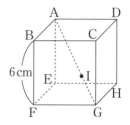

解法

方針 i) 対称面AFGDでAGを求め→ii) 相似を使う。

四角形AFGDは長方形だから、i) △AFGは∠F = 90°の直角三角形。
$$AF = \sqrt{2}AB = 6\sqrt{2}$$
△AFGで三平方の定理より、
$$AG = \sqrt{6^2 + \left(6\sqrt{2}\right)^2} = \sqrt{36 + 72} = \sqrt{108} = 6\sqrt{3}$$
ここで右の図より、ii) △AFG∽△FIG
$$AG : AF = FG : FI, \quad 6\sqrt{3} : 6\sqrt{2} = 6 : FI$$
$$FI = 2\sqrt{6}$$ 答 $2\sqrt{6}\,cm$

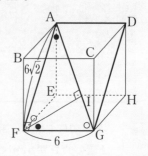

高校入試問題にチャレンジ

解答・解説 ▶ P.47

解答・解説 ▶ P.47

問題1 図において、立体ABC-DEFは5つの平面で囲まれ てできた立体である。四角形BCFEはBC = 6cm、CF = 8cm の長方形であり、△ABC、△DEFは正三角形である。平面 ABCと平面DEFは平行である。このとき、AD∥BE、 AD∥CFであり、四角形ABED≡四角形ACFDである。D とB、DとCとをそれぞれ結ぶ。Gは辺AD上の点であり、 AG = 2cmである。四角形ACFDは長方形で、Hは、Gから線分DCに引いた垂線と線分DCと の交点である。Iは、Gから線分DBに引いた垂線と線分DBとの交点である。HとIを結ぶ。

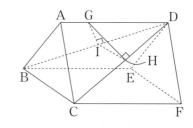

(1) △ABCの面積を求めなさい。

〈大阪府・一部略〉

(2) 線分GHの長さを求めなさい。

(3) 線分HIの長さを求めなさい。

問題2 右の図は、1辺の長さが8cmの正四面体OABCを表し ている。辺BCの中点をGとし、辺OA上に点HをOH = GH と なるようにとる。点Aと点Gを結び、点Hから線分AGに垂線 をひき、線分AGとの交点をIとする。
このとき、線分HIの長さを求めよ。〈福岡県・一部略〉

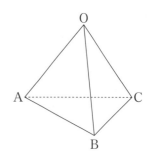

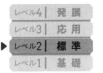
面積を利用した長さ

垂直な線分を求めるとき、面積を介せば計算が楽になる。

例 1辺6cmの正四面体において、高さAHを面積を利用して求めたい。

辺CDの中点をMとして△ABMで考えれば、この正四面体は△ABMについて対称だから、AHはこの面に含まれる。

$AM = BM = 3\sqrt{3}$ （P.250 ポイント2Ⓔ 参照。）今度は辺ABの中点をNとすると、$AB \perp MN$ だから△BNMで三平方の定理より、$NM = \sqrt{BM^2 - BN^2} = \sqrt{(3\sqrt{3})^2 - 3^2} = 3\sqrt{2}$

△ABMの面積を2通りの方法で表す。

$$BM \times AH \times \frac{1}{2} = AB \times MN \times \frac{1}{2}$$

$$3\sqrt{3} \times AH = 6 \times 3\sqrt{2}$$

$$AH = 2\sqrt{6}$$

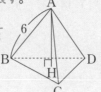
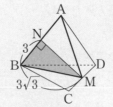
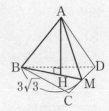

例題 1 右の図において、立体A−BCDは三角すいである。△BCDは1辺の長さが6cmの正三角形であり、$AB = AC = AD = 9$cm である。

HはCから辺ADに引いた垂線と辺ADとの交点である。

このとき、次の問いに答えなさい。〈大阪府・一部改〉

(1) 線分CHの長さを求めなさい。

(2) 線分AHの長さを求めなさい。

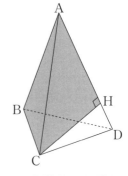

解法

方針 △ACDの面積を利用する。

(1) ベスト解097 より、△ACDの面積を2通りの方法で表す。

$$\triangle ACD = CD \times AI \times \frac{1}{2} = AD \times CH \times \frac{1}{2} \quad (\bigstar)$$

辺CDの中点をIとし、△ACIで三平方の定理より、

$$AI = \sqrt{AC^2 - CI^2} = \sqrt{9^2 - 3^2} = \sqrt{81 - 9} = \sqrt{72} = 6\sqrt{2}$$

★より、$6 \times 6\sqrt{2} \times \frac{1}{2} = 9 \times CH \times \frac{1}{2}$

$6 \times 6\sqrt{2} = 9 \times CH$、$CH = 4\sqrt{2}$　答 $4\sqrt{2}$ cm

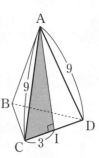

(2) △ACHで三平方の定理より、

$$AH = \sqrt{AC^2 - CH^2} = \sqrt{9^2 - (4\sqrt{2})^2} = \sqrt{81 - 32} = \sqrt{49} = 7$$

答 7cm

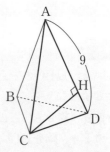

例題 2　右の図の正四面体は、1辺の長さが8cmである。辺BC、CDの中点をそれぞれ点P、Q、点QからAPにひいた垂線とAPとの交点をRとする。

次の(1)〜(3)に答えなさい。〈青森県・一部略〉

(1)　AQの長さを求めなさい。

(2)　△APQの面積を求めなさい。

(3)　QRの長さを求めなさい。

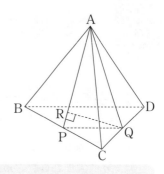

解法

(1)　$AQ = \dfrac{\sqrt{3}}{2}AC = \dfrac{\sqrt{3}}{2} \times 8 = 4\sqrt{3}$（P.251 **ポイント 2Ⓔ** 参照。）　**答** $4\sqrt{3}$ cm

(2)　△APQは $AP = AQ = 4\sqrt{3}$、$PQ = \dfrac{1}{2}BD = 4$

の二等辺三角形。そこで右の図で、

$$AH = \sqrt{AP^2 - PH^2} = \sqrt{\left(4\sqrt{3}\right)^2 - 2^2} = \sqrt{48 - 4} = \sqrt{44} = 2\sqrt{11}$$

$$\triangle APQ = PQ \times AH \times \dfrac{1}{2} = 4 \times 2\sqrt{11} \times \dfrac{1}{2} = 4\sqrt{11}$$

答 $4\sqrt{11}$ cm²

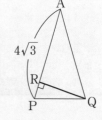

(3)　**ベスト解097** より、$\triangle APQ = AP \times QR \times \dfrac{1}{2}$ を利用する。

$$4\sqrt{3} \times QR \times \dfrac{1}{2} = 4\sqrt{11} \quad 2\sqrt{3}\,QR = 4\sqrt{11} \quad QR = \dfrac{4\sqrt{11}}{2\sqrt{3}} = \dfrac{2\sqrt{33}}{3}$$

答 $\dfrac{2\sqrt{33}}{3}$ cm

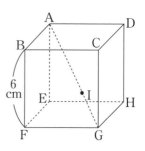

高校入試問題にチャレンジ

解答・解説 ▶ P.48

問題1　右の図のように、1辺が6cmの立方体ABCD-EFGHがあります。この立方体の対角線AG上に、∠AIF = 90°となる点Iをとります。線分FIの長さを求めなさい。〈埼玉県・一部略〉

注意　ここでは**面積を利用して**解いてください。

問題2　図1のように、すべての辺の長さを4cmとし、高さが$2\sqrt{2}$cmの正四角すいOABCDがあります。

図2は、図1の正四角すいOABCDを、△OBCが平面P上にくるようにしたものです。点Aから平面Pに垂線をひき、平面Pとの交点をHとします。線分AHの長さを求めなさい。〈北海道・一部改〉

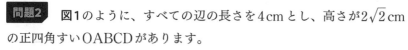

図1
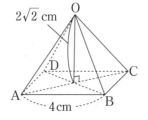

図2
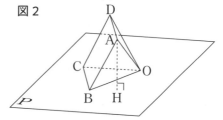

ベ|ス|ト|解 098 すい体の対称面から垂直

すい体の高さは、底面と2方向で垂直の線分である。

A　平面と垂直な直線

底面 α に含まれる直線 m がある。

このとき、㋐直線 $l \perp$ 直線 m であっても、直線 $l \perp \alpha$ とは限らない。なぜなら㋑のように傾いている場合もあるから。

そこで、㋒のように底面 α 上にもう1本の直線 n を用意して、直線 $l \perp$ 直線 n にもなるようにすればよい。（理由は P.253 **ポイント 4** にて。）

直線 $l \perp$ 直線 m、直線 $l \perp$ 直線 n ⇒ 直線 $l \perp$ 底面 α

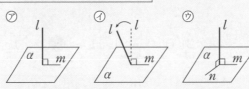

※正四角すい…底面が正方形で残りの辺の長さがすべて等しいすい体。底面は正方形だから、P.250 **ポイント 2Ⓐ・Ⓑ** 、が成り立つ。

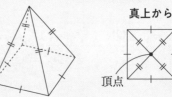

正四角すいは、BやCの色のついた図形（二等辺三角形）について対称。Aより、正四角すいの高さ（太線）はこの対称面に含まれる。

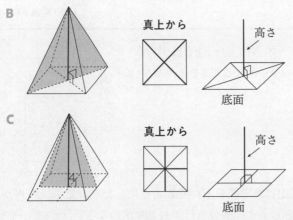

例題 1　図のように、底面の1辺が4cmの正方形、側面の二等辺三角形の等しい辺の長さが6cmの正四角すいがある。このとき、この正四角すいの高さを求めよ。

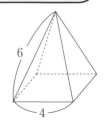

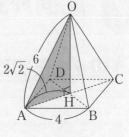

解法　右の図のようにすれば、底面の対角線ACの長さは、

$4 \times \sqrt{2} = 4\sqrt{2}$

頂点Oから対角線ACへ下ろした垂線の足Hは、ACの中点だから、

$AH = \dfrac{1}{2}AC = \dfrac{1}{2} \times 4\sqrt{2} = 2\sqrt{2}$

面$ABCD \perp OH$だから、

$\triangle OAH$で三平方の定理より、$OH = \sqrt{6^2 - \left(2\sqrt{2}\right)^2} = \sqrt{36 - 8} = \sqrt{28} = 2\sqrt{7}$　**答** $2\sqrt{7}$ cm

例題 2　右の図の正四角すいO–ABCDにおいて、頂点O
から底面ABCDへ下した垂線の足をHとする。こ
のとき、$BH = 4\sqrt{2}$ cmである。また、辺BCの中点をM
とすると、$OM = 8$ cmである。
このとき、OBの長さを求めよ。

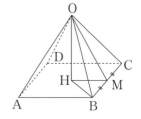

解法　$BC \perp HM$だから、$\triangle BMH$は直角二等辺三角形。

よって、$BM = \dfrac{1}{\sqrt{2}}HB = \dfrac{1}{\sqrt{2}} \times 4\sqrt{2} = 4$

そこで、$BC \perp OM$だから、

$\triangle OBM$で三平方の定理より、$OB = \sqrt{OM^2 + BM^2}$

$= \sqrt{8^2 + 4^2} = \sqrt{64 + 16} = \sqrt{80} = 4\sqrt{5}$　**答** $4\sqrt{5}$ cm

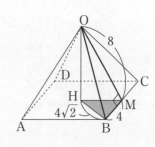

高校入試問題にチャレンジ

解答・解説 ▶ P.48

問題1　右の図において、四角すいOABCDは、$AB = 6$ cmの
正四角すいである。点Mは辺BCの中点であり、$OM = 9$ cmで
ある。四角形ABCDの2つの対角線AC、BDの交点をHとする
とき、OHの長さを求めなさい。〈山形県〉

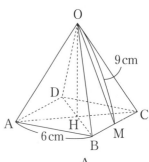

問題2　右の図のような、正四角すいA–BCDEがある。底面
の1辺の長さが6cm、側面の二等辺三角形の等しい辺の長さが
9cmである。この正四角すいA–BCDEの体積を求めなさい。

〈秋田県〉

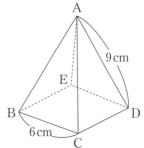

099 底面が正三角形の立体の体積

1辺 a の正四面体の体積は、対称面を抜き出し利用する。

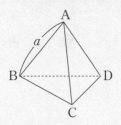

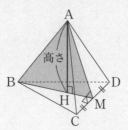

△ABM について対称だから、高さ AH は △ABM 上にある。

真上から

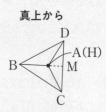

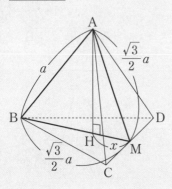

体積の計算

$BM = (AM =) \dfrac{\sqrt{3}}{2} BC = \dfrac{\sqrt{3}}{2} a$ （P.251 **ポイント2E** より）

$HM = x$ として、**ベスト解087** より、

$$a^2 - \left(\dfrac{\sqrt{3}}{2}a - x\right)^2 = \left(\dfrac{\sqrt{3}}{2}a\right)^2 - x^2$$

$$\sqrt{3}ax = \dfrac{1}{2}a^2, \quad x = \dfrac{\sqrt{3}}{6}a$$

△AMH で三平方の定理より、高さ AH は、

$$AH = \sqrt{\left(\dfrac{\sqrt{3}}{2}a\right)^2 - \left(\dfrac{\sqrt{3}}{6}a\right)^2} = \sqrt{\dfrac{3}{4}a^2 - \dfrac{1}{12}a^2} = \dfrac{\sqrt{6}}{3}a$$

体積は、$\triangle BCD \times AH \times \dfrac{1}{3} = \dfrac{\sqrt{3}}{4}a^2 \times \dfrac{\sqrt{6}}{3}a \times \dfrac{1}{3} = \dfrac{\sqrt{2}}{12}a^3$

…底面積（**ベスト解073B** 参照。）

※ところで、

$$BH : HM = \left(\dfrac{\sqrt{3}}{2}a - \dfrac{\sqrt{3}}{6}a\right) : \dfrac{\sqrt{3}}{6}a = \dfrac{\sqrt{3}}{3}a : \dfrac{\sqrt{3}}{6}a$$
$$= 2 : 1$$

点 H を △BCD の重心という。
底面が正三角形で稜線の長さがすべて等しいすい体はすべてこのようになっている。

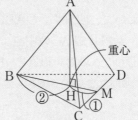

真上から

例題 1

すべての辺の長さが6cmの三角すいがある。
この立体の体積を求めよ。

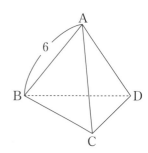

方針　1辺6cmの正四面体の高さAHを求めることが目標。

辺CDの中点をMとし、この立体は△ABMについて対称だから、 ベスト解099 より、△ABMを抜き出す。頂点Aから下ろした垂線の足Hは辺BM上にある。Hは、BH:HM = 2:1 に分ける。

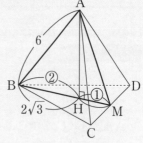

$$BM = \frac{\sqrt{3}}{2}BC = 3\sqrt{3}、\quad BH = \frac{2}{3}BM = 2\sqrt{3}$$

△ABHで三平方の定理より、

$$AH = \sqrt{AB^2 - BH^2} = \sqrt{6^2 - \left(2\sqrt{3}\right)^2}$$
$$= \sqrt{36 - 12} = \sqrt{24} = 2\sqrt{6}$$

求める体積は、$\triangle BCD \times AH \times \frac{1}{3} = \frac{\sqrt{3}}{4} \times 6^2 \times 2\sqrt{6} \times \frac{1}{3} = 18\sqrt{2}$　答 $18\sqrt{2}\,cm^3$

例題2　図のように、AB = AC = AD = 4cm、△BCDは1辺が3cmの正三角形である。辺CDの中点をMとする。このとき、次の各問いに答えよ。

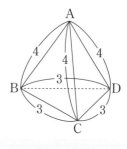

(1) 頂点Aから面BCDへ下ろした垂線の足をHとすると、HはBM上にある。このとき、BHの長さを求めよ。

(2) (1)のAHの長さを求めよ。

解法

方針　この立体は△ABMについて対称だから、 ベスト解099 より、△ABMを抜き出す。

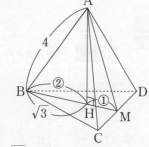

(1) BH:HM = 2:1 だから、

$$BH = BM \times \frac{2}{3} = \frac{3\sqrt{3}}{2} \times \frac{2}{3} = \sqrt{3}$$　答 $\sqrt{3}\,cm$

(2) BM⊥AHだから、△ABHで三平方の定理より、

$$AH = \sqrt{AB^2 - BH^2} = \sqrt{4^2 - \left(\sqrt{3}\right)^2} = \sqrt{16 - 3} = \sqrt{13}$$　答 $\sqrt{13}\,cm$

高校入試問題にチャレンジ

解答・解説 ▶ P.49

問題　図のような正三角すいがある。AB = AC = AD = 9cm、BC = CD = BD = 6cmである。この立体の体積を求めなさい。〈宮崎県・一部略〉

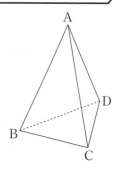

100 対称面を底面とした体積

対称面の面積を計算して、これに垂直な辺を高さとして求める。

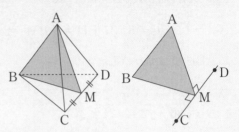

図の立体が△ABMについて対称であれば、

ベスト解098A より、面ABM⊥CDだから、

三角すいABCDの体積

＝ 三角すいC−ABM ＋ 三角すいD−ABM

$= \triangle ABM \times CM \times \dfrac{1}{3} + \triangle ABM \times DM \times \dfrac{1}{3}$

$= \triangle ABM \times (CM + DM) \times \dfrac{1}{3} = \triangle ABM \times CD \times \dfrac{1}{3}$

※立体の体積を求めるには、このように対称面に着目することが重要。

例題 1　すべての辺の長さが6cmの三角すいがある。
この立体の体積を求めよ。

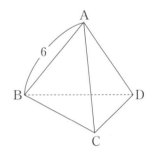

解法

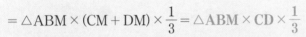
方針　CDの中点Mをとれば△ABM⊥CD。まず△ABMを求める。

△ABMを抜き出し求める。辺CDの中点をMとすれば、この立体は ベスト解098B より、
△ABMについて対称。

$AM = BM = \dfrac{\sqrt{3}}{2} BC = \dfrac{\sqrt{3}}{2} \times 6 = 3\sqrt{3}$ （P.251 ポイント2Ⓔ 参照。）

つまり△ABMはMA＝MBの二等辺三角形。ABの中点をNとすると、MN⊥ABだから、

△AMNで三平方の定理より、$MN = \sqrt{AM^2 - AN^2} = \sqrt{\left(3\sqrt{3}\right)^2 - 3^2}$

$= \sqrt{27 - 9} = \sqrt{18} = 3\sqrt{2}$

$\triangle ABM = AB \times MN \times \dfrac{1}{2} = 6 \times 3\sqrt{2} \times \dfrac{1}{2} = 9\sqrt{2}$

ここから ベスト解100 より、体積を求める。

面ABM⊥CDだから、求める体積は、

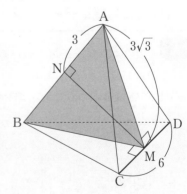

$\triangle ABM \times CD \times \dfrac{1}{3}$

$= 9\sqrt{2} \times 6 \times \dfrac{1}{3} = 18\sqrt{2}$　**答** $\underline{18\sqrt{2}\,\text{cm}^3}$

| 例題 2 | △ABC、△BCD、△CDA、△DAB が合同で、AB ＝ CD ＝ 2cm である四面体 ABCD がある。辺 CD の中点を M としたとき、AM ＝ BM ＝ 5cm のとき、四面体 ABCD の体積を求めよ。 |

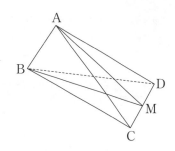

解法

> **方針** この立体は△ABM⊥CD。まず△ABM を求める。

始めに△ABM を求める。

△ABM は、MA ＝ MB の二等辺三角形。

AB の中点を N として、△ANM で三平方の定理より、

$$MN = \sqrt{AM^2 - AN^2} = \sqrt{5^2 - 1^2} = \sqrt{24} = 2\sqrt{6}$$

$$△ABM = AB \times MN \times \frac{1}{2} = 2 \times 2\sqrt{6} \times \frac{1}{2} = 2\sqrt{6}$$

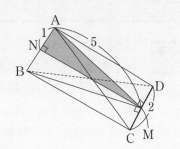

ここから体積を求める。

ベスト解 098A より、面 ABM⊥CD だから、

ベスト解 100 より、求める体積は、

$$△ABM \times CD \times \frac{1}{3}$$

$$= 2\sqrt{6} \times 2 \times \frac{1}{3} = \frac{4\sqrt{6}}{3}$$

答 $\dfrac{4\sqrt{6}}{3}$ cm³

高校入試問題にチャレンジ

解答・解説 ▶ P.49

| 問題 | 右の図のように、1 辺の長さが 4cm の正方形を底面とし、OA ＝ OB ＝ $2\sqrt{3}$ cm、OC ＝ OD ＝ 4cm の四角すい OABCD がある。頂点 O から底面に垂線をひき、底面との交点を H とする。また、辺 AB の中点を M、辺 CD の中点を N とする。 |

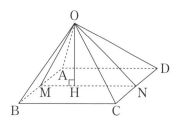

このとき、次の(1)～(4)の各問いに答えなさい。〈佐賀県〉

(1) 線分 OM と線分 ON の長さをそれぞれ求めなさい。

(2) MH ＝ $x$cm とするとき、△OMH に注目して、OH² を x を用いて表しなさい。

(3) 線分 MH の長さを求めなさい。

(4) 三角すい OHCD の体積を求めなさい。

5

立体図形

対称面を底面とした体積

207

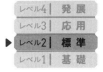

101　立体の高さを探す

面積を計算しやすい面があれば、その面に対する高さを探すとよい。

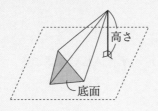
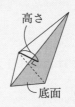

例題1　$AO = AB = AC = 6\,cm$、$\angle OAB = \angle OAC = \angle CAB = 90°$
の三角すい $O-ABC$ がある。

辺 CB 上に点 D を、$CD:DB = 1:2$ となるようにとり、O と D を結ぶ。
また、線分 OD の中点を E とし、四面体 $EOAB$ をつくる。
このとき、四面体 $OABE$ の体積を求めよ。

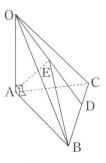

解法

　　方針　ベスト解 101 より、面積の計算しやすい △OAB を
底面とし、E から下ろす垂線を高さと見なす。

E から △OAB へ下ろした垂線の足を I とし、EI を求める。
さて、D から △OAB へ垂線 DH を引く。
つまり、ベスト解 098A より、△OAB ⊥ DH
すると △OHD は、$\angle OHD = 90°$ の直角三角形。
ところで E は △OHD の辺 OD 上にあり、
DH ∥ EI だから、I は △OHD の辺 OH 上にある。
OE = ED だから、ベスト解 068AB 三角形の中点連結定理より、

$$EI = \frac{1}{2}DH \quad (★)$$

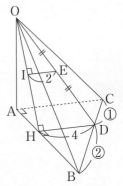

EI の位置が分かったところで、ここから長さを求める。
△BCA で、△BCA ∽ △BDH
BC : BD = CA : DH
$3:2 = 6:DH$　$3DH = 2 \times 6$、$DH = 4$

★ より、$EI = \frac{1}{2} \times 4 = 2$

四面体 $OABE = \triangle OAB \times EI \times \dfrac{1}{3}$

$$= OA \times AB \times \frac{1}{2} \times EI \times \frac{1}{3} = 6 \times 6 \times \frac{1}{2} \times 2 \times \frac{1}{3} = 12$$

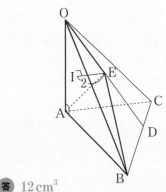

答 $12\,cm^3$

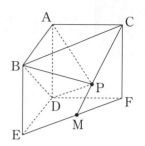

例題 2 右の図に示した立体 ABC−DEF は、AB＝AC＝AD＝9cm、∠BAC＝∠BAD＝∠CAD＝90°の三角柱である。

辺 EF の中点を M とする。頂点 C と点 M を結び、線分 CM 上にある点を P とする。頂点 B と点 P、頂点 D と点 P、頂点 A と点 P をそれぞれ結ぶ。

CP：PM＝2：1 のとき、立体 P−ABD の体積を求めよ。〈東京都・一部略〉

解法

> **方針**　ベスト解101 より、面積の計算しやすい △ABD を底面とし、P から下ろす垂線を高さと見なす。

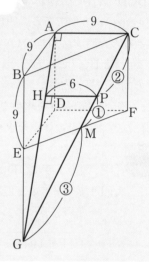

P から面 ABED へ下ろす垂線を PH とする。

ここで PH の長さは、右の図のように、CM と BE の延長の交点を G とすれば、△AGC ∽ △HGP

AC：HP＝CG：PG＝⑥：④＝3：2

9：HP＝3：2

3HP＝18、HP＝6

HP がわかり、ここから体積を求める。

立体 P−ABD ＝ △ABD × PH × $\dfrac{1}{3}$

$= 9 \times 9 \times \dfrac{1}{2} \times 6 \times \dfrac{1}{3} = 81$　　**答** 81cm³

高校入試問題にチャレンジ

解答・解説 ▶ P.50

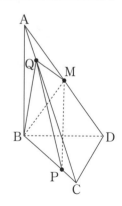

問題1　図に示した立体 A−BCD は、AB＝8cm、BC＝BD＝6cm、∠ABC＝∠ABD＝90°、∠CBD＝60°の三角すいである。

辺 AD の中点を M とする。辺 BC 上にある点を P とし、点 M と点 P を結ぶ。

辺 AC 上にある点を Q とし、頂点 B と点 M、頂点 B と点 Q、点 M と点 Q、点 P と点 Q をそれぞれ結び、BP＝5cm、AQ＝2cm のとき、立体 M−QBP の体積を求めよ。〈東京都・一部略〉

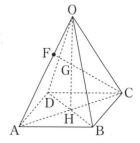

問題2　図の立体は、点 O を頂点とし、正方形 ABCD を底面にとる四角すいである。この四角すいにおいて、AB＝6cm、OA＝OB＝OC＝OD＝9cm である。また、底面の対角線の交点を H とする。

この四角すいにおいて、図のように、OF＝3cm となる辺 OA 上の点を F とし、FC と OH の交点を G とする。四角すい GABCD の体積を求めなさい。〈静岡県・一部略〉

べ|ス|ト|解 102 立体の底面を探す

面と垂直な長さの求めやすい線分があるときは、その線分を高さと見なすとよい。

例題 1 図において、立体 ABCD−EFGH は四角柱である。四角形 ABCD は BC ∥ AD の台形であり、∠BCD = ∠ADC = 90°、BC = 2cm、AD = CD = 4cm である。四角形 EFGH は、四角形 ABCD と合同な台形である。四角形 CGHD、ADHE は、1辺の長さが4cm の正方形である。四角形 BCGF、ABFE は長方形である。B と G とを結ぶ。J は、H から辺 EF に引いた垂線と辺 EF との交点である。J と B、J と G とをそれぞれ結ぶ。

次の問いに答えなさい。〈大阪府〉

(1) 線分 EJ の長さを求めなさい。

(2) 立体 BFGJ の体積を求めなさい。

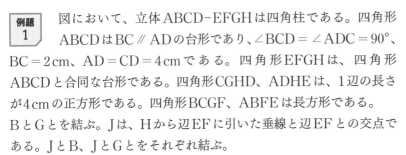

解法 (1) 図のように、F から辺 EH へ垂線 FI を引き、△EFI で三平方の定理より、

$$EF = \sqrt{FI^2 + EI^2} = \sqrt{GH^2 + (EH - IH)^2}$$
$$= \sqrt{GH^2 + (EH - FG)^2} = \sqrt{4^2 + (4-2)^2}$$
$$= \sqrt{16 + 4} = \sqrt{20} = 2\sqrt{5}$$

△EFI ∽ △EHJ で、

EF : EI = EH : EJ、$2\sqrt{5} : 2 = 4 : EJ$、$2\sqrt{5}EJ = 2 \times 4$、

$$EJ = \frac{4}{\sqrt{5}} = \frac{4\sqrt{5}}{5}$$ **答** $\dfrac{4\sqrt{5}}{5}$ cm

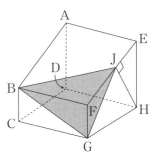

(2)

方針 ベスト解 102 より、△FGJ を底面とし、高さを BF として求める。

立体 BFGJ $= \triangle FGJ \times BF \times \dfrac{1}{3}$ (★)

△FGJ は次のようになる。

$$FJ = FE - JE = 2\sqrt{5} - \frac{4\sqrt{5}}{5} = \frac{6\sqrt{5}}{5}$$

図のように、点 K と点 L をとり、$JK : JL = JF : JE = \dfrac{6\sqrt{5}}{5} : \dfrac{4\sqrt{5}}{5}$

$= 3 : 2$ よって、$JK = \dfrac{3}{5}LK = \dfrac{3}{5}HG = \dfrac{3}{5} \times 4 = \dfrac{12}{5}$

★ $= FG \times JK \times \dfrac{1}{2} \times BF \times \dfrac{1}{3} = 2 \times \dfrac{12}{5} \times \dfrac{1}{2} \times 4 \times \dfrac{1}{3} = \dfrac{16}{5}$

答 $\dfrac{16}{5}$ cm³

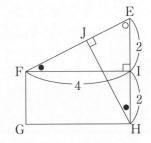

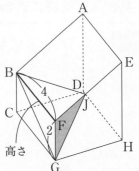

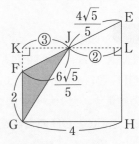

例題 2 右の図のように、AE = 10 cm、EF = 8 cm、FG = 6 cm の直方体 ABCD-EFGH がある。線分 EG と線分 FH の交点を P とし、線分 CE、CP の中点をそれぞれ M、N とする。

このとき、次の (1)〜(4) の問いに答えなさい。〈新潟県・一部略〉

(1) 線分 EG の長さを求めなさい。

(2) 線分 MN の長さを求めなさい。

(3) △ENM の面積を求めなさい。

(4) 三角すい BENM の体積を求めなさい。

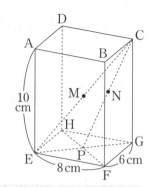

解法

方針　ベスト解102 より、三角すい $\mathrm{BENM} = \triangle\mathrm{ENM} \times (\text{B からの高さ}) \times \dfrac{1}{3}$

（☆）とする。

(1) △EFG で三平方の定理より、

$$\mathrm{EG} = \sqrt{\mathrm{EF}^2 + \mathrm{FG}^2} = \sqrt{8^2 + 6^2} = \sqrt{64 + 36} = \sqrt{100} = 10$$

答 10 cm

(2) △CEP で ベスト解068A 三角形の中点連結定理より、

$$\mathrm{MN} = \frac{1}{2}\mathrm{EP} = \frac{1}{2} \times \frac{1}{2}\mathrm{EG} = \frac{1}{2} \times \frac{1}{2} \times 10 = \frac{5}{2}$$

答 $\dfrac{5}{2}$ cm

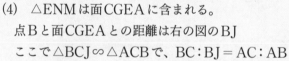

(3) 右上の図のように、NM の延長と AE との交点を I とすれば IE = 5

$$\triangle\mathrm{ENM} = \mathrm{MN} \times \mathrm{IE} \times \frac{1}{2} = \frac{5}{2} \times 5 \times \frac{1}{2} = \frac{25}{4}$$

答 $\dfrac{25}{4}$ cm²

(4) △ENM は面 CGEA に含まれる。

点 B と面 CGEA との距離は右の図の BJ

ここで △BCJ ∽ △ACB で、BC : BJ = AC : AB

$$6 : \mathrm{BJ} = 10 : 8、\quad 10\mathrm{BJ} = 6 \times 8、\quad \mathrm{BJ} = \frac{24}{5}$$

$$☆ = \frac{25}{4} \times \frac{24}{5} \times \frac{1}{3} = 10$$

答 10 cm³

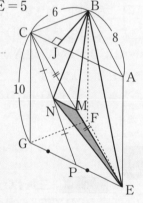

高校入試問題にチャレンジ

解答・解説 ▶ P.51

問題　図の1辺の長さが 6 cm の正八面体の辺上を、毎秒 1 cm の速さで6秒間だけ動く2点 P、Q があります。2点 P、Q は点 A を同時に出発し、点 P は辺 AB 上を点 B に向かって、点 Q は辺 AD 上を点 D に向かって動きます。三角すい CPFQ の体積が正八面体 ABCDEF の体積の $\dfrac{1}{6}$ となるのは、2点 P、Q が点 A を出発してから何秒後のことか求めよ。

〈鹿児島県〉

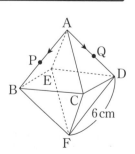

ベスト解

Chapter5 立体図形

レベル4 │ 発展
レベル3 │ 応用
▶ レベル2 │ 標準
レベル1 │ 基礎

103 底面積の比・高さの比

立体の体積比は、底面積や高さの比から考える。

A 底面積が等しい立体の体積比
⇒高さの比が体積の比となる。
A : B = 5 : 3

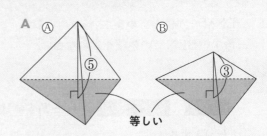

B 高さが等しい立体の体積比
⇒底面積の比が体積の比となる。
C : D = 2 : 3

例題 1 右の図のような、AB = BC = BD = 6cm、
∠ABC = ∠ABD = ∠CBD = 90° の三角
すいABCDがあり、辺AD上にAP : PD = 1 : 2と
なる点Pをとります。
このとき、三角すいPBCDの体積を求めなさい。

〈埼玉県〉

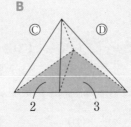

解法

方針 三角すいABCDと三角すいPBCDを比較すると、底面が
△BCDで等しいから、**ベスト解103A** より、高さの比を考えればよい。

点Pから面BCDへ垂線PHを下ろす。
このとき点Hは辺BD上にあり、
△DAB∽△DPH
DA : DP = AB : PH = 3 : 2

よって、三角すいPBCD = 三角すいABCD × $\dfrac{2}{3}$

$= 6 \times 6 \times \dfrac{1}{2} \times 6 \times \dfrac{1}{3} \times \dfrac{2}{3} = 24$ **答** 24 cm³

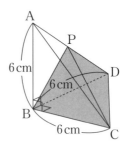

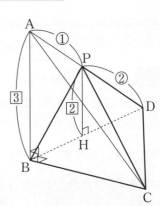

ワンポイントアドバイス
三角すいPBCA：三角すいPBCD = AP : PD = 1 : 2 となる。

例題 2　$AO = AB = AC = 6\,cm$、$\angle OAB = \angle OAC = \angle CAB = 90°$ の三角すい O-ABC がある。

辺 CB 上に点 D を、$CD : DB = 1 : 2$ となるようにとり、O と D を結ぶ。
また、線分 OD の中点を E とし、四面体 EOAB をつくる。
このとき、四面体 EOAB の体積を求めよ。

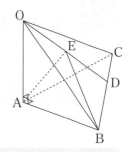

解法

方針　ベスト解 103 B　より、三角すい O-ABC の体積と、四面体 EOAB の体積を比較する。

三角すい O-ABC の体積を V とする。

ベスト解 062 A　より、$\triangle ABC : \triangle ABD = BC : BD = 3 : 2$ だから、

ベスト解 103 B　より、三角すい O-ABC : 三角すい O-ABD = 3 : 2

よって、三角すい O-ABD $= V \times \dfrac{2}{3}$ （☆）

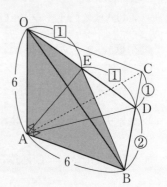

ベスト解 062 A　より、$\triangle OBD : \triangle OBE = OD : OE = 2 : 1$

だから、ベスト解 103 B　より、

三角すい O-ABD（☆）: 三角すい O-ABE = 2 : 1

$$\frac{2}{3}V : 三角すい\ O\text{-}ABE = 2 : 1$$

よって、三角すい O-ABE $= \dfrac{2}{3}V \times \dfrac{1}{2} = \dfrac{1}{3}V$（★）

★より、四面体 EOAB $= \dfrac{1}{3} \times 36 = 12$　　答　$12\,cm^3$

高校入試問題にチャレンジ

解答・解説 ▶ P.51

問題1　ベスト解 096　例題 2（p.199）において、4つの点 A、F、I、C を頂点とする立体の体積を求めなさい。ただし、$FI = 2\sqrt{6}\,cm$ とする。〈埼玉県・一部略〉

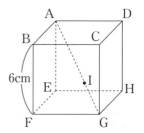

問題2　ベスト解 097　例題 2（p.201）において、三角すい RBCD の体積は、正四面体 ABCD の体積の何倍か、求めなさい。ただし、$QR = \dfrac{2\sqrt{33}}{3}\,cm$ とする。〈青森県・一部略〉

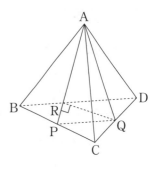

104 三角すいの体積比

三角すいの体積比は、共通する角に集まる辺の積から計算する。

四面体（三角すい）の分割の式には、大きく分けて次の2つがある。

A 四面体OABC：四面体OPQR ＝ ②×④×③ ： ①×③×①

$$= 24 : 3 = 8 : 1$$

四面体OABC：四面体OPQR

$$= OA \times OB \times OC : OP \times OQ \times OR$$

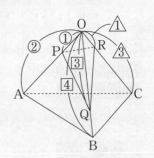

理由 四面体OABC：四面体OPQR

$$= \triangle OAB \times CH \times \frac{1}{3} : \triangle OPQ \times RI \times \frac{1}{3} \ (\bigstar)$$

ベスト解064 より、△OAB：△OPQ ＝ OA×OB：OP×OQ

$$= 2 \times 4 : 1 \times 3$$

さらに、△OCH∽△ORI だから、OC：OR ＝ CH：RI ＝ 3：1

以上より、★ ＝ $2 \times 4 \times 3 \times \frac{1}{3} : 1 \times 3 \times 1 \times \frac{1}{3} = 2 \times 4 \times 3 : 1 \times 3 \times 1$

B 四面体OPQR ＝ 四面体OABC $\times \frac{1}{2} \times \frac{3}{4} \times \frac{1}{3}$

$$= 四面体OABC \times \frac{1}{8}$$

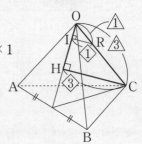

四面体OPQR ＝ 四面体OABC $\times \dfrac{OP}{OA} \times \dfrac{OQ}{OB} \times \dfrac{OR}{OC}$

例題1 右の図のような、三角すいA−BCDがある。点P、Qは、それぞれ辺AC、辺AD上にある。

AP：PC ＝ AQ：QD ＝ 3：1であるとする。このとき、三角すいA−BPQの体積は、四角すいB−PCDQの体積の何倍か、求めなさい。〈秋田県〉

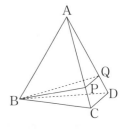

解法

方針 三角すいA−BCDと、三角すいA−BPQの体積を比較する。

ベスト解104A より、

三角すいA−BCD：三角すいA−BPQ ＝ AB×AC×AD ： AB×AP×AQ

$$= 1 \times 4 \times 4 : 1 \times 3 \times 3 = 16 : 9$$

よって、四角すいB−PCDQ ＝ 三角すいA−BCD − 三角すいA−BPQ、

16−9 ＝ 7　三角すいA−BPQ：四角すいB−PCDQ ＝ 9：7　ゆえに、$\dfrac{9}{7}$倍

答 $\dfrac{9}{7}$倍

別解 ベスト解104B より、三角すいA-BPQ＝三角すいA-BCD×$\dfrac{AB}{AB}$×$\dfrac{AP}{AC}$×$\dfrac{AQ}{AD}$

＝三角すいA-BCD×$\dfrac{1}{1}$×$\dfrac{3}{4}$×$\dfrac{3}{4}$＝三角すいA-BCD×$\dfrac{9}{16}$

例題2 図に示した立体A-BCDは、AB＝9cm、BC＝BD＝CD＝6cm、∠ABC＝∠ABD＝90°の三角すいである。辺AB上にある点をQとし、辺ADの中点をRとし、点Cと点Q、点Cと点R、点Qと点Rをそれぞれ結ぶ。
AQ＝8cmのとき、立体R-AQCの体積を求めよ。〈東京都・一部略〉

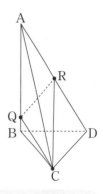

解法

方針 立体A-BCDと立体A-QCRで比較する。

ベスト解104B より、立体R-AQC＝立体A-BCD×$\dfrac{AQ}{AB}$×$\dfrac{AC}{AC}$×$\dfrac{AR}{AD}$

＝立体A-BCD×$\dfrac{8}{9}$×$\dfrac{1}{1}$×$\dfrac{1}{2}$＝立体A-BCD×$\dfrac{4}{9}$（★）

ここで立体A-BCDの体積は、△BCD×AB×$\dfrac{1}{3}$＝$\dfrac{\sqrt{3}}{4}$×6^2×9×$\dfrac{1}{3}$＝$27\sqrt{3}$

$\underset{\text{1辺6cmの正三角形（ ベスト解073B ）}}{}$

★＝$27\sqrt{3}$×$\dfrac{4}{9}$＝$12\sqrt{3}$ 答 $12\sqrt{3}\,\text{cm}^3$

高校入試問題にチャレンジ

解答・解説 ▶ P.52

問題 右の図のように、AB＝6cm、∠BAC＝90°の直角二等辺三角形ABCを底面とする三角すいOABCがあり、辺OAは底面ABCに垂直で、OA＝6cmである。2点D、Eはそれぞれ辺OB、OC上にあって、OD：DB＝OE：EC＝2：1である。また、辺OA上に点Pをとる。

三角すいOPDEの体積が三角すいOABCの体積の$\dfrac{1}{3}$となるとき、線分APの長さを求めなさい。〈熊本県・一部略〉

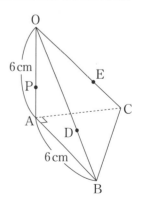

105 相似な立体の体積比

相似な立体の体積比は、相似比を3乗する。すい台にもこれを利用する。

A　相似な立体の体積の比

相似比が3：2のすい体Ⓐとすい体Ⓑがある。このとき、

すい体Ⓐとすい体Ⓑの底面積の比は　ベスト解 066　より $3^2：2^2$、

すい体Ⓐとすい体Ⓑの高さの比は、3：2

すい体Ⓐの体積：すい体Ⓑの体積 $= 3^2 \times 3 \times \dfrac{1}{3} : 2^2 \times 2 \times \dfrac{1}{3} = 3^3：2^3 = 27：8$

あるいは、すい体Ⓐの体積を V とするとき、すい体Ⓑの体積は、$V \times \dfrac{2^3}{3^3} = \dfrac{8}{27}V$

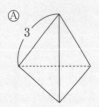
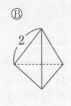
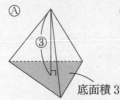

底面積 $3^2：2^2$

B　すい台の体積

すい体Ⓒから、これと相似なすい体Ⓓを
除いて残った立体Ⓔを「すい台」と呼ぶ。

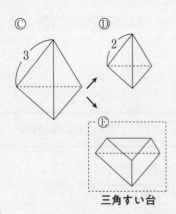

三角すい台

すい体Ⓒを V とすれば、

すい体Ⓒの体積：すい体Ⓓの体積

$$= 3^3：2^3 = V：V \times \dfrac{2^3}{3^3}$$

残った立体Ⓔの体積は、

$$V - \dfrac{2^3}{3^3}V = \left(1 - \dfrac{2^3}{3^3}\right)V$$

$$= \left(1 - \dfrac{8}{27}\right)V = \dfrac{19}{27}V$$

例題 1　右の図は、1辺の長さが8cmの正四面体OABCを表している。

辺OA、OB、OC上にそれぞれ点D、E、Fを、OD：DA＝1：2、
OE：EB＝1：2、OF：FC＝1：2、となるようにとる。

このとき、正四面体OABCを3点D、E、Fを通る平面で分けた
ときにできる2つの立体のうち、頂点Aをふくむ立体の体積は、正
四面体OABCの体積の何倍か求めよ。〈福岡県・一部略〉

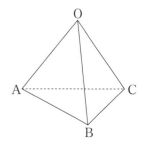

方針 正四面体OABCと正四面体ODEFは相似。

正四面体OABCを立体P、正四面体ODEF
を立体Q、求める立体をRとすると、立体P
と立体Qの相似比は3:1

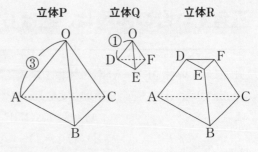

立体P 立体Q 立体R

ベスト解105A より、その体積比は、

$3^3 : 1^3 = 27 : 1$

よって、立体Rは $27 - 1 = 26$ だから、

立体P:立体Q:立体R $= 27 : 1 : 26$　ゆえに、$\dfrac{26}{27}$ 倍　**答** $\dfrac{26}{27}$ 倍

例題2 図のように、底面が1辺4cmの正方形で、体積が $V\,\mathrm{cm}^3$ の正四角すいがある。この正四角すいOABCDから、1辺3cmの正方形EFGHを底面とし、平面EFGHが平面ABCDと平行になるようにとった正四角すいOEFGHを取り除いた。このとき、立体EFGH–ABCDの体積を V を用いて表しなさい。

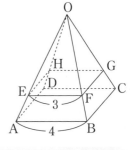

解法

方針 正四角すいOABCDと正四角すいOEFGHは相似。

正四角すいOABCDと正四角すいOEFGHの体積比は、**ベスト解105A** より、

$4^3 : 3^3 = 64 : 27$　すると、正四角すいOEFGHの体積は $\dfrac{27}{64}V$

よって残った立体は、$V - \dfrac{27}{64}V = V \times \left(1 - \dfrac{27}{64}\right) = \dfrac{37}{64}V$　**答** $\dfrac{37}{64}V\,\mathrm{cm}^3$

別解 **ベスト解105B** より、$V \times \left(1 - \dfrac{3^3}{4^3}\right) = V \times \left(1 - \dfrac{27}{64}\right) = \dfrac{37}{64}V$

高校入試問題にチャレンジ

解答・解説 ▶ P.52

問題 右の図のように、三角すいOABCの辺上に3点D、E、Fがあり、三角すいOABCが平面DEFで2つの部分P、Qに分けられている。底面ABCと平面DEFが平行で、AB:DE = 5:2であるとき、Qの体積はPの体積の何倍か、求めなさい。〈徳島県〉

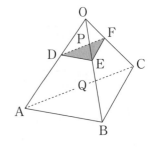

5

立体図形

相似な立体の体積比

217

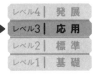

106 すい台の体積

三角すい台の体積は、延ばして相似を利用する。

例 三角すい台DEF–ABCの体積を求める。

（ただし、面ABCと面DEFは平行。面ABC⊥DA、∠CAB = 90°とする）

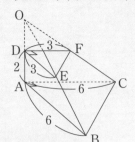

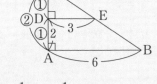

△OAB∽△ODE

OD：OA = DE：AB

　　　 = 3：6 = 1：2

よって、OD：DA = 1：1

だから、OD = 2、OA = 4

求める体積は、$6 \times 6 \times \dfrac{1}{2} \times 4 \times \dfrac{1}{3} - 3 \times 3 \times \dfrac{1}{2} \times 2 \times \dfrac{1}{3} = 24 - 3 = 21$

$\underbrace{\phantom{6 \times 6 \times \dfrac{1}{2} \times 4}}_{\text{三角すいO–ABC}} - \underbrace{\phantom{3 \times 3 \times \dfrac{1}{2} \times 2}}_{\text{三角すいO–DEF}}$

別解 三角すいO–ABCと三角すいO–DEFの相似比は2：1だから、体積比は$2^3 : 1^3$

（ ベスト解105 B より。）

$\underbrace{6 \times 6 \times \dfrac{1}{2} \times 4 \times \dfrac{1}{3} \times \left(1 - \dfrac{1^3}{2^3}\right)}_{\text{三角すいO–ABC}} = 6 \times 6 \times \dfrac{1}{2} \times 4 \times \dfrac{1}{3} \times \dfrac{7}{8} = 21$

例題 1　右の図のように、2つの円P、Qの半径がそれぞれ2cm、6cm
である円を底面とする円すい台があり、台形BCQPにおいて、
BC = $4\sqrt{5}$ cm である。

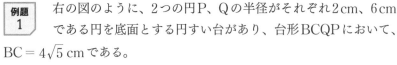

(1) CBの延長とQPの延長の交点をAとしてAQの長さを求めよ。

(2) この円すい台の体積を求めよ。ただし、円周率はπとする。

解法 (1) 右下の図で△ACQ∽△ABPだから、AB：AC = BP：CQ = 2：6 = 1：3

よって、AB：BC：AC = 1：2：3　だから、$AC = BC \times \dfrac{3}{2} = 4\sqrt{5} \times \dfrac{3}{2} = 6\sqrt{5}$

そこで△ACQで三平方の定理より、高さAQを求める。

$AQ = \sqrt{AC^2 - CQ^2} = \sqrt{\left(6\sqrt{5}\right)^2 - 6^2} = \sqrt{180 - 36} = \sqrt{144} = 12$

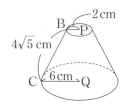

答 12cm

(2) 　方針　円Q、Pを底面とする円すいの差。

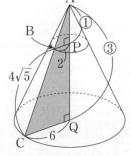

ベスト解106 より、円すい台 = 円すい $\times \left(1 - \dfrac{1^3}{3^3}\right)$

$= 6 \times 6 \times \pi \times 12 \times \dfrac{1}{3} \times \left(1 - \dfrac{1^3}{3^3}\right) = 6 \times 6 \times \pi \times 12 \times \dfrac{1}{3} \times \left(\dfrac{27-1}{27}\right) = \dfrac{416}{3}\pi$　答 $\dfrac{416}{3}\pi$ cm^3

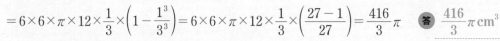

例題 2 右の図では、1辺が6cmの正方形ABCDと1辺が8cmの正方形 EFGHが平行で、AE＝BF＝CG＝DH＝$\sqrt{6}$cmである。
立体ABCD-EFGHの体積を求めよ。

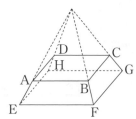

解法 右の図で、対角線EGとFHの交点をIとし、高さOIを求める。

△OAB∽△OEFで、AB∥EFだから、

OA：OE＝AB：EF＝3：4

これより、OA：AE：OE＝3：1：4

だから、OE＝4AE＝$\sqrt{6}×4＝4\sqrt{6}$

$EI＝\dfrac{1}{2}EG＝\dfrac{1}{2}×\sqrt{2}EF＝\dfrac{1}{2}×\sqrt{2}×8＝4\sqrt{2}$

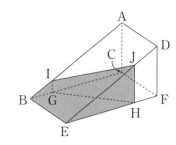

△OEIで三平方の定理より、

$OI＝\sqrt{OE^2-EI^2}＝\sqrt{\left(4\sqrt{6}\right)^2-\left(4\sqrt{2}\right)^2}＝\sqrt{96-32}＝\sqrt{64}＝8$

ベスト解106 より、立体ABCD-EFGH＝正四角すいO-EFGH×$\left(1-\dfrac{3^3}{4^3}\right)$

$＝8×8×8×\dfrac{1}{3}×\left(1-\dfrac{3^3}{4^3}\right)＝8×8×8×\dfrac{1}{3}×\dfrac{64-27}{64}＝\dfrac{296}{3}$

答 $\dfrac{296}{3}$cm³

高校入試問題にチャレンジ

解答・解説 ▶ P.52

問題1 図において、立体ABC-DEFは三角柱である。△ABC と△DEFは合同な三角形であり、AC＝4cm、BC＝8cm、 ∠ACB＝90°である。四角形ACFDは正方形であり、四角形 ABED、CBEFは長方形である。Gは、辺BC上にあってB、Cと 異なる点である。Hは辺EF上の点であり、HF＝BG＝2cmであ る。GとHを結ぶ。IはGを通り辺ACに平行な直線と辺ABとの 交点であり、JはHを通り辺DFに平行な直線と辺DEとの交点で ある。IとJを結ぶ。

このとき、4点I、G、H、Jは同じ平面上にあって、直線IG、直線JHはともに平面CBEFと垂直 である。立体BE-IGHJの体積を求めなさい。〈大阪府・一部略〉

問題2 右の図のように、立体ABCD-EFGHにおいて、面ABCD と面EFGHは1辺の長さがそれぞれ2cm、4cmの正方形であり、こ の2つの面は平行である。また、それ以外の4つの面は、すべて台形 でAE＝BF＝CG＝DH＝3cmである。
立体ABCD-EFGHの体積を求めなさい。〈石川県・一部略〉

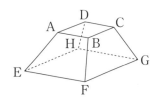

べ|ス|ト|解
Chapter5　立体図形
▶ レベル4｜発展
レベル3｜応用
レベル2｜標準
レベル1｜基礎

107 立方体と正四面体・立方体と正八面体

正四面体や正八面体は、立方体の中に見ることができる。

A　1辺aの立方体から正四面体の体積を求める

立方体から太枠で囲った三角すい4つ分を取り去る。

（頂点Pのところ、Qのところ、Rのところ、Sのところの4つ）

$$a^3 - a \times a \times \frac{1}{2} \times a \times \frac{1}{3} \times 4 = a^3 - \frac{2}{3}a^3 = \frac{1}{3}a^3 \qquad \text{1辺}\sqrt{2}\,a\text{の正四面体の体積} = \frac{1}{3}a^3$$

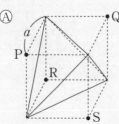 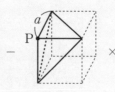

B　1辺aの立方体から正八面体の体積を求める

正方形PQRSを底面、高さをOHとする正四角すいO–PQRS
が2つ分と考える。

正方形$PQRS = a^2 \times \dfrac{1}{2}$、$OH = a \times \dfrac{1}{2}$

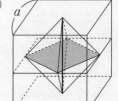

$$a^2 \times \frac{1}{2} \times a \times \frac{1}{2} \times \frac{1}{3} \times 2 = \frac{1}{6}a^3 \qquad \text{1辺}\frac{\sqrt{2}}{2}a\text{の正八面体の体積} = \frac{1}{6}a^3$$

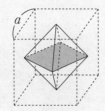 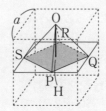 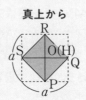

真上から

〈底面と高さの関係〉

垂直であれば、底面と離れていても（©）、

底面を突き抜けていても（Ⓓ）、

同じように計算することができる。

 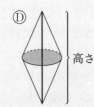

例題1　1辺の長さが6cmの立方体があります。右の図のように、それぞれの面の対角線の交点をA、B、C、D、E、Fとするとき、この6つの点を頂点とする正八面体の体積を求めなさい。〈埼玉県〉

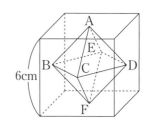

ベスト解107B より、正方形BCDEの面積は、$6 \times 6 \times \dfrac{1}{2} = 18$

また、AF = 6だから **ベスト解107B** より、体積は、$18 \times 6 \times \dfrac{1}{3} = 36$　**答** $36\,\text{cm}^3$

例題2 右の**図I**は、1辺が6cmの立方体ABCD-EFGHの4つの頂点を結び、正四面体ACFHをつくったものです。

図IIは、**図I**の正四面体ACFHをかき出したものです。5点P、Q、R、S、Tはそれぞれ辺AH、AF、AC、CH、CFの中点で、これらを図のように直線で結び立体PQR-STCをつくります。この立体の体積を求めなさい。〈岩手県・一部略〉

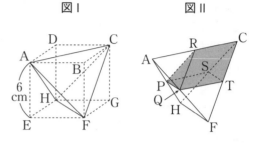

図I　図II

解法

方針 AP = PH、AQ = QF、CT = TF、CS = SHだから、面PQTSにより、2つの合同な図形に分けられる（**ポイント6**）。また、立体APQRは正四面体。

立体PQR-STC = 正四面体ACFH $\times \dfrac{1}{2}$ − 正四面体APQR（★）

正四面体APQRは正四面体ACFHの体積の$\dfrac{1^3}{2^3}$

ベスト解107A で $a = 6$ のときだから、

★ $= \dfrac{1}{3} \times 6^3 \times \dfrac{1}{2} - \dfrac{1}{3} \times 6^3 \times \dfrac{1}{8} = \dfrac{1}{3} \times 6^3 \times \left(\dfrac{1}{2} - \dfrac{1}{8} \right) = \dfrac{1}{3} \times 6^3 \times \dfrac{3}{8} = 27$　**答** $27\,\text{cm}^3$

高校入試問題にチャレンジ

解答・解説 ▶ P.53

問題 図は1辺の長さが10cmの立方体である。

この立方体において、辺BD、DE、BE、BG、DG、EGのそれぞれの中点をI、J、K、L、M、Nとし、この立体から4つの三角すいBIKL、DIJM、EJKN、GLMNを切り取った立体がある。

このとき、6点I、J、K、L、M、Nを頂点とする立体の体積を求めなさい。〈宮崎県・一部略〉

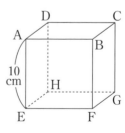

ヒント **ベスト解107B** を参考にする。

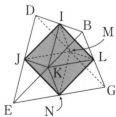

108　分割して体積を求める工夫

複雑な形の立体の体積に困ったら、いくつかの三角すいに分割し計算する。

例題1　右の図のような三角柱 ABC−DEF がある。辺 CF 上に点 G をとり、3点 A、E、G を通る平面で、三角柱 ABC−DEF を切断する。こうして分けられる2つの立体のうち、点 F を含むほうの立体（太枠の立体）の体積を求めよ。

ただし、AB = 6cm、AC = 8cm、∠BAC = 90°、BE = 10cm、GF = 4cm である。

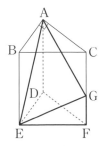

解法

方針　ベスト解108 より、3点 D、E、G で、2つの三角すい㋐㋑に分ける。

㋐…三角すい E−ADG = △ADG × ED × $\dfrac{1}{3}$

$\quad = AD \times GH \times \dfrac{1}{2} \times ED \times \dfrac{1}{3}$

$\quad = 10 \times 8 \times \dfrac{1}{2} \times 6 \times \dfrac{1}{3} = 80$

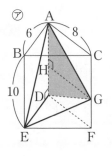

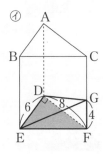

㋑…三角すい G−DEF = △DEF × GF × $\dfrac{1}{3}$

$\quad = DE \times DF \times \dfrac{1}{2} \times GF \times \dfrac{1}{3} = 6 \times 8 \times \dfrac{1}{2} \times 4 \times \dfrac{1}{3} = 32$

求める立体の体積 = 三角すい㋐ + 三角すい㋑ = 80 + 32 = 112　　**答** 112cm³

例題2　図のように、AB = AC = AD = 10cm、∠BAC = 90°の三角柱 ABCDEF がある。

辺 DA の延長上に、DA = AP となるように点 P をとり、線分 PE と辺 AB との交点を Q、線分 PF と辺 AC との交点を R とする。また、三角柱 ABCDEF が平面 QEFR で分けられる2つの部分のうち、頂点 B を含む方を立体 X とする。

このとき、次の問いに答えなさい。〈徳島県・一部改〉

(1)　線分 QR の長さを求めなさい。

(2)　立体 X の体積を求めなさい。

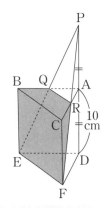

解法

方針　△PRA ≡ △FRC だから AR = RC　同様に AQ = QB

(1) △ABCは三角定規型◎だから、BC＝$\sqrt{2}$AB＝$\sqrt{2}\times10＝10\sqrt{2}$

点Q、Rはそれぞれ辺AB、ACの中点だから、 ベスト解068A 三角形の中点連結定理より、

QR＝$\dfrac{1}{2}$BC＝$\dfrac{1}{2}\times10\sqrt{2}＝5\sqrt{2}$ 答 $5\sqrt{2}$ cm

(2) ベスト解108 より、 三角すい㋐ ＋ 三角すい㋑ ＋ 三角すい㋒（★） に分割する。

三角すい㋐…BE×EF×$\dfrac{1}{2}\times h\times\dfrac{1}{3}＝10\times10\sqrt{2}\times\dfrac{1}{2}\times h\times\dfrac{1}{3}＝\dfrac{50\sqrt{2}}{3}h$

三角すい㋑…CF×BC×$\dfrac{1}{2}\times h\times\dfrac{1}{3}＝10\times10\sqrt{2}\times\dfrac{1}{2}\times h\times\dfrac{1}{3}＝\dfrac{50\sqrt{2}}{3}h$

三角すい㋒…QR×$h\times\dfrac{1}{2}\times$CF×$\dfrac{1}{3}＝5\sqrt{2}\times h\times\dfrac{1}{2}\times10\times\dfrac{1}{3}＝\dfrac{25\sqrt{2}}{3}h$

そこで、真上からみた図のhは、$h＝\dfrac{1}{2}$AH＝$\dfrac{1}{2}$BH＝$\dfrac{1}{2}\times5\sqrt{2}＝\dfrac{5\sqrt{2}}{2}$

★＝$\dfrac{50\sqrt{2}}{3}h+\dfrac{50\sqrt{2}}{3}h+\dfrac{25\sqrt{2}}{3}h＝\dfrac{125\sqrt{2}}{3}h＝\dfrac{125\sqrt{2}}{3}\times\dfrac{5\sqrt{2}}{2}＝\dfrac{625}{3}$ 答 $\dfrac{625}{3}$ cm³

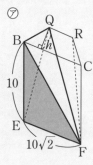
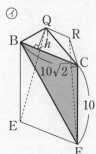
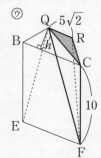
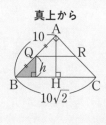

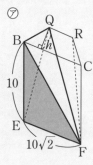

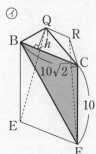

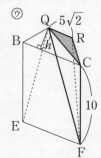

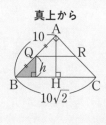

高校入試問題にチャレンジ

解答・解説 ▶ P.53

問題1 図Ⅰのように、AB＝3cm、AD＝1cm、AE＝4cmの直方体ABCD-EFGHがある。辺DH上、辺BF上にそれぞれDP＝QF＝1cmとなる点P、Qをとる。

図Ⅱは、4点C、P、E、Qを通る平面でこの直方体を切断し、さらに4点P、H、F、Qを通る平面で切断した立体のうち点Gを含むほうである。

このとき、立体CPQ-GHFの体積を求めなさい。〈石川県〉

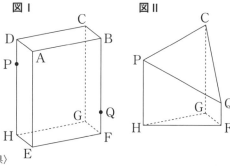

問題2 図のように、AB＝AD＝4cm、AE＝8cmの直方体ABCDEFGHがある。3辺AE、BF、CG上にそれぞれ点P、Q、Rがあり、AP＝2cm、BQ＝5cm、CR＝3cmである。

5点B、D、P、Q、Rを頂点とする立体BDPQRの体積は何cm³か。〈長崎県・一部略〉

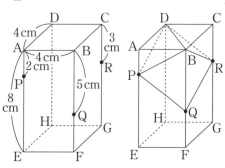

109　屋根型の体積

3本の平行な辺があれば、屋根型で体積を求める。

$a /\!/ b /\!/ c$ であり、これらが底面と垂直ならば、底面積を S としたときの体積は、

$$S \times \frac{a+b+c}{3}$$

※3本の平行線がでてくるときにとても便利。

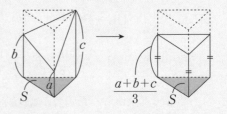

理由　次の㋐、㋑、㋒に分割できる。

㋐…$a \times x \times \dfrac{1}{2} \times h \times \dfrac{1}{3}$

㋑…$b \times x \times \dfrac{1}{2} \times h \times \dfrac{1}{3}$

㋒…$x \times h \times \dfrac{1}{2} \times c \times \dfrac{1}{3}$

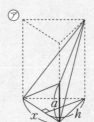 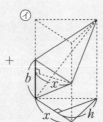 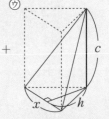

$$㋐+㋑+㋒ = \frac{1}{3}a \times x \times h \times \frac{1}{2} + \frac{1}{3}b \times x \times h \times \frac{1}{2} + \frac{1}{3}c \times x \times h \times \frac{1}{2} = x \times h \times \frac{1}{2} \times \frac{a+b+c}{3}$$

$$\left(x \times h \times \frac{1}{2} = S として\right) = \boxed{S \times \frac{a+b+c}{3}}$$

例題 1　図のように、AB＝3cm、AD＝1cm、AE＝4cmの直方体ABCD-EFGHがある。辺DH上、辺BF上にそれぞれ DP＝QF＝1cm となる点P、Qをとる。

図は、4点C、P、E、Qを通る平面でこの直方体を切断し、さらに4点P、H、F、Qを通る平面で切断した立体のうち点Gを含むほうである。

このとき、立体CPQ-GHFの体積を求めなさい。〈石川県〉

解法

方針　PH $/\!/$ CG $/\!/$ QF　**ベスト解109** より、これらと△GHFは垂直だから屋根型を使う。

$$△GHF \times \frac{PH + CG + QF}{3}$$

$$= \underbrace{1 \times 3 \times \frac{1}{2}}_{△GHF} \times \frac{3+4+1}{3} = 4$$

答　$4\,\mathrm{cm}^3$

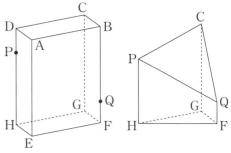

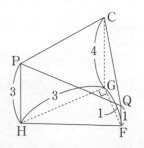

例題
2

右の図Ⅰは、1辺が6cmの立方体ABCD-EFGHの4つの頂点を結び、正四面体ACFHをつくったものです。図Ⅱは、図Ⅰの正四面体ACFHをかき出したものです。5点P、Q、R、S、Tはそれぞれ辺AH、AF、AC、CH、CFの中点で、これらを図のように直線で結び立体PQR-STCをつくります。この立体の体積を求めなさい。〈岩手県・一部略〉

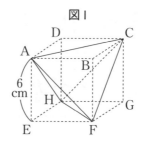

図Ⅰ

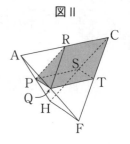

図Ⅱ

解法

> **方針** RC ∥ PS ∥ QT **ベスト解109** より、△RHF⊥AC だから屋根型を使う。

$$\triangle RUV \times \frac{RC + PS + QT}{3} \quad (\bigstar)$$

ここで、$UV = \dfrac{1}{2}HF = \dfrac{1}{2} \times 6\sqrt{2}$
$= 3\sqrt{2}$

$\triangle RUV = UV \times RX \times \dfrac{1}{2} = 3\sqrt{2} \times 3 \times \dfrac{1}{2}$

また、$RC = PS = QT = 3\sqrt{2}$ だから、

$$\bigstar = \underbrace{3\sqrt{2} \times 3 \times \frac{1}{2}}_{\triangle RUV} \times \frac{3\sqrt{2} + 3\sqrt{2} + 3\sqrt{2}}{3}$$

$$= 3\sqrt{2} \times 3 \times \frac{1}{2} \times 3\sqrt{2} = 27$$

答 27 cm³

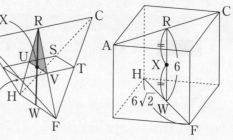

高校入試問題にチャレンジ

解答・解説 ▶ P.54

問題 図において、立体AB-CDEFは5つの平面で囲まれてできた立体である。四角形CDEFは、CD = 4cm、DE = 5cmの長方形である。四角形ADEBはAB ∥ DEの台形であり、AB = 3cm、AD = BE = 8cmである。四角形ACFBは、四角形ADEBと合同な台形である。△ACDはAC = ADの二等辺三角形であり、△BFEはBF = BEの二等辺三角形である。J、Kはそれぞれ辺AD、BE上の点であり、AJ = BK = 2cmである。このとき、4点C、J、K、Fは同じ平面上にあり、この4点を結んでできる四角形CJKFはJK ∥ CFの台形である。〈大阪府・一部改〉

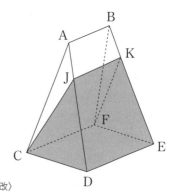

(1) AからDE、CFへそれぞれ垂線AH、AIを引くとき、△AHIの面積を求めなさい。

(2) 線分JKの長さを求めなさい。

(3) 立体JK-CDEFの体積を求めなさい。

べ|ス|ト|解

110 対称面を有効に使う

対称性に目をつけると、その図形が持っている性質を活かすことにつながる。

 右の図の四面体ABCDは、AD $= 4\sqrt{3}$ cm、BC $= 2$ cm、AB $=$ AC $=$ DB $=$ DC $= 4$ cm である。

このとき、次の各問いに答えよ。

(1) 辺ADの中点をMとするとき、CMの長さを求めよ。

(2) △MBCの面積を求めよ。

(3) 四面体ABCDの体積を求めよ。

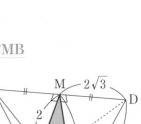

解法

方針 △ABD、△ACDは二等辺三角形だからAD⊥△CMB

(1) CA $=$ CDより、∠CMD $= 90°$だから、
△CMDで三平方の定理より、
$$CM = \sqrt{CD^2 - MD^2} = \sqrt{4^2 - \left(2\sqrt{3}\right)^2} = \sqrt{16 - 12} = 2$$

 答 2cm

(2) BM $=$ CMとなる。また、BC $= 2$から、
△MBCは正三角形。 **ベスト解073B** より、$\dfrac{\sqrt{3}}{4} \times 2^2 = \sqrt{3}$（cm^2）

 答 $\sqrt{3}$ cm^2

(3) AD⊥MC、AD⊥MBより、AD⊥△MBC
これとAM $=$ DMから、この立体は△MBCについて対称。
△MBCを底面、ADを高さとする。

ベスト解107D より、四面体ABCD $=$ △MBC $\times$ AD $\times \dfrac{1}{3} = \sqrt{3} \times 4\sqrt{3} \times \dfrac{1}{3} = 4$

 答 4cm^3

 右の図のように、底面が1辺6cmの正方形で、他の辺が$3\sqrt{3}$cmの正四角すいがある。

辺OC、OD上にそれぞれ点E、Fを、OE：EC $= 2：1$、OF：FD $= 2：1$となるようにとる。

このとき、次の(1)～(3)の問いに答えなさい。〈福島県〉

(1) 線分EFの長さを求めなさい。

(2) 辺AB、CDの中点をそれぞれM、Nとするとき、△OMNの面積を求めなさい。

(3) Oを頂点とし、四角形ABEFを底面とする四角すいの体積を求めなさい。

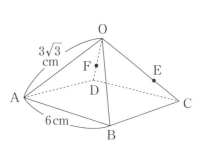

方針 △OMN は対称面だから、四角形 FABE と垂直に交わる。

(1) △OCD∽△OEF より、OC：OE＝CD：EF、3：2＝6：EF、EF＝4 　**答** 4 cm

(2) $OM = \sqrt{OA^2 - AM^2} = \sqrt{\left(3\sqrt{3}\right)^2 - 3^2}$

$\qquad = \sqrt{27-9} = \sqrt{18} = 3\sqrt{2} = ON$

ここで△OMN に着目すれば、$OM^2 + ON^2 = MN^2$ より、

三平方の定理の逆（ **ベスト解 069 B** ）が成り立ち、

$\angle MON = 90°$

$\triangle OMN = 3\sqrt{2} \times 3\sqrt{2} \times \dfrac{1}{2} = 9$ 　**答** 9 cm²

(3) 元の立体も求める立体も、△OMN について対称。頂点 O から四角形 ABEF へ垂線 OH を引きこれを立体の高さとすると、OH は△OMN に含まれる。

つまり、**四角形 ABEF を底面、OH を高さとする。**

EF と ON の交点を G とし、OG：GN＝OE：EC＝2：1

$OG = \dfrac{2}{3}ON = \dfrac{2}{3} \times 3\sqrt{2} = 2\sqrt{2}$

$\angle MON = 90°$ より、△OMG で三平方の定理から、

$GM = \sqrt{OM^2 + OG^2} = \sqrt{\left(3\sqrt{2}\right)^2 + \left(2\sqrt{2}\right)^2} = \sqrt{18+8} = \sqrt{26}$

さて、OH の長さは、 **ベスト解 092** より、△OMG の面積を利用して、

$OM \times OG \times \dfrac{1}{2} = MG \times OH \times \dfrac{1}{2}$

$3\sqrt{2} \times 2\sqrt{2} \times \dfrac{1}{2} = \sqrt{26} \times OH \times \dfrac{1}{2}$、$\sqrt{26}\,OH = 12$、$OH = \dfrac{12}{\sqrt{26}}$

よって、求める体積は、

$\underline{四角形\ FABE} \times OH \times \dfrac{1}{3} = \left\{(4+6) \times \sqrt{26} \times \dfrac{1}{2}\right\} \times \dfrac{12}{\sqrt{26}} \times \dfrac{1}{3} = 20$ 　**答** 20 cm³

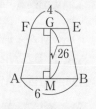

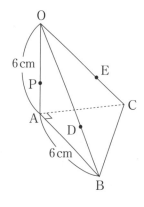

5

立体図形

対称面を有効に使う

高校入試問題にチャレンジ

解答・解説 ▶ P.55

問題 右の図のように、AB＝6 cm、∠BAC＝90°の直角二等辺三角形 ABC を底面とする三角すい OABC があり、辺 OA は底面 ABC に垂直で、OA＝6 cm である。2 点 D、E はそれぞれ辺 OB、OC 上にあって、OD：DB＝OE：EC＝2：1 である。また、辺 OA 上に点 P をとる。

三角すい OPDE の体積が三角すい OABC の体積の $\dfrac{1}{3}$ となるとき、次の各問いに答えよ。〈熊本県・一部略〉

(1) 線分 AP の長さを求めなさい。

(2) 点 P と△ODE を含む平面との距離を求めなさい。

ベ|ス|ト|解

Chapter5　立体図形

111

レベル4｜ 発 展
レベル3｜ 応 用
▶ レベル2｜ 標 準
レベル1｜ 基 礎

立体内部の線分の長さ

立体内部の線分の長さは、直角三角形を作る。

図のように空間内で、線分PQの長さを求めるには、Qから平面αへ
垂線QHをひき、△PQHで三平方の定理で計算するとよい。

※QHが平面aと垂直になることを確認すること。

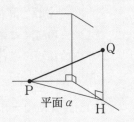

例題 1 右の図に示した立体A-BCDは、AB＝8cm、BC＝BD＝6cm、
∠ABC＝∠ABD＝90°、∠CBD＝60°の三角すいである。
辺ADの中点をMとする。辺BCの中点をPとし、点Mと点Pを結んだとき、線
分MPの長さを求めよ。〈東京都・一部略〉

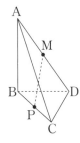

解法

方針 **ベスト解111** より、太枠の直角三角形を使う。i）MH、ii）PHを求める。

i）点Mから底面BCDへ垂線MHを下ろす。
△BCD⊥△ABDだから、Hは辺BD上にある。
AM＝MD、AB∥MHだから、

ベスト解068B 三角形の中点連結定理よりMH＝$\frac{1}{2}$AB＝$\frac{1}{2}$×8＝4

ii）また△BCDは正三角形で、点P、Hはそれぞれの辺の中点
だから、**ベスト解068A** 三角形の中点連結定理より、

$PH＝\frac{1}{2}CD＝\frac{1}{2}×6＝3$

∠MHP＝90°より、△MPHで三平方の定理を用いて、

$MP＝\sqrt{MH^2＋PH^2}＝\sqrt{4^2＋3^2}＝\sqrt{16＋9}＝5$ **答** 5cm

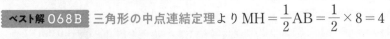

例題 2 右の図のように、1辺の長さが8cmの正方形ABCDを
底面とし、側面がすべて正三角形である四角すい
OABCDがある。辺OBの中点をEとし、線分AC上に
AF＝$\sqrt{2}$cmとなる点Fをとる。線分EFの長さを求めなさい。

〈茨城県〉

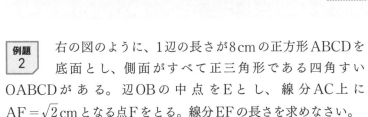

方針　ベスト解111より、太枠の直角三角形を使う。ⅰ）EI、ⅱ）FI を求める。

この立体は△ODB について対称で、△ODB ⊥ 面 ABCD である。そこで、E から底面 ABCD へ下ろす垂線はこの面に含まれ、垂線の足 I は DB 上にある。

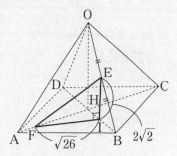

ⅰ）底面の正方形の対角線の交点を H とすれば、

$OH = 4\sqrt{2}$（ ポイント2 Ⓑ−2 参照。）

△BOH ∽ △BEI で、

$OH : EI = OB : EB = 2 : 1$

$EI = \dfrac{1}{2}OH = \dfrac{1}{2} \times 4\sqrt{2} = 2\sqrt{2}$

ⅱ）次に FI の長さは、右下にある真上からの図を参考にする。

△HFI で、∠IHF = 90°、

$HI = \dfrac{1}{2}HB = \dfrac{1}{2} \times \dfrac{1}{2}DB = \dfrac{1}{2} \times \dfrac{1}{2} \times 8\sqrt{2} = 2\sqrt{2}$

$FH = AH - AF = \dfrac{1}{2}AC - AF = 4\sqrt{2} - \sqrt{2} = 3\sqrt{2}$

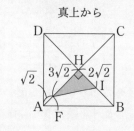

真上から

△HFI で三平方の定理より、

$FI^2 = HI^2 + FH^2 = \left(2\sqrt{2}\right)^2 + \left(3\sqrt{2}\right)^2 = 8 + 18 = 26$

∠EIF = 90° より、△EFI で三平方の定理で、

$EF = \sqrt{EI^2 + FI^2} = \sqrt{\left(2\sqrt{2}\right)^2 + 26} = \sqrt{8 + 26} = \sqrt{34}$

答　$\sqrt{34}\,\mathrm{cm}$

高校入試問題にチャレンジ

解答・解説 ▶ P.55

問題　図の立体は、△ABC を1つの底面とする三角柱である。この三角柱において、∠ACB = 90°、AC = 4cm、CB = 8cm、AD = 9cm であり、側面はすべて長方形である。また、BG = 6cm となる辺 BE 上の点を G とする。点 P は、点 A を出発し、毎秒1cm の速さで辺 AC、線分 CG 上を、点 C を通って点 G まで移動する。点 P が点 A を出発してから9秒後のとき、線分 PD の長さを求めなさい。〈静岡県・一部略〉

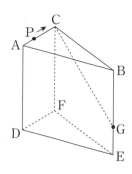

ベ|ス|ト|解

Chapter5　立体図形

レベル4 ｜ 発展
レベル3 ｜ 応用
レベル2 ｜ 標準
レベル1 ｜ 基礎

112 切り口がひし形になる

切り口がひし形の面積は、2本の対角線の長さから求める。

A　直方体の対角線の長さ

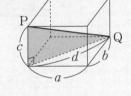

ベスト解 **111** より、$PQ^2 = d^2 + c^2$

$(d^2 = a^2 + b^2$ より $) = a^2 + b^2 + c^2$

$PQ = \sqrt{a^2 + b^2 + c^2}$

立体内の線分の長さは、太枠で囲んだ直方体で上の式を使う。

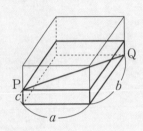 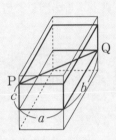 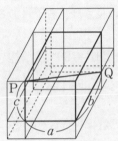

B　立体の切り口がひし形になるときの面積

ひし形の対角線どうしは直交するから、

図の線分 a、b の長さを求め、$\dfrac{1}{2}ab$

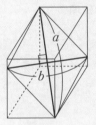 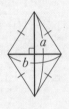

例題　右の図のような $AD = 3\,cm$、$AB = 4\,cm$、$BF = 7\,cm$ の直方体があり、辺 BF、辺 DH 上にそれぞれ $BP = 3\,cm$、$DQ = 4\,cm$ となるように点 P、Q をとると、四角形 APGQ はひし形になる。

このとき、次の各問いに答えよ。

(1)　対角線 AG の長さを求めよ。

(2)　ひし形 APGQ の面積を求めよ。

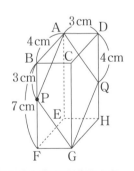

解法　(1)　直方体の対角線は、ベスト解 **112 A** より、

$AG = \sqrt{4^2 + 3^2 + 7^2} = \sqrt{74}$

答 $\sqrt{74}\,cm$

(2)　PQ は ベスト解 **112 B** より、

右図のように計算できる。

$PQ = \sqrt{3^2 + 4^2 + 1^2} = \sqrt{26}$

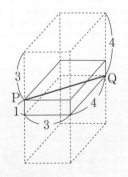

$$\text{ひし形 APGQ} = \frac{1}{2} \times \text{AG} \times \text{PQ}$$

$$= \frac{1}{2} \times \sqrt{74} \times \sqrt{26}$$

$$= \frac{1}{2} \times (\sqrt{2} \times \sqrt{37}) \times (\sqrt{2} \times \sqrt{13}) = \sqrt{481}$$

答 $\sqrt{481}\,\text{cm}^2$

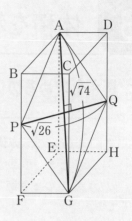

別解 ひし形の1辺を求めると、

△ABPで三平方の定理から、

$$\text{AP} = \sqrt{\text{AB}^2 + \text{BP}^2} = \sqrt{4^2 + 3^2} = 5$$

これを利用して面積を求める。

これと、$\text{AI} = \frac{1}{2}\text{AG} = \frac{\sqrt{74}}{2}$

$$\text{PI} = \sqrt{5^2 - \left(\frac{\sqrt{74}}{2}\right)^2} = \sqrt{25 - \frac{37}{2}} = \sqrt{\frac{13}{2}} = \frac{\sqrt{26}}{2}$$

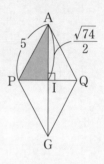

面積は、$\text{AI} \times \text{PI} \times \frac{1}{2} \times 4 = \frac{\sqrt{74}}{2} \times \frac{\sqrt{26}}{2} \times \frac{1}{2} \times 4 = \sqrt{481}$

※このように計算が複雑になることがあるので、対角線を利用した方がよい。

高校入試問題にチャレンジ

解答・解説 ▶ P.56

問題1 立体 ABCD－EFGH は四角柱である。四角形 ABCD は BC∥AD の台形であり、∠BCD＝∠ADC＝90°、BC＝2cm、AD＝CD＝4cm である。四角形 EFGH は、四角形 ABCD と合同な台形である。四角形 CGHD、四角形 ADHE は、1辺の長さが4cmの正方形である。四角形 BCGF、四角形 ABFE は長方形である。I は辺 AD の中点である。このとき、4点 E、I、C、F は同じ平面上にあって、この4点を結んでできる四角形 EICF はひし形である。四角形 EICF の面積を求めなさい。〈大阪府・一部略〉

図1

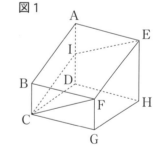

問題2 AB＝3cm、AD＝1cm、AE＝4cm の直方体 ABCD－EFGH がある。辺DH上、辺BF上にそれぞれDP＝QF＝1cm となる点P、Qをとる。

4点C、P、E、Qを通る平面でこの直方体を切断したとき、切り口の四角形 CPEQ の面積を求めなさい。〈石川県・一部略〉

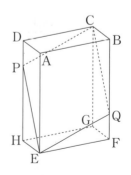

113　体積を利用した長さ

長さを求めるのに、体積や底面積が求めやすい図形なら体積を介す。

例　1辺6cmの立方体の3点B、G、Dを結んで正三角形を作る。このとき、頂点Cと△BGDの距離を、体積を利用して求めたい。このとき距離hを、三角すいC–BGDの高さと見立てる。

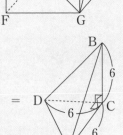

$\triangle BGD \times h \times \dfrac{1}{3} = $ 三角すいC–BGDの体積

△BGDは、1辺が$6\sqrt{2}$の正三角形だから（ ベスト解073B より）、

$$\dfrac{\sqrt{3}}{4} \times \left(6\sqrt{2}\right)^2 \times h \times \dfrac{1}{3} = 6 \times 6 \times \dfrac{1}{2} \times 6 \times \dfrac{1}{3}$$

$$\dfrac{\sqrt{3}}{6}h = 1$$

$$h = \dfrac{6}{\sqrt{3}} = 2\sqrt{3}$$

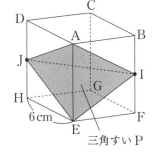

例題　右の図のように、点A、B、C、D、E、F、G、Hを頂点とし、1辺の長さが6cmの立方体がある。辺BFの中点をI、辺DHの中点をJとし、4点A、E、I、Jを結んで三角すいPをつくる。

このとき、次の各問いに答えなさい。〈三重県〉

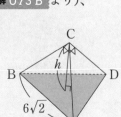

(1)　辺EJの長さを求めなさい。

(2)　△EIJの面積を求めなさい。

(3)　面EIJを底面としたときの三角すいPの高さを求めなさい。

解法　(1)　$EJ = \sqrt{JH^2 + HE^2} = \sqrt{3^2 + 6^2} = \sqrt{9 + 36} = \sqrt{45} = 3\sqrt{5}$　　答　$3\sqrt{5}\,\text{cm}$

(2)　　**方針**　$EJ = EI$の二等辺三角形。

EIも(1)と同様だから、$EI = EJ = 3\sqrt{5}$
また、四角形JHFIは長方形だから、
$IJ = FH = \sqrt{2}HE = \sqrt{2} \times 6 = 6\sqrt{2}$
IJの中点をKとすると、$\angle EKJ = 90°$だから、
△JEKで三平方の定理より、

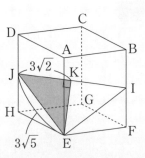

$$EK = \sqrt{EJ^2 - JK^2} = \sqrt{\left(3\sqrt{5}\right)^2 - \left(3\sqrt{2}\right)^2} = \sqrt{45 - 18} = \sqrt{27} = 3\sqrt{3}$$

よって、$\triangle \text{EIJ} = \text{JI} \times \text{EK} \times \dfrac{1}{2} = 6\sqrt{2} \times 3\sqrt{3} \times \dfrac{1}{2} = 9\sqrt{6}$ 　答 $\underline{9\sqrt{6}\,\text{cm}^2}$

(3)

> **方針**　高さとは、頂点Aから面EIJへ下ろした垂線のこと
> で、これをALとする。体積を2通りの方法①②で表す。

高さをALとする。

ベスト解113 より、体積を利用すれば、$\triangle \text{EIJ} \times \text{AL} \times \dfrac{1}{3} = $ 三角すいP

ここでまず、三角すいPの体積は、

①$\triangle \text{JEA} \times \text{IM} \times \dfrac{1}{3} = 6 \times 6 \times \dfrac{1}{2} \times 6 \times \dfrac{1}{3} = 36$

②また、次のように表すこともできる。

$\triangle \text{EIJ} \times \text{AL} \times \dfrac{1}{3}$

②＝①から、$9\sqrt{6} \times \text{AL} \times \dfrac{1}{3} = 36$、$\sqrt{6}\text{AL} = 12$、

$\text{AL} = \dfrac{12}{\sqrt{6}} = \dfrac{12\sqrt{6}}{6} = 2\sqrt{6}$ 　答 $\underline{2\sqrt{6}\,\text{cm}}$

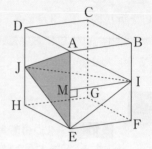

高校入試問題にチャレンジ

解答・解説 ▶ P.56

問題1　右の図のような、底面が1辺6cmの正三角形で、高さが8cm
の正三角柱がある。
線分BD上に点Gを、BG：GD＝1：3となるようにとる。
また、辺CF上に点Hを、FH＝$\sqrt{3}$cmとなるようにとる。
このとき、次の(1)、(2)の問いに答えなさい。〈福島県・一部改〉
(1)　4点D、E、H、Gを結んでできる三角すいの体積を求めなさい。
(2)　3点D、E、Hを通る平面と点Gとの距離を求めなさい。

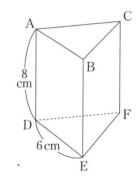

問題2　右の図のように、AB＝6cm、∠BAC＝90°の直角二等辺三
角形ABCを底面とする三角すいOABCがあり、辺OAは底面ABCに
垂直で、OA＝6cmである。2点D、Eはそれぞれ辺OB、OC上にあっ
て、OD：DB＝OE：EC＝2：1である。また、辺OA上に点Pをとる。

三角すいOPDEの体積が三角すいOABCの体積の$\dfrac{1}{3}$となるとき、次の

各問いに答えよ。〈熊本県・一部略〉
(1)　線分APの長さを求めなさい。
(2)　点Pと△ODEを含む平面との距離を求めなさい。

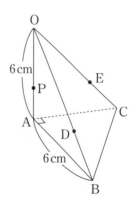

114 展開図を組み立てる

展開図を組み立てる問題は、展開図と見取図の両方にヒントが隠れている。特に展開図の中の直角は見落とさない。

例題1 右の図のように、1辺4cmの正方形ABCDがあり、辺AB、辺ADの中点をそれぞれE、Fとする。この正方形の線分EF、EC、FCを折り目とし、3点、A、B、Dを一致させ、四面体AFECをつくる。この四面体AFECにおいて、頂点Aから面EFCへ下ろした垂線AHの長さを求めよ。

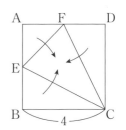

解法

方針 3つの直角が集まる点Aに着目し、△AEFを底面、CAを高さとする。i）まず体積を求め、ii）ベスト解113 より体積を利用する。

i）展開図 より、△FEC＝正方形ABCD－△AEF－△EBC－△FDC

$$= 4 \times 4 - 2 \times 2 \times \frac{1}{2} - 2 \times 4 \times \frac{1}{2} - 4 \times 2 \times \frac{1}{2} = 16 - 2 - 4 - 4 = 6$$

組み立てた見取図 より、

四面体AFECの体積は、$2 \times 2 \times \dfrac{1}{2} \times 4 \times \dfrac{1}{3} = \dfrac{8}{3}$

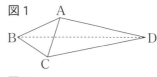

ii）ベスト解113 より体積を利用して、

$$\triangle FEC \times AH \times \frac{1}{3} = \frac{8}{3},$$

$$6 \times AH \times \frac{1}{3} = \frac{8}{3}, \quad AH = \frac{4}{3}$$ 答 $\dfrac{4}{3}$ cm

ワンポイントアドバイス

ベスト解114 より、このように展開図と見取図の両方を、いったりきたりして使う。

例題2 右の**図1**のように、三角すいABCDがある。**図2**は、**図1**の展開図である。この展開図の四角形AEDFは、2つの対角線の長さがAD＝8cm、EF＝6cmのひし形であり、線分ADと線分BCの交点をGとする。また、**図3**は、**図1**の頂点Aから線分DGに垂線をひき、その交点をHとしたものである。

このとき、次の(1)、(2)の問いに答えなさい。〈茨城県〉

(1) **図2**において、△ABCの面積は、四角形AEDFの面積の何倍か求めなさい。

(2) **図3**において、線分AHの長さを求めなさい。

図1
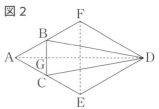

図2
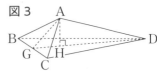

図3

方針 図2の点Aと点Fは、図1で一致しているから、点BはAFの中点。点Cも同様。AHは **ベスト解087** より、三平方の定理の組み合わせを使う。

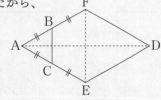

(1) **図2**の 展開図 で、$\triangle ABC \backsim \triangle AFE$、$AB:AF=1:2$だから、

$\triangle ABC = \dfrac{1}{4}\triangle AFE$、また、四角形$AEDF = 2\triangle AFE$

よって、$\triangle ABC$：四角形$AEDF$

$= \dfrac{1}{4}\triangle AFE : 2\triangle AFE = 1:8$　ゆえに、$\dfrac{1}{8}$倍　**答** $\dfrac{1}{8}$倍

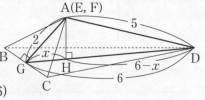

(2) **図2**の 展開図 で、$AD \perp FE$で、ADとFEの交点をI

とし、$\triangle DFI$で三平方の定理から、

$FD = \sqrt{FI^2 + ID^2} = \sqrt{3^2 + 4^2} = \sqrt{9+16} = 5$

また、$AG:GD = 1:3$だから、$AG=2$、$GD=6$となる。

$\triangle AGD$は$AG=2$、$GD=6$、$DA(=DF)=5$

そこで**図3**の 見取図 を使う。

$\triangle AGD$で、$GH=x$として **ベスト解087** より、

2つの直角三角形AHGとAHDへ分ける。

$2^2 - x^2 = 5^2 - (6-x)^2$、$4 - x^2 = 25 - (x^2 - 12x + 36)$

$4 - x^2 = -x^2 + 12x - 11$、$12x = 15$、$x = \dfrac{5}{4}$

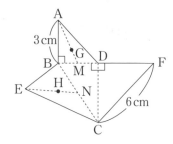

$\triangle AHG$で三平方の定理より、

$AH = \sqrt{AG^2 - GH^2} = \sqrt{2^2 - \left(\dfrac{5}{4}\right)^2} = \sqrt{4 - \dfrac{25}{16}} = \sqrt{\dfrac{39}{16}} = \dfrac{\sqrt{39}}{4}$　**答** $\dfrac{\sqrt{39}}{4}$cm

5 立体図形 ── 展開図を組み立てる

高校入試問題にチャレンジ

解答・解説 ▶ P.57

問題 右の図は、四面体$ABCD$の展開図であり、展開図を組み立てると、点E、Fは点Aと重なる。$\triangle ABD$は$AB=BD=3$cmの直角二等辺三角形、$\triangle BCD$は$\angle BDC = 90°$の直角三角形、$\triangle CFD$は$CD=DF$、$CF=6$cmの直角二等辺三角形である。また、$\triangle ABD$の頂点Aと辺BDの中点Mを結んだ線分AMを3等分した点のうち、点Mに近い方をG、$\triangle BEC$の頂点Eと辺BCの中点Nを結んだ線分ENを3等分した点のうち、点Nに近い方をHとする。このとき、次の(1)〜(3)の問いに答えなさい。〈新潟県・一部略〉

(1) 四面体$ABCD$の体積を求めなさい。

(2) 展開図を組み立てるとき、線分GHの長さを求めなさい。

(3) 展開図を組み立てるとき、2点G、Hを通り、平面BCDと平行な平面と線分ABとの交点をIとする。立体AIHGの体積は、四面体ABCDの体積の何倍か。求めなさい。

ベスト解 115　表面を通る最短距離

最短距離を求めるには、展開図上の端点を直線で結ぶとよい。

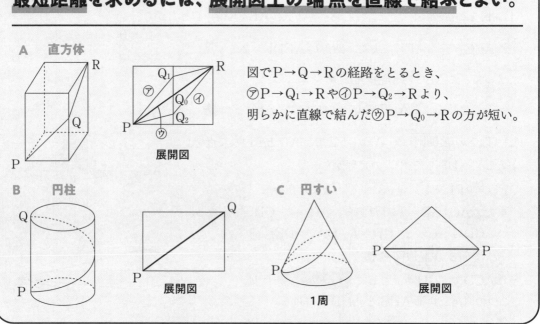

A　直方体

図でP→Q→Rの経路をとるとき、
⑦P→Q_1→Rや⑦P→Q_2→Rより、
明らかに直線で結んだ⑦P→Q_0→Rの方が短い。

B　円柱

C　円すい

例題 1　右の図のように、1辺の長さが4cmの立方体ABCDEFGHがあり、辺BF上に点Pをとる。

AP＋PGの長さを最も短くしたとき、AP＋PGの長さを求めなさい。

〈茨城県・一部略〉

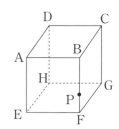

解法

方針　点A、辺BF、点Gを含むように、面をつなげて考える。

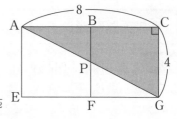

ベスト解115 より、点Aと点Gを直線で結ぶ。
△ACGで三平方の定理より、AP＋PG＝AG＝$\sqrt{AC^2 + CG^2}$
＝$\sqrt{8^2 + 4^2}$＝$\sqrt{64 + 16}$＝$\sqrt{80}$＝$4\sqrt{5}$　　**答** $4\sqrt{5}$ cm

---

例題 2　右の図Ⅰのような点Aを頂点とし、母線ABの長さが9cm、底面の半径BCが3cmの円すいの形をした容器がある。右の図Ⅱのように点Bから容器の側面にそって、糸をゆるめないように1周巻きつけて点Bに戻す。糸の長さが最も短くなるときの糸の長さを求めなさい。

〈鳥取県・一部略〉

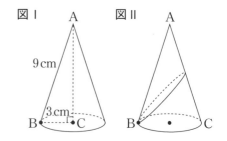

解法

方針 必要なのは、側面のおうぎ形の展開図の中心角。

展開図で底面の円Cの周は
$2 \times 3 \times \pi = 6\pi$
これは点Aを中心としたおうぎ形の
弧の長さと等しいので、おうぎ形の
中心角は、

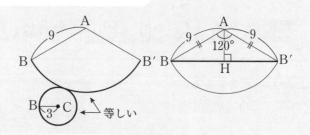

$$360° \times \frac{6\pi}{2 \times 9 \times \pi} = 360° \times \frac{1}{3} = 120°$$

ベスト解 115 より、

求める長さは展開図の線分BB′で、△ABB′は、∠BAB′＝120°、AB＝AB′の二等辺三角形。
図のように、AからBB′へ垂線AHを引けば、△ABHは三角定規型㋐。

$$BB' = 2BH = 2 \times \frac{\sqrt{3}}{2}AB = 2 \times \frac{\sqrt{3}}{2} \times 9 = 9\sqrt{3}$$

答 $9\sqrt{3}$ cm

高校入試問題にチャレンジ

解答・解説 ▶ P.58

問題1 右の図のように、AB＝4cm、AD＝2cm、AE＝3cm
の直方体の表面に、ひもを、頂点Aから頂点Hまで、辺BFと辺
CGに交わるようにかける。ひもの長さが最も短くなるときのひ
もの長さを求めよ。〈愛媛県〉

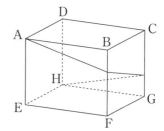

問題2 図1、図3のように、Oを頂点とし、底面
の半径が2cm、高さが$4\sqrt{2}$cmの円すいがあり、点
Aは底面の円周上の点とする。このとき、次の問い
に答えなさい。〈長崎県〉

(1) **図1**において、円すいの体積は何 cm³ か。

(2) **図1**において、母線OAの長さは何 cm か。

(3) **図2**は**図1**の円すいの展開図である。この展開
図において、円すいの側面になるおうぎ形の中心
角の大きさは何度か。

(4) **図3**のように、**図1**の円すいの底面の直径をABとし、母線OA、
弧ABの中点をそれぞれC、Dとする。円すいの側面において、点Cか
ら点Bまでの長さが最も短くなる線を母線ODと交わるように引くと
き、この線と線分CA、および点Dを含む弧ABによって囲まれる部分
（**図3**の ■ で示した部分）の面積は何 cm² か。

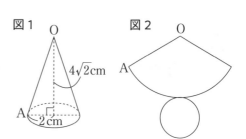

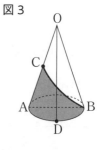

展開図で30°・45°・60°・120°になれば、相似や三角定規型に注目する。

A 120°がでてくる

60°の三角定規型Ⓐを補う。

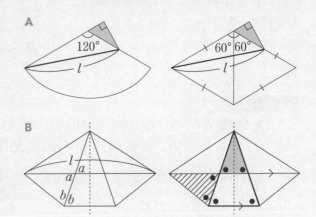

B 相似な3つの二等辺三角形

aどうしは対頂角で等しく、またbどうしは合同な図形だから等しい。

さらにこの図形は直線mについて対称だから、平行線の同位角は等しく

$a = b$　このことから、色をつけた3つの二等辺三角形は相似。

例題 1　底面の半径が4cm、母線の長さが12cmの円すいがあります。底面の1つの直径をABとし、円すいの頂点をOとします。また、線分OAの中点をMとします。この円すいの側面上に、右の図のように点Aから線分OBと交わり点Mまで線を引くとき、最も短くなるように引いた線の長さを求めなさい。〈埼玉県〉

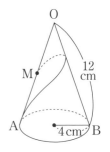

解法

方針　おうぎ形の側面で、点A、Mを直線で結び、**ベスト解116A**を使う。

展開図で底面の円周は$2 \times 4 \times \pi = 8\pi$

これは点Oを中心としたおうぎ形の$\overparen{AA'}$と

等しいので、おうぎ形の中心角は、

$$360° \times \frac{8\pi}{2 \times 12 \times \pi} = 360° \times \frac{1}{3} = 120°$$

そこで**ベスト解116A**より、60°の直角三角形を補うと、

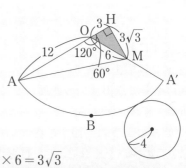

$OM = 6$だから、$OH = \dfrac{1}{2}OM = 3$、$MH = \dfrac{\sqrt{3}}{2}OM = \dfrac{\sqrt{3}}{2} \times 6 = 3\sqrt{3}$

△HAMで三平方の定理より、$AM = \sqrt{AH^2 + HM^2} = \sqrt{(12+3)^2 + (3\sqrt{3})^2}$

$= \sqrt{225 + 27} = \sqrt{252} = 6\sqrt{7}$

答　$6\sqrt{7}$ cm

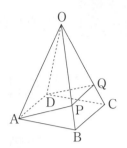

| 例題 2 | 図の正四角すいOABCDは、OA $= 6\sqrt{3}$ cm、AB $= 6$ cm である。 |

この正四角すいの側面に、点Aから辺OBと辺OCを通って点D
まで、1本の糸を巻きつけた。糸と辺OB、OCとの交点をそれぞれP、Q
とする。

AからDまでの糸の長さが最も短くなるように巻きつけたとき、巻きつ
けた糸のAからDまでの長さを求めなさい。〈群馬県・一部略〉

解法

> **方針** 3つの二等辺三角形 △OAB、△OBC、△OCD をつなげ、
> **ベスト解116B** を使う。

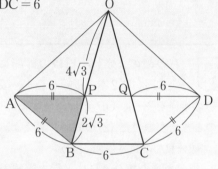

ベスト解116B より、AP $=$ AB $= 6$、同じく DQ $=$ DC $= 6$

また **ベスト解116B** より、△OBC∽△ABP

OB：BC $=$ AB：BP

$6\sqrt{3}：6 = 6：BP$、$6\sqrt{3}BP = 36$、$BP = \dfrac{6}{\sqrt{3}} = 2\sqrt{3}$

よって、OP $=$ OB $-$ PB $= 6\sqrt{3} - 2\sqrt{3} = 4\sqrt{3}$

△OBC∽△OPQ だから、OB：OP $=$ BC：PQ

$6\sqrt{3}：4\sqrt{3} = 6：PQ$　PQ $= 4$

ゆえに、AD $=$ AP $+$ PQ $+$ QD $= 6 + 4 + 6 = 16$

答 16 cm

高校入試問題にチャレンジ

解答・解説 ▶ P.59

問題1 　右図のように、1辺が10cmの正八面体があり、点Mは辺
BCの中点である。

辺AB上に点Pをとり、線分CP、PMの長さの和が最も短くなるとき、
その長さを求めなさい。〈秋田県・一部改〉

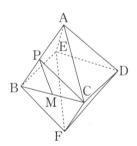

問題2 　図のような正三角すいがある。AB $=$ AC
$=$ AD $= 9$ cm、BC $=$ CD $=$ DB $= 6$ cm であり、
図のように、正三角すいの辺AB上にAE $= 3$ cm
となる点Eをとり、点Eを通り、面BCDに平行な
面EFGより上の三角すいを切り取って立体をつく
る。

立体の辺FC、GD上にそれぞれ点H、Iを、線分
BH、HI、IBの長さの和が最も小さくなるように
とった。

このとき、BH $+$ HI $+$ IB を求めなさい。〈宮崎県・一部略〉

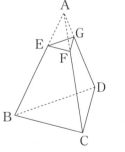
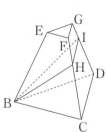

117 回転体の求積

回転体の体積は、円柱・円すい・球の足し引きに注意する。

考え方は ベスト解040 と同じだが、
ここでは球も出てくる。
半径を r としたとき、球の表面積と
体積は次のようになる。

表面積 $4\pi r^2$

体積 $\dfrac{4}{3}\pi r^3$

例題 1　右の図のように、円Oの外部に点Pがある。点P
から円Oに2本の接線をひき、接点をA、Bとする。

円Oの半径を2cm、OP＝4cmとする。

このとき、次の(1)、(2)の問いに答えよ。〈鹿児島県・一部略〉

(1)　線分PAの長さは何cmか。

(2)　点Oを通り線分ABに平行な直線を l とする。直線 l と接線PAとの交点をC、直線 l と円O
との交点のうち、点Aに近い方をDとし、線分POと円Oとの交点をEとする。線分PC、CD、
PEおよび点Aを含む $\overset{\frown}{DE}$ で囲まれた部分を、直線 l を軸として1回転させてできる立体Qの体
積は何 cm^3 か。

解法　(1)　OA⊥PAだから、△AOPで三平方の定理
より、AP $=\sqrt{PO^2-OA^2}=\sqrt{4^2-2^2}$
$=\sqrt{16-4}=\sqrt{12}=2\sqrt{3}$　**答** $2\sqrt{3}$ cm

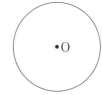

(2)　右の図のような配置になる。

つまり次のように考える。

ベスト解117 より、△COPを回転させた
円すいから、点Oを中心とする半球を除く(★)

∠OAP＝∠COP＝90°から、

△AOP∽△OCP

AP：AO＝OP：OC

$2\sqrt{3}:2=4:OC$

$2\sqrt{3}\,OC=2\times4$,　$OC=\dfrac{4}{\sqrt{3}}=\dfrac{4\sqrt{3}}{3}$

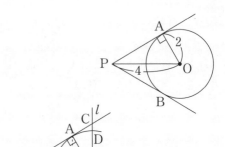

$★=PO^2\times\pi\times CO\times\dfrac{1}{3}-\dfrac{4}{3}\pi\times AO^3\times\dfrac{1}{2}$

$=4^2\times\pi\times\dfrac{4\sqrt{3}}{3}\times\dfrac{1}{3}-\dfrac{4}{3}\pi\times2^3\times\dfrac{1}{2}$

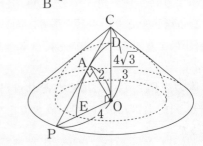

$$= \frac{64\sqrt{3}}{9}\pi - \frac{16}{3}\pi = \frac{64\sqrt{3}-48}{9}\pi \qquad \text{答} \quad \frac{64\sqrt{3}-48}{9}\pi\,\text{cm}^3$$

例題 2 右の図のように、底面が正方形の直方体 ABCD-EFGH があり、辺 CG の中点を N とする。EF = 3 cm、AE = 6 cm である。線分 AG と線分 EN の交点を P とし、点 P から EG に垂線 PQ を引く。このとき、(1)、(2) の各問いに答えなさい。〈佐賀県・一部略〉

(1) 線分 PQ の長さを求めなさい。

(2) 四角形 AEQP を、直線 AE を回転の軸として1回転させてできる立体の体積を求めなさい。

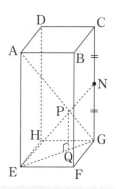

解法

方針 扱う点はすべて面 AEGC 上にある。

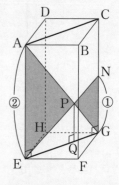

(1) △PAE ∽ △PGN より、
GP : AP = NG : EA = 1 : 2 （☆）
よって、PQ : AE = GP : GA
　　　　　　 = GP : (GP + PA) = 1 : (1 + 2) = 1 : 3
AE = 6 だから、PQ = 2 　**答** 2 cm

(2) GQ : QE = PG : PA で、
☆ より、1 : 2 となる。
ここで、EQ = $\frac{2}{3}$EG = $\frac{2}{3} \times \sqrt{2}$EF
　　　　　 = $\frac{2}{3} \times \sqrt{2} \times 3 = 2\sqrt{2}$

ベスト解 117 より、AE を軸に1回転させた図形は、
半径 $2\sqrt{2}$ で高さ4の円すいと、半径 $2\sqrt{2}$ で高さ2の円柱である。

$$\left(2\sqrt{2}\right)^2 \times \pi \times 4 \times \frac{1}{3} + \left(2\sqrt{2}\right)^2 \times \pi \times 2 = \frac{32}{3}\pi + 16\pi = \frac{80}{3}\pi$$

答 $\frac{80}{3}\pi\,\text{cm}^3$

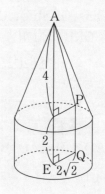

解答・解説 ▶ P.59

高校入試問題にチャレンジ

問題 右の図で、立体 ABCDEFGH は立方体である。I は線分 BG 上の点で、BI : IG = 1 : 2 である。AB = 3 cm のとき、△ABI を、直線 AG を回転の軸として1回転させてできる体積は何 cm³ か、求めなさい。〈愛知県〉

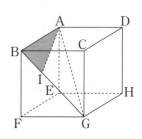

5 立体図形

回転体の求積

ベスト解

Chapter5 立体図形

▶ レベル4 | 発展
レベル3 | 応用
レベル2 | 標準
レベル1 | 基礎

118 立体の内接球

内接球の半径を求めるには、3つの面との接点を通る平面を抜き出す。この面は球の中心を通る。

A 立方体　**B 正四角すい**　**C 正八面体**

○ 　○ 　○

× 　× 　×

※ ×の例は、3点以上の接点を持たない。

例 図のような円すいの内接球の半径を求める。

H、I が球と面の接点であるとき、球の半径OHは、

∠OHB = ∠OIB = 90°

OH = OI(半径)、OB共通から、

△OHB ≡ △OIB

よって、$\boxed{∠OBH = ∠OBI}$

このことから、

△AHBで角の二等分線定理

(ベスト解080)により、

AO : OH = AB : BH = 5 : 3

$OH = \dfrac{3}{8}AH = \dfrac{3}{8} \times 4 = \dfrac{3}{2}$

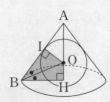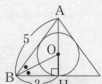

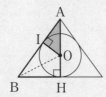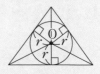

※他に、△AHB ∽ △AIOを使ったり、面積を利用する求め方もある。

例題 1　図で、A、B、C、D、E、F を頂点とする立体は底面の △ABC、△DEF が正三角形の正三角柱である。また、球O は正三角柱ABCDEFにちょうどはいっている。

球Oの半径が2cmのとき、次の(1)、(2)の問いに答えなさい。〈愛知県〉

(1) 球Oの表面積は何 cm² か、求めなさい。

(2) 正三角柱 ABCDEF の体積は何 cm³ か、求めなさい。

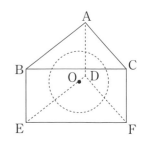

解法 (1) **ベスト解117** より、$4\pi \times 2^2 = 16\pi$（cm^2）　**答** 16π cm^2

(2)

方針 正三角柱の高さと球の直径は一致する。また、'ちょうどはいっている'というのは、球 O は面 ABED、面 BEFC、面 CFDA に接しているということ。

点 O を通り、△ABC と平行な面 PQR を抜き出す。この図の **OH は球の半径と一致する**。そこで**正三角形の 1 辺の長さ**を求める。

△OQH ≡ △OQI で、

∠HQO = ∠IQO だから、

ベスト解118 より、△PQH で角の二等分線

定理（**ベスト解080**）により、

PO : OH = QP : QH = 2 : 1

よって、PH = 3OH = 3 × 2 = 6

$$PQ = \frac{2}{\sqrt{3}}PH = \frac{2}{\sqrt{3}} \times 6 = \frac{12\sqrt{3}}{3} = 4\sqrt{3}\ (= QR)$$

$$正三角柱 ABCDEF = △PQR \times AD = 4\sqrt{3} \times 6 \times \frac{1}{2} \times 4 = 48\sqrt{3}$$

答 $48\sqrt{3}$ cm^3

高校入試問題にチャレンジ

解答・解説 ▶ P.60

問題1 右の **図 I** のような点 A を頂点とし、母線 AB の長さが 9 cm、底面の半径 BC が 3 cm の円すいの形をした容器がある。

図 I の容器を逆さにして底面が水平になるように置き、満水になるまで水を入れたあと、半径 r cm の球を静かに沈めたところ、この容器から水があふれ、**図 II** のように球はこの容器の側面に接し、球の最上部は点 C の位置で水面に接するようにして静止した。

沈めた球の半径 r を求めなさい。また、この容器からあふれた水の体積を求めなさい。〈鳥取県・一部略〉

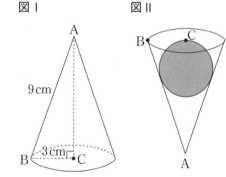

図 I

図 II

問題2 図は、1 辺の長さが 6 cm の正八面体である。この立体の内部ですべての面に接している球がある。この球の体積を求めなさい。ただし、円周率は π とする。〈沖縄県〉

ヒント **ベスト解118C** の切断面を参考にする。

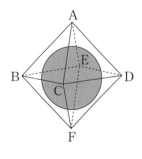

119 球の切断・立体の外接球

外接球の半径を求めるには、3つ以上の接点を含む平面で三平方の定理を使う。

A 球をどこで切っても、切り口は円になる（㋐）

球の中心をO、切り口の円の中心をO_1、球と切り口の接点のうちの1つをPとする。

3点O、O_1、Pを通る面でこの球を切断すれば（㋑）、㋒のように$\triangle OO_1P \equiv \triangle OO_1Q$（3組の辺がすべて等しい）だから、$\angle OO_1P = 90°$。

よって、㋓のように$\triangle OO_1P$で三平方の定理をすれば、円O_1の半径を求めることができる。

㋐  ㋑ 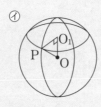 ㋒ ㋓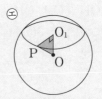

B 正四角すいや立方体の外接球は、図のような球の中心を通る切断面を抜き出して考える

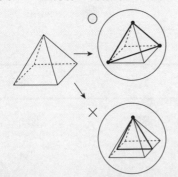 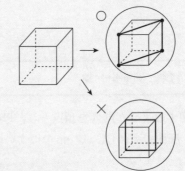

例 右の図のような円すいの外接球の半径を求める。

球の中心Oと点A、Bを通る平面を抜き出す。

このとき、この面にはHも含まれる。

球の半径$AO = BO = r$とすれば、

$OH = AH - AO = 4 - r$

そこで、$\triangle OBH$で三平方の定理により、

$r^2 = 3^2 + (4-r)^2$, $r^2 = 9 + 16 - 8r + r^2$

$8r = 25$、$r = \dfrac{25}{8}$

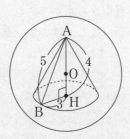 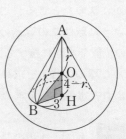

例題 右の図のような、1辺の長さが8cmの立方体ABCDEFGHが
あり、この立方体のすべての面に接している球Oがある。

辺BF上に、BP＝2cmとなる点Pをとり、点Pを通り面ABCDと平
行に立方体ABCDEFGHと球Oを切断した。

このときの球の切り口は円になり、その中心をO_1とする。

円O_1の半径を求めよ。

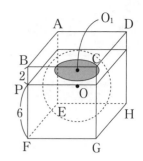

解法

方針 辺ABの中点をMとし、点Mを通り面AEHD
と平行な平面（★）でこの立体を切断すれば、球もこの切
断面について対称で、O、O_1もこれに含まれる。

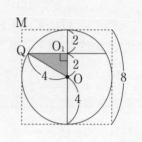

この球の半径は、立方体の1辺の半分だから4

そこで、切り口の円と★との交点のうちの1つを図のように
Qとすれば、求める円の半径はQO_1

ベスト解 119A より、△QOO_1で三平方の定理により、

$$QO_1 = \sqrt{QO^2 - OO_1^2} = \sqrt{4^2 - 2^2} = \sqrt{16 - 4} = \sqrt{12} = 2\sqrt{3}$$

答 $2\sqrt{3}$ cm

高校入試問題にチャレンジ

解答・解説 ▶ P.61

問題 AB＝2cm、∠ABC＝60°、∠ACB＝45°である△ABC
と、3点A、B、Cを通り、点Oを中心とする円Oがある。このとき、
次の(1)～(3)に答えなさい。ただし、円周率はπとする。

〈山梨県・一部略〉

(1) 3点A、B、Cを頂点とする三角形において、∠AOBの大きさ
を求めなさい。

(2) 図1のように、点Aから辺BCに垂線をひき、その交点をHと
するとき、線分AHの長さを求めなさい。

(3) 円Oにおいて、点Bを含まない$\overset{\frown}{AC}$上に、AB＝DCとなるよ
うに点Dをとる。このとき、△AEB≡△DECとなる。

（ア） 4点A、B、C、Dを頂点とする四角形ABCDの面積を求
めなさい。

（イ） 点Oを中心とする半径$\sqrt{2}$cmの球Oを考えるとき、4点A、
B、C、Dは、この球面上にある。

図3のように、球Oを平面ABCDと平行な平面で切ったと
き、その切り口は円となり、その中心をPとする。

5点P、A、B、C、Dを頂点とする四角すいの体積と球Oの
体積の比が1：4πであるとき、切り口の円Pの半径を求めな
さい。

図1

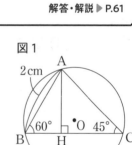

図2

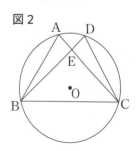

図3

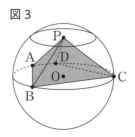

ベ|ス|ト|解
Chapter5　立体図形

▶ レベル4 | 発展
レベル3 | 応用
レベル2 | 標準
レベル1 | 基礎

120 立体の影

影の問題では、光源を相似の中心とした影を描く。

点Oを光源とすると、床と平行な面ABCDの影は床上のA′B′C′D′になり、これらは相似。
つまり、AB:A′B′＝OA:OA′、
AC:A′C＝OA:OA′、
などが成り立っている。

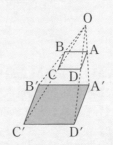
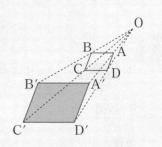

例題　右の図のように、平面上に1辺2cmの立方体があり、立方体の各面は透明である。

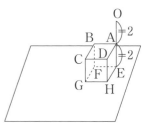

この立方体のEAの延長上のAO＝2cmのところに光源Oをとる。
このとき、次の各問いに答えよ。

(1)　面ABCDに色が塗られるとき、この面の影の面積を求めよ。

(2)　面CGHDに色が塗られるとき、この面の影の面積を求めよ。

解法　(1)　ベスト解120　より、
図のような正方形になり、
DA:D′E＝OA:OE＝1:2
だから、D′E＝4　同様にC′D′＝4
よって、求める影の面積は、4×4＝16

答 16cm²

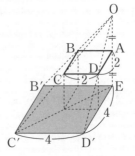
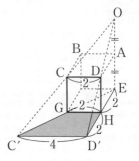

(2)　ベスト解120　より、
図のような台形になり、
(1)より、D′E＝4だから、
D′H＝D′E−HE＝2
(1)より、C′D′＝4なので、
求める面積は、(2＋4)×2×$\frac{1}{2}$＝6　　**答** 6cm²

高校入試問題にチャレンジ　　　　　　　　　　　解答・解説 ▶ P.61

問題　ひろみさんは、立方体に光を当てたとき、立方体の位置を変えると、影の形とその面積が変化することに興味を持ち、次のようなことを考えた。

図1のような1目盛り1cmの方眼紙を用意して、左からa番目、下からb番目のます目を$[a, b]$と表す。例えば、○印のあるます目は$[2, 3]$である。ここで、図2のような1辺の長さが1cmの光を通さない立方体を用意する。そして、図3のように、先端に光源がついた長さ2cmの棒を、$[1, 1]$の左下の角に方眼紙と垂直になるように設置し、立方体の面EFGHを方眼紙のます目に重ね、頂点Bが光源に最も近くなるように立方体を置いて、光源からの光によってできる影の面積を考える。ここでは光源の大きさは考えず、光は直進するものとする。

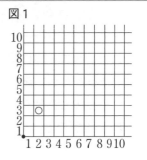

図1

図2

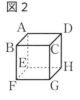

図3

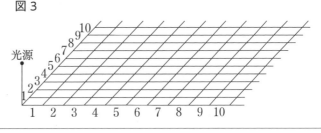
光源

ひろみさんは、立方体の影の形が次のようにできていることに気がついた。

光源と頂点A、B、C、Dを通る直線をひき、方眼紙と交わる点をそれぞれA′、B′、C′、D′とすると、6つの線分A′E、EH、HG、GC′、C′D′、D′A′で囲まれた図形が影である。例えば、立方体を$[1, 1]$に置くと、図4のようになり、これを真上から見ると、その影は図5のようになる。

図4

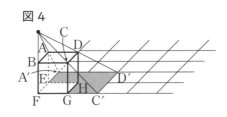

図5

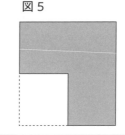

次の問いに答えなさい。〈兵庫県・一部略〉

(1) 図6のように、$[2, 1]$にこの立方体を置いた。

（ア） 点D′の位置はどこか。図6のア〜エから1つ選んで、その符号を書きなさい。

（イ） 線分D′A′の長さは何cmか、求めなさい。

(2) ひろみさんは、立方体を置くます目によって光源から光が当たる面に違いがあることがわかり、それぞれの影の面積について、次の表にまとめた。
　(ⅰ)、(ⅱ)にあてはまる式を書きなさい。

図6

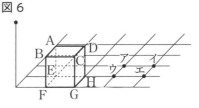

立方体を置くます目	$[1, 1]$	$[a, 1]$ aは2以上の自然数	$[1, b]$ bは2以上の自然数	$[a, b]$ a, bはともに2以上の自然数
光が当たる面	面ABCD	面ABCD 面ABFE	面ABCD 面BCGF	面ABCD 面ABFE 面BCGF
影の面積	3cm^2	(ⅰ)cm^2	(ⅱ)cm^2	☐cm^2

もっと／ ベスト解を使いこなすための ⑥つのポイント

ここには、ベスト解に掲載しきれなかったものを集めました。

時にちょっと難しい応用もあれば、本編で説明しきれなかった内容をより厳密に明らかにしているものもあります。

ここまで理解できれば、ベスト解がもっとスムーズに使えるようになりますよ。

ポイント 1 〉 補助平行線の引き方

三角形が直線により分割される構図では、補助平行線を引く操作が必要なことがある。

例1 **AF：FD を求めるとき**

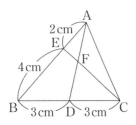

①四角形 EBDF の向かいの △AFC の辺 AC は使わないのでそれを消す。

題意により辺が分けられている AB、BC、それに比を求める線分 AD に色をつける。

②注目するのは色のついていない線分 EC。この EC と平行な補助線を引く。補助線は、色のついた線分どうしが交わる頂点 A、B、D のいずれかを通るように引く。通る頂点は、引かれる平行線が四角形 EBDF の内部を通るように選ぶ。この場合は頂点 D。

③補助平行線 DG を引く。

点 G のある辺 AB へすべての比をまとめ、AE：EG：GB を求める。

①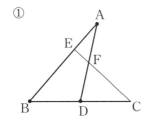

②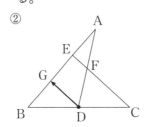

③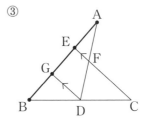

解法例

④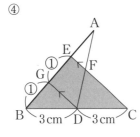

⑤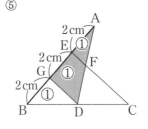

④辺 AB で、EG：GB を求める。

EG：GB = CD：DB = 1：1

⑤AE：EB = 1：2 から、

AE：EG：GB = 1：1：1 と揃う。

AF：FD = AE：EG = 1：1

答 AF：FD = 1：1

248

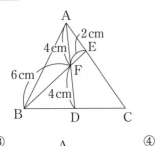

①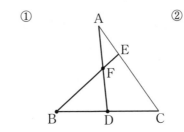

②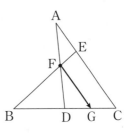

③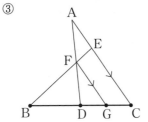

④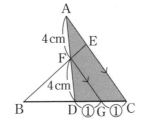

⑤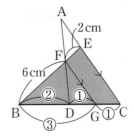

①四角形ECDFの向かいの△AFBの辺ABは使わないのでそれを消す。

　題意より辺が分けられているAD、BE、それに比を求める線分BCに色をつける。

②注目するのは色のつけていない線分AC。このACと平行な補助線を引く。

　補助線は、色のついた線分どうしが交わる頂点F、B、Dのいずれかを通るように引く。

　通る頂点は、引かれる平行線が四角形ECDFの内部を通るように選ぶ。

　この場合は頂点F。

③補助線FGを引く。

　点Gのある辺BCへすべての比をまとめ、BD：DG：GCを求める。

④辺BCで、DG：GCを求める。

　DG：GC ＝ DF：FA ＝ 1：1

⑤BF：FE ＝ 3：1から、BD：DG：GC ＝ 2：1：1と揃う。

BD：DC ＝ (BG － DG)：(DG ＋ GC) ＝ 1：1

答 BD：DC ＝ 1：1

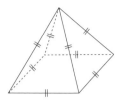

ポイント 2 ＞ 正多面体にできる三角定規型

すべての辺の長さが等しい正四角すいがある。この立体は、
底面が正方形、4つの側面は合同な正三角形である。

まずこの立体の底面は正方形だから、直角二
等辺三角形（ ベスト解 073 三角定規型⨏ ）が
出てくる（図Ⓐ–1）。
また他にも、図Ⓐ–2にも直角二等辺三角形
が現れる。このことから、図で示した部分が
直角になっていることにも注意したい。

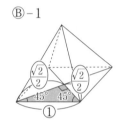

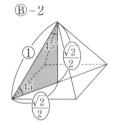

すると、Ⓐ–1を半分にしたⒷ–1
Ⓐ–2を半分にしたⒷ–2も直角二等辺三角形
だから、 ベスト解 073 三角定規型⨏の辺の比
が使える。

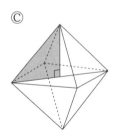

また正八面体は、すべての辺の長さが等しい正四角すいを
上下にくっつけた形だから、Ⓒの色をつけた図形も直角二
等辺三角形である。

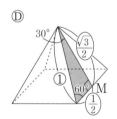

さて、Mを辺の中点とするとき、すべての辺の長さが等し
い正四角すいの側面は正三角形だから、Ⓓにあるように、
側面には三角定規型⨖が現れる。

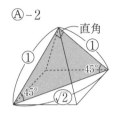

250

すべての辺の長さが等しい三角すい（正四面体）も、各面はすべて合同な正三角形だから、Mを辺の中点としてⒺのように三角定規型㊅が現れる。

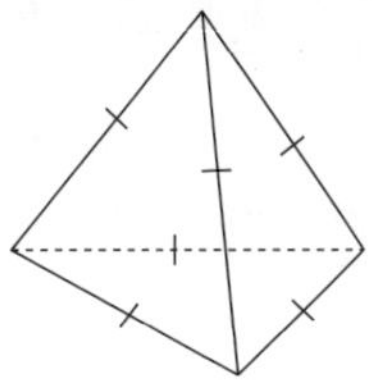

Ⓔ

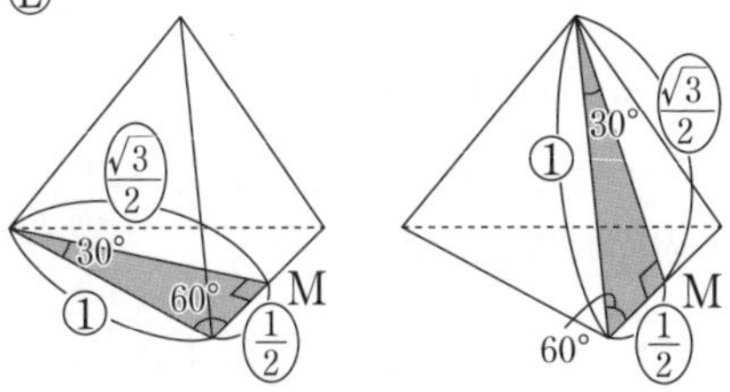

このように、三角定規型㊅㊈は、多くの立体図形でも使われることになる。

ここからは、立体の内部に現れる正多角形を示す。

Ⓕ立方体で色をつけた図形は正三角形

Ⓕ

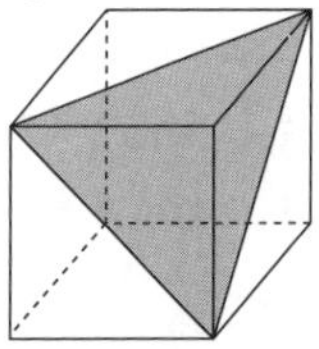

Ⓖ立方体の辺の中点を結ぶと正六角形

Ⓖ

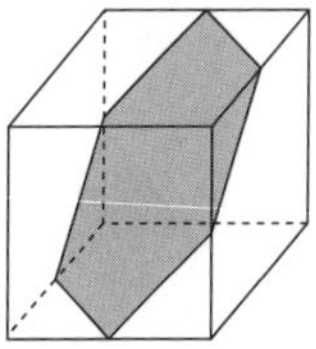

Ⓗ正四面体の辺の中点を結ぶと正方形

Ⓗ

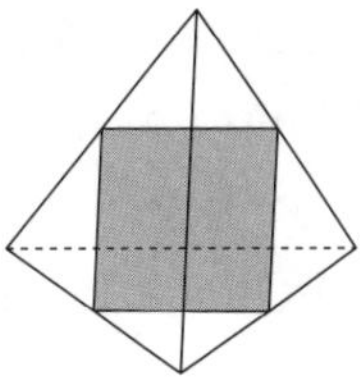

Ⓘ正八面体の辺の中点を結ぶと正六角形

Ⓘ

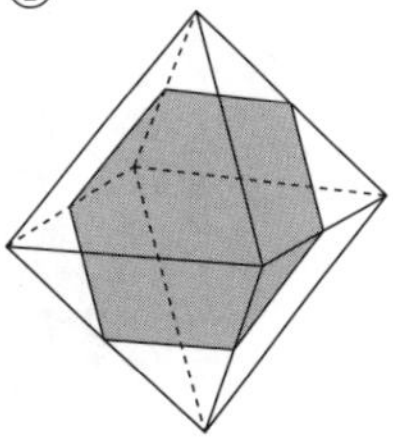

これらを覚えておけば利点が大きい。

右の図のように立方体の辺の中点にPをとり、それと頂点Q、R
を結んだ3点P、Q、Rでこの立体を切断する。
このときの切り口を考える。

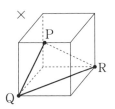

ここでよくある誤りは、切り口を△PQRとしてしまうこと。
誤りの理由は、PRは立体の内部を通るから、これは切り口と言
えない。切り口の辺は立体の表面になければならない。

そこでヒントとなるのが右の図で、平面A、Bが平行ならば、
切り口の辺は平行になること。

このことを利用して、図Ⓐ–1の色のついた面が平行であること
から、点Pを通りQRと平行な直線を引き、立方体の辺との交点
をSとすれば、QR∥PSとなり、切り口はPQRSとなることが
わかる。
またはⒶ–2の色のついた面が平行であることから、㋐PQ∥XR
となる点Xをとり、㋑PとXを結び、辺との交点をSとする。

Ⓐ–1　　　　　　　Ⓐ–2 ㋐　　　　　㋑

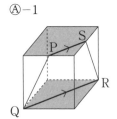
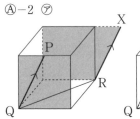
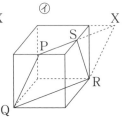

あるいは、同一平面上にある2点を結び延長しながら、切り口を求めることもできる。Ⓑ㋒
のように色のついた平面上にあるQPを延長しYをとる。続けて㋓のように色のついた平面
上にあるYRを結ぶ。そして㋔のように、YRと立方体の辺との交点をSとする。こうして
切り口PQRSをとることができる。

Ⓑ㋒　　　　　　㋓　　　　　　㋔

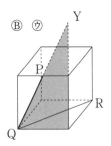
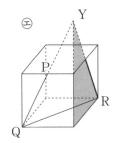
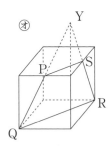

ポイント 4 面と直線の垂直

平面 α 上に 3 点 O、A、B があり、この平面上にない点 P を、
$\angle POA = \angle POB = 90°$ となるようにとる。
ここで平面 α 上に点 C をとるとき、$\angle POC = 90°$ であること
を示す。（★）
※このとき、平面 $\alpha \perp PO$ という。（ ベスト解 098 A ⑦ の証明。）

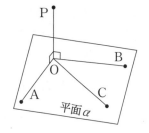

PO の延長上に、PO = OQ となる点 Q をとる（…❶）。
すると、△POA と △QOA で、
PO = QO、AO 共通、$\angle POA = \angle QOA = 90°$ だから、
「2 組の辺とその間の角がそれぞれ等しい」から、
△POA ≡ △QOA
合同な 2 つの三角形の対応する辺の長さは等しいから、
PA = QA（…❷）
同様にして、PB = QB（…❸）
これと AB 共通（…❹）で、❷❸❹ より、
「3 組の辺がそれぞれ等しい」から、△PAB ≡ △QAB
合同な 2 つの三角形の対応する角の大きさは等しいから、$\angle PAB = \angle QAB$（…❺）
ここで直線 OC と AB との交点を D とすると、
△PAD と △QAD で、❷、❺、AD 共通（…❻）より、
「2 組の辺とその間の角がそれぞれ等しい」から、△PAD ≡ △QAD
合同な 2 つの三角形の対応する辺の長さは等しいから、PD = QD（…❼）
そして △POD と △QOD で、❶、❼、OD 共通（…❽）より、
「3 組の辺がそれぞれ等しい」から、△POD ≡ △QOD
合同な 2 つの三角形の対応する角の大きさは等しいから、$\angle POD = \angle QOD$ だから、
$\angle POC = 90°$ を示すことができる。

例1　右の図の立体において、AB = AC、DB = DC、
BC の中点を M とする。
すると、AM ⊥ BC、DM ⊥ BC だから、★ より
△DAM ⊥ BC（…❾）となる。

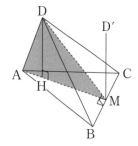

例2　例1 で DH ⊥ AM とする。ここで DH を D′M
へスライドさせれば、$\angle D′MA = 90°$（…❿）、
❾ より $\angle D′MB = 90°$（…⓫）だから、❿⓫ より、★ から
D′M ⊥ △ABC である。

　このことから DH ⊥ △ABC となる。
　これを三垂線の定理という（高校の分野）。

253

例 四角すいO－ABCDにおいて、OE＝EC、OF＝FDのとき、四角すいO－ABCDと立体O－ABEFの体積比を求める。ここでは ベスト解110 とは別の方法を紹介する。

全体を対称面OACで合同な三角すいに分け、 ベスト解104 の方法を使う。

全体の体積をVとすれば、三角すいO－ACDと三角すいO－ABCの体積はそれぞれ$\dfrac{1}{2}V$

⑦三角すいO－AEFの体積…$\dfrac{1}{2}V \times \dfrac{OA}{OA} \times \dfrac{OE}{OC} \times \dfrac{OF}{OD} = \dfrac{1}{2}V \times \dfrac{1}{1} \times \dfrac{1}{2} \times \dfrac{1}{2} = \dfrac{1}{8}V$

④三角すいO－ABEの体積…$\dfrac{1}{2}V \times \dfrac{OA}{OA} \times \dfrac{OB}{OB} \times \dfrac{OE}{OC} = \dfrac{1}{2}V \times \dfrac{1}{1} \times \dfrac{1}{1} \times \dfrac{1}{2} = \dfrac{1}{4}V$

立体O－ABEF＝⑦＋④＝$\dfrac{1}{8}V + \dfrac{1}{4}V = \dfrac{3}{8}V$

よって、四角すいO－ABCD：立体O－ABEF＝$V : \dfrac{3}{8}V = 1 : \dfrac{3}{8} = 8 : 3$　　答 8：3

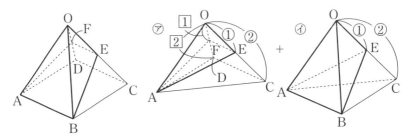

※△OBDで2つの立体に分けて計算しても同様の結果になる。

次は違っている。誤りやすい方法であるから注意が必要。

誤りの例 立体O－ABEF＝四角すいO－ABCD$\times \dfrac{OA}{OA} \times \dfrac{OB}{OB} \times \dfrac{OE}{OC} \times \dfrac{OF}{OD}$

$= \dfrac{1}{2}V \times \dfrac{1}{1} \times \dfrac{1}{1} \times \dfrac{1}{2} \times \dfrac{1}{2} = \dfrac{1}{8}V$

別解 AB／／DC／／FE などから、 ベスト解109 の屋根型を利用する。

EF＝①とおけば、AB＝DC＝②、また頂点Oは⓪とする。

四角すいO－ABCD＝$\triangle OMN \times \dfrac{AB + DC + 頂点O}{3} = \triangle OMN \times \dfrac{2+2+0}{3} = \dfrac{4}{3}\triangle OMN$

　$\triangle OMG = \dfrac{1}{2}\triangle OMN$ だから、

立体O－ABEF＝$\dfrac{1}{2}\triangle OMN \times \dfrac{AB + FE + 頂点O}{3}$

$= \dfrac{1}{2}\triangle OMN \times \dfrac{2+1+0}{3} = \dfrac{1}{2}\triangle OMN$

四角すいO－ABCD：立体O－ABEF

$= \dfrac{4}{3}\triangle OMN : \dfrac{1}{2}\triangle OMN = 8 : 3$

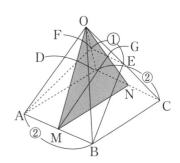

例 各辺の長さが4、5、6の直方体がある。BP＝3、DQ＝2として、4点A、P、G、Qを通る平面でこの直方体を切断し、直方体ABCD–EFGHを2つの立体に分ける。このとき、点Eを含む方の立体の体積はいくつか。

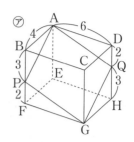

もとの直方体⑦を、面ABCDが下にくるようにひっくり返す。すると直方体⑦の点Eを含む方の立体（⑦Eと呼ぶ）が上に、Cを含む立体（⑦Cと呼ぶ）が今度は下にくる。

ここで⑦Eと⑦Cは面AEGCについて鏡のように対称だから（鏡像）、これらの体積は等しくなる。

したがって求める体積は、直方体の体積の半分だから、

$$4 \times 6 \times 5 \times \frac{1}{2} = 60 \qquad \text{答} \ \underline{60}$$

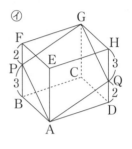

このことは、直方体を対角線を含む平面で切って分けたときは、常に成り立っていると考えてよい。実際には立体の中心（対角線の中点）をOとしたとき、AとG、PとQがそれぞれOについて対称ならば、上記のように考えられる。

このことを利用して、右図の直方体ABCD–EFGHを、平面IJFKで切断して2つの立体に分けるとき、頂点Bを含む方と、頂点Hを含む方の立体の体積比を求めることができる。

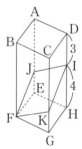

それは図のように、Iを通り面ABCDと平行な平面で分けることで、そこでの上下の体積比を$3V$と$4V$とする。

ここで点線より下側の直方体は平面IJFKによって半分に分けられるから、

（頂点Bを含む方）：（頂点Hを含む方）
$= (3V + 2V) : (4V - 2V) = 5V : 2V = 5 : 2$
となる。

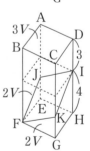

ところで ベスト解107 例題2 では、別の体積二等分が使われている。ここでは正四面体を辺の中点をとり、結んで合同な2つの立体に分けている。

このように、"合同"や"鏡像"は体積を二等分することに注意しよう。

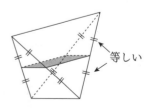

等しい

[著者紹介]

谷津　綱一（やつ・こういち）

◉──元進学塾数学科講師。進学塾講師時代には最上位クラスを担当し、数多くの生徒を筑駒や開成などの超難関校合格に導いた実績がある。教室長を歴任したのち、教務部長を務める。

◉──1999年より月刊『高校への数学』（東京出版）で「ワンポイント・ゼミ」を連載中。丁寧な解説と厳選された例題によって数学の攻略法がすんなりと頭に入ると、受験生のみならず教育関係者からも好評を博している。

◉──主な著書に『高校への数学 入試を勝ち抜く数学ワザ52』『高校への数学 入試を勝ち抜く数学ワザ・ビギナーズ52』（ともに東京出版）がある。

◉──趣味は和算の研究。2020年より月刊『中学への算数』（東京出版）で「新・江戸の算術に挑戦！」を連載中。著書『親子で楽しむ 和算の図鑑』（技術評論社）では、生活に根差した和算の考え方をわかりやすく解説している。

絶対に公立トップ校に行きたい人のための 高校入試数学の最強ワザ120

2021年5月7日　　第1刷発行
2024年2月1日　　第6刷発行

著　者──谷津　綱一
発行者──齊藤　龍男
発行所──株式会社かんき出版
　　　　　東京都千代田区麹町4-1-4 西脇ビル　〒102-0083
　　　　　電話　営業部：03(3262)8011㈹　編集部：03(3262)8012㈹
　　　　　FAX　03(3234)4421　　　　　振替　00100-2-62304
　　　　　https://kanki-pub.co.jp/
印刷所──図書印刷株式会社

カバー・本文デザイン　髙橋明香
　　　　　　　　　　　（おかっぱ製作所）
本文DTP・図版作成　フォレスト
編集協力　キーステージ21
校正　　　鷗来堂

絶対に公立トップ校に行きたい人のための

高校入試 数学の最強ワザ 120

解答・解説

かんき出版

問題

428571が繰り返される周期6だから、

ベスト解001A より、

4 →6で割ると1あまる場所

2 →6で割ると2あまる場所

8 →6で割ると3あまる場所

5 →6で割ると4あまる場所

7 →6で割ると5あまる場所

1 →6で割り切れる場所

(1) 1は、6番目、12番目、18番目、…と繰り返されるから、**答** 18番目

(2) 8は、1回目が3番目($6 \times 0 + 3$)、2回目が9番目($6 \times 1 + 3$)、3回目が15番目($6 \times 2 + 3$)と繰り返される。

よって、$6(n-1) + 3 = 6n - 3$

答 $6n - 3$（番目）

(3) 周期1セット分の和は、ベスト解001B より、

$4 + 2 + 8 + 5 + 7 + 1 = 27$

$400 \div 27 ≒ 14.8$なので、15セット分（$6 \times 15 = 90$番目）では$27 \times 15 = 405$だから、これでは越えてしまう。

89番目までは、$405 - 1 = 404$　88番目までは、$404 - 7 = 397$　これより89番目

答 89番目

問題

すべてのカードについて、駒の動きを調べれば、循環のグループ分けができる。

$1 \to 2 \to 4 \to 8 \to 4 \to 8 \to \cdots$

$2 \to 4 \to 8 \to 4 \to 8 \to \cdots$

$3 \to 6 \to 12 \to 12 \to \cdots$

$4 \to 8 \to 4 \to 8 \to \cdots$

$5 \to 10 \to 8 \to 4 \to 8 \to \cdots$

$6 \to 12 \to 12 \to \cdots$

$7 \to 2 \to 4 \to 8 \to 4 \to 8 \to \cdots$

$8 \to 4 \to 8 \to \cdots$

$9 \to 6 \to 12 \to 12 \to \cdots$

$10 \to 8 \to 4 \to 8 \to \cdots$

$11 \to 10 \to 8 \to 4 \to 8 \to \cdots$

$12 \to 12 \to \cdots$

(1) **答** 4と8が繰り返される

(2) 12が現れるのは、3、6、9、12で、これらは3回目までには12に置かれ、その後12がずっと続く。

答 3、6、9、12

問題

(1) ベスト解003 より、4と6の最大公約数を考えて2

答 2 cm

(2) 右図のように、1辺がn cmの正方形が3枚。1辺が1 cmの正方形n枚だから、

答 $n + 3$（枚）

(3) 図のようになるから、

$\begin{cases} x + y = 12 \\ x = 2y \end{cases}$

$2y + y = 12$より、

$3y = 12$、$y = 4$

また、$x = 2 \times 4 = 8$

答 $(x, y) = (8, 4)$

(4) 3種類の正方形を大、中、小とする。並べてみると、小が1枚では埋まらないから、

（大, 中, 小）$= (1, 2, 2)$

$(1, 1, 3)$

$(2, 1, 2)$

の3つが候補として考えられる。そこで、図のように最も小さな正方形の1辺をkとして、次の場合を見る。

①$5k + 2k = 56$、$7k = 56$、$k = 8$

$a = 5k = 5 \times 8 = 40$

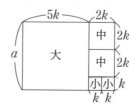

②$3k + 4k = 56$、$7k = 56$、$k = 8$

$a = 4k = 4 \times 8 = 32$

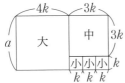

③$3k + 3k + 2k = 56$、$8k = 56$、$k = 7$

$a = 3k = 3 \times 7 = 21$

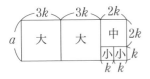

答 $a = 21$、32、40

ベスト解 004 高校入試問題にチャレンジ

問題

(1) 　$<6> = 1 \times 2 \times 3 \times 4 \times 5 \times 6$

　　$= 1 \times 2 \times 3 \times 2^2 \times 5 \times 2 \times 3$

　　$= 2^4 \times 3^2 \times 5$

答（ア）4、（イ）2

(2) 　例題2 にもあるように2×5の個数と末尾の連続する0の数は一致する。

　　$<10> = 1 \times 2 \times \cdots \times 10$

　　の中で、素因数5を含むのは、

　　$5 \to 1$個、$10 \to 1$個の合わせて2個だから、

答 2個

(3) 　素因数5を含むのは5の倍数だから、それを順にみていく。

　　$5 \to 1$個、$10 \to 1$個、$15 \to 1$個、$20 \to 1$個、$25 \to 2$個　ここまで素因数5が6個だから、末尾に連続して0が6個並ぶことになる。

答 $n = 25$

(4) 　$<15> = 2^{11} \times 3^6 \times 5^3 \times 7^2 \times 11 \times 13$

　　$= (2^3 \times 5^3) \times 2^8 \times 3^6 \times 7^2 \times 11 \times 13$

　　$= 1000 \times \underline{2^8 \times 3^6 \times 7^2 \times 11 \times 13}$

　　この式の下線の部分の計算で、その一の位の数がわかれば、$<15>$の千の位がわかる。

　　$2^8 \times 3^6 \times 7^2 \times 11 \times 13$

　　$= (3^2 \times 3^2) \times (3^2 \times 7^2) \times 11 \times 2^8 \times 13$

　　ここで色をつけた部分のみの計算では、一の

位が1になる。

よって、一の位だけに着目すれば、$1 \times 2^8 \times 13$の一の位を計算すればよい。

$1 \times 2^8 \times 13 = 2^2 \times 2^2 \times 2^2 \times 2^2 \times 13$

$= 4^2 \times 4^2 \times 13$

一の位のみ計算すれば、

$\to 6 \times 6 \times 3 \to 8$

答 8

ベスト解 005 高校入試問題にチャレンジ

問題1

説明 ベスト解005A より、nを整数として、連続する4つの奇数を、$2n-3$、$2n-1$、$2n+1$、$2n+3$と置く。

$(2n-3) + (2n-1) + (2n+1) + (2n+3) = 8n$

よって、「連続する4つの奇数の和は8の倍数になる」。

問題2

証明 ベスト解005A より、連続する3つの自然数を、n、$n+1$、$n+2$と置く。

　$n(n+2) + 1 = n^2 + 2n + 1 = (n+1)^2$

よって、【予想】が正しい。

ベスト解 006 高校入試問題にチャレンジ

問題1

ベスト解006 より、1つの文字xで表せば、

$a = x+1$、$b = x^2$、$c = (x+1)^2$

よって、$x + a + b + c =$

$x + (x+1) + x^2 + (x+1)^2 = 242$

$2x^2 + 4x + 2 = 242$、$x^2 + 2x - 120 = 0$、

$(x-10)(x+12) = 0$、$x = 10$、-12

ここでxは自然数だから$x = 10$

すると、$a = 11$、$b = 100$、$c = 121$だから題意を満たす。

答 $x = 10$

問題2

nが何列目になるかは、周期5を利用して、

1列目　$\to 5$で割ると1あまる場所

2列目　$\to 5$で割ると2あまる場所

3列目　→5で割ると3あまる場所

4列目　→5で割ると4あまる場所

5列目　→5で割り切れる場所

そこで、$\boxed{c\ n\ d}$（上に a、下に b）を次のように分類する。

ア…n が2列目から4列目にあるとき

$$X = 4n$$

イ…n が1列目にあるとき

$$X = 4n+5$$

ウ…n が5列目にあるとき

$$X = 4n-5$$

(1) $n=7$ のとき、**ア**より、$X = 4 \times 7 = 28$

答 28

$n=15$ のとき、**ウ**より、$X = 4 \times 15 - 5 = 55$

答 55

$n=76$ のとき、**イ**より、$X = 4 \times 76 + 5 = 309$

答 309

(2)（ア）**ア**だから、答 $X = 4n$

（イ）**イ**だから、答 $X = 4n + 5$

(3)　X が6の倍数になるのは、偶数**ア**の場合のみ。すると n は3の倍数であるはずだから、$200 \div 3 = 66$ あまり2だから66個の候補がある。

この中から、1列目にあるときと5列目にあるときを除く。

1列目…6、21、36、51、66、81、96、111、126、141、156、171、186、の13個（…**エ**）

5列目…15、30、45、60、75、90、105、120、135、150、165、180、195、の13個（…**オ**）

また、**ア**のとき、

表の最小の数から考えて、$n-6 \geqq 1$、$n \geqq 7$

表の最大の数から考えて、$n+6 \leqq 200$、$n \leqq 194$

$n-6$	$n-5$	$n-4$
$n-1$	n	$n+1$
$n+4$	$n+5$	$n+6$

だから、$n=3$、198の2個も除く（…**カ**）。

$66 - (\text{エ} + \text{オ} + \text{カ}) = 66 - (13 + 13 + 2) = 38$

答 38個

問題

ベスト解007 より、元の表の他に、並べ方を替えた新たな表2を用意し、表1＋表2を考える。

表1

	1	2	3	4
1	1	4	5	16
2	2	3	6	15
3	9	8	7	14
4	10	11	12	13

表2

	1	2	3	4
1	1	2	9	10
2	4	3	8	11
3	5	6	7	12
4	16	15	14	13

そしてその和は、表3で区切った部分はすべて等しくなる。

例えば、4のところの和は26だが、ここに含まれる最も大きいのは $4^2 = 16$

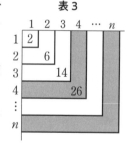

表3

最も小さいのは

$3^2 + 1 = 10$ から、$10 + 16 = 26$ と計算できる。

ここでもし4段目4列目を選べば、

$26 \div 2 = 13$ となっている。

(1)　表3で n のところは、最も大きな数 n^2 と、最も小さな数、$(n-1)^2 + 1$ から、その和は、

$$n^2 + \{(n-1)^2 + 1\} = 2n^2 - 2n + 2$$

ところで、n 段目 n 列目は、ちょうど和の半分だから $n^2 - n + 1$

答 $n^2 - n + 1$

(2) 93段目93列目を基準にすると、奇数列目は上がる分だけ数が減っていく。

93－87＝6だから、6減らす。

93段目93列目は$n＝93$だから、つまり(1)の式から、

$n^2－n＋1－6＝n^2－n－5$として、

$93^2－93－5＝8551$

答 8551

ベスト解 008 高校入試問題にチャレンジ

問題

(1) ア．9　**答** 9

イ．$6＋9＋4＋6＝25$　**答** 25

例えば、**表3**の上から1段目の数は、左から順に、

4、3、2、1だから、bを使って（⑤－b）と表せる。

ウ．5　**答** 5

表4では、左から1列目の数は、上から順に、

4、3、2、1だから、aを使って（⑤－a）と表せる。

エ．5　**答** 5

よって、その合計は、

$ab＋a(5－b)＋(5－a)b＋(5－a)(5－b)$
$＝ab＋5a－ab＋5b－ab＋25－5b－$
$5a＋ab＝25$

オ．25　**答** 25

カ．$25×16$は**表2**～**表5**の4枚分の合計だから、4で割ればよい。　**答** 4

(2) $9×9$の4つの表を作ると、どの部分の和も100になる（※）。

これが81個あるから、$\dfrac{100×81}{4}＝2025$

※ **理由** (1)と同様にして、上からx段目、左からy列目の和は、

$xy＋x(10－y)＋(10－x)y＋(10－x)(10－y)$
$＝100$

答 2025

ベスト解 009 高校入試問題にチャレンジ

問題

表にまとめると次のようになる。

番号	1	2	3	4	5	6
総数	1	4	9	16	25	36
灰色	1	2	5	8	13	18
白色	0	2	4	8	12	18

(1) **答** 灰色のタイル13個、白色のタイル12個

(2)(ア) $(2k－1)$番目のタイルの総数は、

$(2k－1)^2＝4k^2－4k＋1$（個）

奇数番目は灰色のタイルが1個多いから、灰色のタイルをx個とすれば、白色のタイルは$x－1$（個）

$x＋(x－1)＝4k^2－4k＋1$、
$2x－1＝4k^2－4k＋1$、
$2x＝4k^2－4k＋2$、$x＝2k^2－2k＋1$

答 灰色のタイル$2k^2－2k＋1$（個）、
白色のタイル$2k^2－2k$（個）

（イ） $2k$番目のタイルの総数は、$(2k)^2＝4k^2$（個）

偶数番目は灰色のタイルと白色のタイルの個数は同じだから、

答 灰色のタイル$2k^2$（個）、白色のタイル$2k^2$（個）

(3) $2k^2＝221$とはならないから、奇数番目である。

$2k^2－2k＋1＝221$、$2k^2－2k－220＝0$、
$k^2－k－110＝0$、$(k－11)(k＋10)＝0$、
$k＞0$より、$k＝11$

よって、$2×11－1＝21$でこれは奇数番目だから正しい。

答 21番目

ベスト解 010 高校入試問題にチャレンジ

問題

(1) 表にすると、下のようになるので9個

答 9個

□1	□2	□3	□4	□5	…
1個	3個	5個	7個	9個	…

□n
$(2n-1)$個

(2) 表より明らかなように、合計は平方数となる。

段数	1段	2段	3段
使われる数	1	1+3	1+3+5
合計	1個	4個	9個

（ア）　$5^2 = 25$（個）

答 25個

（イ）　n^2（個）

答 n^2個

（ウ）　$44^2 < 2018 < 45^2$ より、$(1936 < 2018 < 2025)$ あ…44、い…$2018 - 1936 = 82$（個）

答 あ44 い82

ベスト解 011 高校入試問題にチャレンジ

問題

表を埋めると次のようになる。

順番	1	2	3	4	5	6
白い箱	1	1	6	6	ア	ア
黒い箱	0	3	3	10	10	イ
箱の合計	1	4	9	16	25	36

白い箱、黒い箱の個数は三角数がヒントになっていて、その和が平方数である。

(1)　ア．$25 - 10 = 15$

答 15

　　　イ．$36 - ア = 36 - 15 = 21$

答 21

(2)　nは奇数だから、$(n+1)$は偶数。このことから、nと$n+1$で白い箱の個数の変化はない。

答 白い箱の個数の差0（個）

したがって黒い箱の個数の差は、箱の総数の差。

$(n+1)^2 - n^2 = n^2 + 2n + 1 - n^2 = 2n + 1$

答 黒い箱の個数の差$2n+1$（個）

ベスト解 012 高校入試問題にチャレンジ

問題

表をうめると次のようになる。

番号	1	2	3	4	5	6
黒タイル	1	1	4	4	A	A
白タイル	0	2	2	6	6	B
総数	1	3	6	10	C	D

(1)　黒のタイルの枚数は平方数がヒントになるから、Aは4に続けて9

答 A9

総数は三角数になるから、Cは15、Dは21 よって、$B = D - A = 21 - 9 = 12$

答 B12

(2)　黒のタイルの偶数番目をまとめると次のようになる。

番号	2	4	6	8	…	$2n$
黒タイル	1	4	9	16		n^2

$14^2 < 200 < 15^2$ $(196 < 200 < 225)$ だから、$n = 14$（28番目）では196枚の黒のタイルを使う。これは1つ前の27番目も同じである。黒のタイルは29番目以降は200枚を超える。そこでまず、27番目、28番目あたりを調べてみる。

タイルの総数は三角数で、27番目では、

ベスト解011（★） より $\dfrac{27(27+1)}{2} = 378$

したがって白のタイルの枚数は、
$378 - 196 = 182$（枚）

28番目では、 **ベスト解011（★）** より

$\dfrac{28(28+1)}{2} = 406$

したがって白のタイルの枚数は、
$406 - 196 = 210$（枚）で200枚を超える。

よって白のタイルは28番目以降は200枚を超える。

7

このことから題意を満たすのは27番目とわかり、

答 黒のタイル196枚、白のタイル182枚

ベスト解 013 高校入試問題にチャレンジ

問題

$y = -\dfrac{5}{4}x$ に $x = 2$ を代入し、

$y = -\dfrac{5}{4} \times 2 = -\dfrac{5}{2}$ $B\left(2, -\dfrac{5}{2}\right)$

ベスト解013 より、

(点 A の y 座標) − (点 B の y 座標) = 6

だから、

(点 A の y 座標) = (点 B の y 座標) + 6

よって、A の y 座標は、$-\dfrac{5}{2} + 6 = \dfrac{7}{2}$

$A\left(2, \dfrac{7}{2}\right)$

関数 $y = \dfrac{a}{x}$ は点 A を通るから、$\dfrac{7}{2} = \dfrac{a}{2}$, $a = 7$

答 $a = 7$

ベスト解 014 高校入試問題にチャレンジ

問題1

AB の長さを求めると図のようになるから、

$AB = AC = 8$

ここで、$A\left(4, \dfrac{16}{3}\right)$ だから、点 C の y 座標は、

$\dfrac{16}{3} - 8 = -\dfrac{8}{3}$

つまり、$C\left(4, -\dfrac{8}{3}\right)$

$y = ax^2$ は点 C を通るから、$-\dfrac{8}{3} = a \times 4^2$

整理して、$a = -\dfrac{1}{6}$

答 $a = -\dfrac{1}{6}$

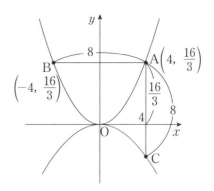

問題2

四角形 ABPQ は平行四辺形だから、

$QP = AB = 4$

Q の x 座標は 0 だから、P の x 座標は 4

点 P は $y = -\dfrac{12}{x}$ 上の点だから、

$y = -\dfrac{12}{x} = -\dfrac{12}{4} = -3$

$P(4, -3)$

よって、$Q(0, -3)$

直線 AQ の式は、$y = -\dfrac{5}{2}x - 3$

答 $y = -\dfrac{5}{2}x - 3$

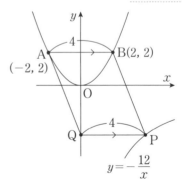

ベスト解 015 高校入試問題にチャレンジ

問題1

ベスト解015A より、線分 AB の中点を M として、合同な直角三角形を作る。

(合同は **ベスト解050** 参照。)

△AOM と △BOM で、

$OA = OB = 5$、$AM = BM$、OM は共通だから、

△AOM ≡ △BOM

合同な図形の対応する角は等しく、

∠AOM ＝ ∠BOM だから、直線 OM は ∠AOB を二等分している。

そこで、A(3, 4)、B(5, 0) だから、M(4, 2)

よって求める直線 OM の式は、$y = \dfrac{1}{2}x$

答 $\dfrac{1}{2}$

問題2

△ABH と △CBH で、

AH ＝ CH、∠AHB ＝ ∠CHB、BH は共通だから、△ABH ≡ △CBH

合同な図形の対応する辺は等しく、

BA ＝ BC（…ア）

また、 より、

直線①の傾き × 直線②の傾き ＝ $2 \times \dfrac{1}{2} = 1$

が成り立っているから、直線①と直線②は、傾き 1 の直線について対称（…イ）

ここでアイから図のように、

△AIB ≡ △CJB を作る。

直線①と直線②の交点 B の座標は、

$y = 2x + 1$ と $y = \dfrac{1}{2}x - 2$ から計算して、

B(−2, −3)

これと点 A から、AI ＝ 5、IB ＝ 10

AI ＝ CJ、IB ＝ JB より C(8, 2)

答 C(8, 2)

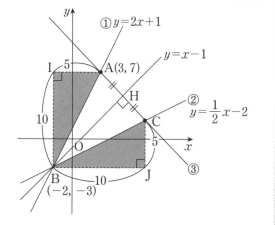

ベスト解 016 高校入試問題にチャレンジ

問題

P、Q、M の y 座標を同じ文字で表わす。

A(−4, 8)、B(6, 18)

よって、直線 AB の式は、$y = x + 12$

ここで点 P の x 座標を p とすれば、

$$P\left(p, \ \dfrac{1}{2}p^2\right), \ Q(p, \ p + 12)$$

これより中点 $M\left(p, \ \dfrac{1}{4}p^2 + \dfrac{1}{2}p + 6\right)$ となり、

これが $y = 3x$ 上にあればいいので、

$$\dfrac{1}{4}p^2 + \dfrac{1}{2}p + 6 = 3p$$

整理して、$p^2 - 10p + 24 = 0$、$(p - 6)(p - 4) = 0$、$p = 4$、6

$-4 < p < 6$ より、$p = 4$、P(4, 8)

答 P(4, 8)

ベスト解 017 高校入試問題にチャレンジ

問題1

点 Q の座標がわかればよい。

点 Q は直線 BR の切片だから、 より、$-\dfrac{1}{2} \times 1 \times 2 = -1$

よって、Q(0, −1) とわかる。

したがって、点 P の y 座標も −1

点 P は $y = -\dfrac{12}{x}$ 上の点だから、その x 座標は、

$-1 = -\dfrac{12}{x}$、$x = 12$

答 P(12, −1)

別解 x 座標を比較して、点 R は BQ の中点となればよいことがわかれば、$R\left(1, \ \dfrac{1}{2}\right)$ から Q(0, −1) である。

問題2

点 A と B の x 座標を1つの文字で表す。

△ADC : △CDB ＝ 4 : 1 だから、

AC : CB ＝ 4 : 1（ **ベスト解 062A** ）

ここで点 B の x 座標を p とすれば、点 A の x 座標は −4p

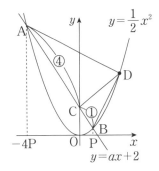

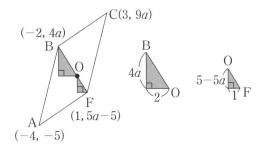

さて直線ABの切片は2だから、

ベスト解017 より、 $-\dfrac{1}{2} \times p \times (-4p) = 2$

整理して、$p^2 = 1$、$p > 0$ より、$p = 1$

つまり、点Aのx座標-4、点Bのx座標は1

ここで ベスト解017 より、傾きを利用して、

$\dfrac{1}{2} \times \{1 + (-4)\} = a$、$a = -\dfrac{3}{2}$

答 $a = -\dfrac{3}{2}$

Fのy座標は、$5 \times \dfrac{5}{7} - 5 = -\dfrac{10}{7}$

答 $a = \dfrac{5}{7}$、$F\left(1, -\dfrac{10}{7}\right)$

ベスト解 018 高校入試問題にチャレンジ

問題

直線BOとOFの傾きが等しいことから求める。

　B$(-2, 4a)$、C$(3, 9a)$

四角形AFCBが平行四辺形であることから、
線分BCの各座標の差は、線分AFのそれと等しいから、点Fのx座標は、

$-4 + \{3 - (-2)\} = 1$

y座標は、$-5 + (9a - 4a) = -5 + 5a$

　F$(1, 5a - 5)$

ここで ベスト解018 より一直線上にとった2線分の傾きが等しいことを利用すれば、

BOの傾き ＝OFの傾き

$-\dfrac{4a}{2} = -\dfrac{5 - 5a}{1}$、$4a = 2(5 - 5a)$、

$4a = 10 - 10a$、$14a = 10$

整理して、$a = \dfrac{5}{7}$

ベスト解 019 高校入試問題にチャレンジ

問題

点Pのx座標をpとすると、

P(p, p^2)、Q$(p, 2p + 8)$

ここで、CQ∥OPだから、 ベスト解019 より、

平行な2直線の傾きが等しいことを利用すれば、$\dfrac{2p + 8}{p - (-2)} = \dfrac{p^2}{p}$、$\dfrac{2p + 8}{p + 2} = p$、

整理して、$2p + 8 = p(p + 2)$、

$2p + 8 = p^2 + 2p$、$p^2 = 8$、$p > 0$ より、$p = 2\sqrt{2}$

P$(2\sqrt{2}, 8)$

答 P$(2\sqrt{2}, 8)$

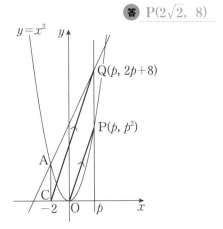

ベスト解 020 高校入試問題にチャレンジ

問題

(1) ベスト解020A より、OC：OF$= \dfrac{1}{2} : 1 = 1 : 2$

答 $1 : 2$

(2) より、△OCD ∽ △OFG だ

から、△OCD：△OFG ＝ OC² : OF²

＝ 1² : 2² ＝ 1 : 4 （ **ベスト解066** ）

よって、△OCD ＝ S とすれば、△OFG

＝ 4S　つまり、四角形 CDGF ＝ 3S

ここで S ＝ $\frac{21}{4}$ だから、四角形 CDGF ＝ 3S

＝ 3 × $\frac{21}{4}$ ＝ $\frac{63}{4}$

答 $\frac{63}{4}$ cm²

ベスト解 021 高校入試問題にチャレンジ

問題

(1) A(-1, 2)、B(2, 8) だから、

$y = 2x + 4$

答 $y = 2x + 4$

(2) C(0, 4) だから、D(0, -4)

答 D(0, -4)

(3) **ベスト解021B** より、

△ABD

＝ {2 $-$ (-1)}

× {4 $-$ (-4)} × $\frac{1}{2}$

＝ 3 × 8 × $\frac{1}{2}$

＝ 12

答 12

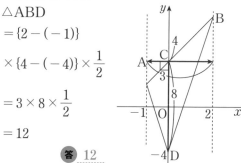

ベスト解 022 高校入試問題にチャレンジ

問題1

線分 AB 上に、図のように点 Q をとる。PQ の長さを文字にして、その長さから面積の式を立てる。

ベスト解022 より、

△APB ＝ 8 × QP × $\frac{1}{2}$ ＝ 48

よって、QP ＝ 12

ここで点 P の x 座標を p とすれば、

P(p, p^2)、

Q(p, $2p + 15$)

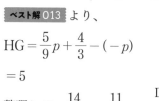

ベスト解013 より、

QP ＝ $2p + 15 - p^2$ ＝ 12

整理して、$p^2 - 2p - 3 = 0$、$(p - 3)(p + 1) = 0$

$0 < p < 5$ より、$p = 3$

答 P(3, 9)

問題2

A(-3, 3)、B(3, 3)

G を通り y 軸と平行な直線と DB との交点を H とする。GH を文字で表わし、面積の式を立てる。

ベスト解022A より、

△BDG ＝ 6 × GH × $\frac{1}{2}$ ＝ 15、GH ＝ 5

さて C(-3, -2)、AD：DC ＝ 2：1 だから、

D$\left(-3, -\frac{1}{3}\right)$

よって直線 DB の式は、$y = \frac{5}{9}x + \frac{4}{3}$

ここで点 G の x 座標を p とすれば、

G(p, $-p$)、H$\left(p, \frac{5}{9}p + \frac{4}{3}\right)$

ベスト解013 より、

HG ＝ $\frac{5}{9}p + \frac{4}{3} - (-p)$

＝ 5

整理して、$\frac{14}{9}p = \frac{11}{3}$

$p = \frac{33}{14}$

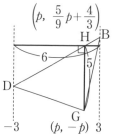

答 $x = \frac{33}{14}$

ベスト解 023 高校入試問題にチャレンジ

問題1 解法

(1) A(-2, 2) は $y = ax^2$ 上にあるから、

$2 = a × (-2)^2$、$a = \frac{1}{2}$

答 $a = \frac{1}{2}$

(2) 点 B は $y = \frac{1}{2}x^2$ 上にあるから、

$$y = \frac{1}{2} \times 6^2 = 18$$

答 $y = 18$

(3) **ベスト解017** より、

$$y = \frac{1}{2}(-2+6)x - \frac{1}{2} \times (-2) \times 6 = 2x + 6$$

答 $y = 2x + 6$

(4) 点Cは $y = 2x + 6$ 上の点だから、

$0 = 2x + 6$、$x = -3$、$C(-3, 0)$

△COPと△AOBは高さが等しいから、底辺の長さが同じになるようにする。

ベスト解023 より $AB = CP$

よって、

（線分CPの x 座標の差）

＝（線分ABの x 座標の差）

$= 6 - (-2) = 8$

よって、

点Pの x 座標は、

$-3 + 8 = 5$

これより、

$y = 2 \times 5 + 6$

$\quad = 16$

A(−2, 2) P B(6, 18) C(−3, 0) O

答 $P(5, 16)$

問題2

(1) 点Bは $y = \frac{16}{x}$ 上の点だから、

$B(-4, -4)$

これを $y = ax^2$ に代入し、$-4 = a \times (-4)^2$、

$-4 = 16a$、$a = -\frac{1}{4}$

答 $a = -\frac{1}{4}$

(2) $C(2, 8)$

2点B、Cの座標から、$y = 2x + 4$

答 $y = 2x + 4$

(3) 底辺ACが共通で高さで面積を比べる。

2点D、Pから③へ下ろした垂線の足をそれぞれH、Iとする。**ベスト解023** より、

△ACP：△ACD

$= PI : DH = PI : 2 = 5 : 1$

$PI = 10$、

よって、

点Pの x 座標は、

$2 - 10 = -8$

点Pは $y = -\frac{1}{4}x^2$ 上にある

から、

$P(-8, -16)$

答 $P(-8, -16)$

C D H A P I

ベスト解024 高校入試問題にチャレンジ

問題

(1) 点 $A(-3, 3)$ は $y = ax^2$ 上の点だから、

$3 = a \times (-3)^2$、整理して、$a = \frac{1}{3}$

答 $a = \frac{1}{3}$

(2) $A(-3, 3)$、$B(6, 12)$ だから、

$y = x + 6$

答 $y = x + 6$

(3) 点Aを中心に、解は2つある。∠PAOが共通だから、**ベスト解024** を利用すれば、

△OAB：△DAP $= AB \times AO : AP \times AD$

x 座標の比を使って、

$= \{6 - (-3)\} \times \{0 - (-3)\}$

$\qquad : \{3 - (-3)\} \times AD$

$= ⑨ \times ③ : ⑥ \times \boxed{AD}$

よって、

$AD = \frac{9}{2}$

これより点Dの x 座標

は、

$-3 + \frac{9}{2}$

$= \frac{3}{2}$

y ⑨ B D' P ⑥ A ③ O x 9/2 D

また点Aを中心に点Dを対称移動した点D′をとれば、

△D′AP ＝ △DAP となるから、点D′の x 座

標は、$-3 - \dfrac{9}{2} = -\dfrac{15}{2}$

点D、D′は共に、直線OA $y = -x$ 上にある

から、y 座標はそれぞれ、$-\dfrac{3}{2}$、$\dfrac{15}{2}$

答　$D\left(\dfrac{3}{2},\ -\dfrac{3}{2}\right),\ \left(-\dfrac{15}{2},\ \dfrac{15}{2}\right)$

ベスト解 025　**高校入試問題にチャレンジ**

問題1

(1)　B(2, 2)

　　よって直線OBの式は $y = x$　　答　1

(2)　直線ABの切片は、**ベスト解 017** より、

　　$-\dfrac{1}{2} \times (-4) \times 2 = 4$ より、C(0, 4)

　　よって、$\triangle OAC = 4 \times 4 \times \dfrac{1}{2} = 8$

答　$8\,\mathrm{cm}^2$

(3)　**ベスト解 025** より、$\triangle COB$ を加える。

$$\triangle OAC = \triangle BCD$$
$$\triangle OAC + \triangle COB = \triangle BCD + \triangle COB$$
$$\triangle AOB = \triangle DOB$$

$$\triangle AOB = \{2 - (-4)\} \times 4 \times \dfrac{1}{2} = 12$$

$$= \triangle DOB$$

$$= OD \times 2 \times \dfrac{1}{2}$$

よって
OD = 12 だか
ら、点Dの y
座標は12

答　$y = 12$

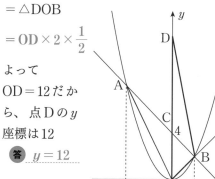

問題2 解法

(1)　点B は $y = \dfrac{1}{3}x^2$ 上の点だから、

　　$x = 3$ を代入し、$y = \dfrac{1}{3} \times 3^2 = 3$

答　$y = 3$

(2)　直線AB の式は、**ベスト解 017** より、

$$y = \dfrac{1}{3}\{3 + (-6)\}x - \dfrac{1}{3} \times (-6) \times 3$$

$$y = -x + 6 \quad 点C はこの直線上にあるから、$$

$$0 = -x + 6、x = 6$$

答　$x = 6$

(3)　**ベスト解 021B** より、

　　$\{3 - (-6)\} \times 6 \times \dfrac{1}{2} = 27$

答　27

(4)　$A(-6,\ 12)$

　　ベスト解 025 より、$\triangle COB$ を加えた $\triangle AOC$ を利用する。そして、OCを底面とする2つの三角形を比較する。

　　$\triangle COB = 6 \times 3 \times \dfrac{1}{2} = 9$ だから、

　　$\triangle OAB + \triangle COB = 27 + 9 = 36$
　　すると、$\triangle POC = 27$ だから、

$$\triangle POC = \dfrac{3}{4}(\triangle OAB + \triangle COB)$$

$$= \dfrac{3}{4}\triangle AOC \text{ となる。}$$

よって、$OC \times (P の y 座標) \times \dfrac{1}{2}$

$$= \dfrac{3}{4} \times OC \times (A の y 座標) \times \dfrac{1}{2}$$

このことから、

$$(P の y 座標) = \dfrac{3}{4} \times (A の y 座標)$$

$$= \dfrac{3}{4} \times 12 = 9$$

点P は、$y = \dfrac{1}{3}x^2$ 上の点だから、

$$\dfrac{1}{3}x^2 = 9、x^2 = 27、x = \pm 3\sqrt{3}$$

答　$x = \pm 3\sqrt{3}$

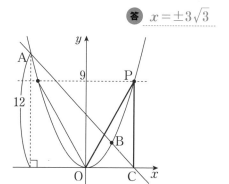

別解 $\mathrm{P}\left(p, \dfrac{1}{3}p^2\right)$ として、

$$\mathrm{OC} \times \mathrm{OP} \times \dfrac{1}{2} = 27$$

$$6 \times \dfrac{1}{3}p^2 \times \dfrac{1}{2} = 27$$

$p^2 = 27$、$p = \pm 3\sqrt{3}$ と求めることもできる。

ベスト解
026　**高校入試問題にチャレンジ**

問題

(1)　点 A の x 座標を $y = -\dfrac{1}{4}x^2$ へ代入し、

$\mathrm{A}(-2, -1)$ で、この点は $y = \dfrac{a}{x}$ 上にもあ

るから、$-1 = \dfrac{a}{-2}$、$a = 2$

答　$a = 2$

(2)　$\mathrm{B}(1, 2)$、つまり $y = x + 1$

答　$y = x + 1$

(3)　$\mathrm{C}(2, 1)$、$\mathrm{D}(2, -1)$　また図のように直
線 DC と直線 AB との交点を F とすれば、
$\mathrm{F}(2, 3)$

ここで ベスト解026 より、△BFC も含め考え
る。

△BFC $= S$ と
すれば、
FC $=$ CD から、
△BDC $= S$
すると題意より
△BED $= 5S$
だから、図より、
FB : BE $=$ △BFD : △BED $= 2S : 5S$

$= 2 : 5 = 1 : \dfrac{5}{2}$

よって、点 E の x 座標は、$1 - \dfrac{5}{2} = -\dfrac{3}{2}$

答　$x = -\dfrac{3}{2}$

ベスト解
027　**高校入試問題にチャレンジ**

問題

まず a、b を求める。これから点 B、C、D の座
標を出す。そして ベスト解027 を使う。

点 A は $y = ax^2$ 上 に あ る か ら、$2 = a \times 1^2$、
$a = 2$　ベスト解020A より、$\mathrm{OA} : \mathrm{OB} = b : a$
$= b : 2 = 1 : 4$ だから、$b = \dfrac{1}{2}$

さて、$\mathrm{OA} : \mathrm{OB} = 1 : 4$ だから、点 B の x 座標
は 4　$\mathrm{B}(4, 8)$
すると点 C の y 座標は 8 で、$\mathrm{C}(-2, 8)$
　四 角 形 OBCD は 平 行 四 辺 形 だ か ら、
CB $=$ DO で、$\mathrm{D}(-6, 0)$
ここで x 座標で、ベスト解027 を使う。
　台形 OAPD : 平行四辺形 OBCD
$= (\mathrm{OA} + \mathrm{DP}) : (\mathrm{OB} + \mathrm{DC})$
$= (1 + \mathrm{DP}) : (4 + 4)$
$= (1 + \mathrm{DP}) : 8 = 3 : 8$
だから、DP $= 2$
つまり点 P は
DC の中点。
$\mathrm{P}(-4, 4)$

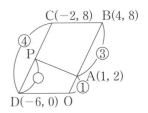

答　$\mathrm{P}(-4, 4)$

ベスト解
028　**高校入試問題にチャレンジ**

問題

点 C、D は $y = \dfrac{1}{2}x^2$ 上の点だから、

$\mathrm{C}(-4, 8)$、$\mathrm{D}(2, 2)$
台形 ABDC を、AD を引いて2つに分ける。
△CAD : △BAD $=$ CA : DB $= 8 : 2$
よって、全体を $10S$ とすれば、△CAD $= 8S$、
△BAD $= 2S$

さて、ベスト解028 より、△CAE $= 10S \times \dfrac{1}{2}$

$= 5S$ となればよいから、
△CAE : △DAE $= 5S : 3S = 5 : 3 =$ CE : ED
そこで点 E の x 座標を求める。

点Dと点Cのx座標の差が$2-(-4)=6$だから、

⑧$=6$、①$=6\times\dfrac{1}{8}=\dfrac{3}{4}$

点Eのx座標は

$2-\dfrac{3}{4}\times3=-\dfrac{1}{4}$

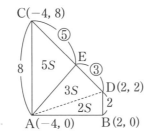

答 $x=-\dfrac{1}{4}$

問題1

BCとAOの交点をDとする。

OD：DA$=\triangle$BOC：$\triangle$BAC$=1:3$で、D$(0, 4)$だから、A$(0, 16)$

BD：DC$=\triangle$ABO：$\triangle$ACO$=1:2$

だから、点Cのx座標は8

B$(-4, 2)$、C$(8, 8)$

ここで、$\triangle$ABO$=2S$とすれば、$\triangle$AOC$=4S$だから、全体の面積は$2S+4S=6S$となる。

このことから、原点Oを通り四角形ABOCの面積を二等分する直線は、辺ACと交わる。この点をPとする。

すると **ベスト解 029** より、

$\triangle$CPO$=6S\times\dfrac{1}{2}=3S$となればよいから、

AP：PC$=\triangle$APO：$\triangle$CPO$=S:3S=1:3$

ここで線分ACのx座標の差を利用すれば、

④$=8$、①$=8\div4=2$

これより点Pのx座標は2

直線ACの式は、$y=-x+16$だから、点Pのy座標は14　P$(2, 14)$

よって、求める直線の式は$y=7x$

答 $y=7x$

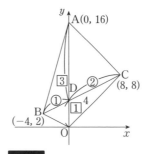 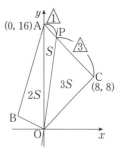

問題2

(1)　点A$(6, 9)$は$y=ax^2$上にあるから、

$9=a\times6^2$、$a=\dfrac{1}{4}$

答 $a=\dfrac{1}{4}$

(2)　**ベスト解 017** より、

$y=\dfrac{1}{4}\{(-4)+6\}x-\dfrac{1}{4}\times(-4)\times6$

$=\dfrac{1}{2}x+6$

答 $y=\dfrac{1}{2}x+6$

(3)　$\triangle$BCO：$\triangle$BCA

$=$（点Bのy座標$-$点Oのy座標）

　　：（点Aのy座標$-$点Bのy座標）

$=4:5=4S:5S$

よって、求める直線は線分CAと交わり、この点をPとする。

すると、全体の面積は$9S$だから、

$\triangle$APB$=\dfrac{9}{2}S$

このことから、

AC：AP

$=\triangle$BCA：$\triangle$APB$=5S:\dfrac{9}{2}S$

$=10:9$

ここで線分ACのx座標の差から、

⑩$=6-(-4)=10$、①$=10\div10=1$

点Pのx座標は、$6-9=-3$

(2)を利用すれば、y座標は

$\dfrac{1}{2}\times(-3)+6=\dfrac{9}{2}$

15

$\mathrm{P}\left(-3,\ \dfrac{9}{2}\right)$。求める直線は、これと点Bを

通るから、$y=-\dfrac{1}{14}x+\dfrac{30}{7}$

答 $y=-\dfrac{1}{14}x+\dfrac{30}{7}$

ベスト解 030 高校入試問題にチャレンジ

問題1

△BCDの面積が△BPAの半分になっている。

さてy座標でみれば、点B、C、Pは順に、

-3、0、1だから、BC：CP＝3：1

そこで **ベスト解030B** より、△BCD：△DPC＝

BC：CP＝3S：S

つまり、△BPA＝2△BCD＝2×3S＝6Sだ

から、△ADP＝2Sとなればよい。

よって、

AD：DB＝△ADP：△PDB

$\quad\quad\quad\quad=2S：4S$

$\quad\quad\quad\quad=1：2$

ここでy座標の差で

考えれば、

$\boxed{3}=3-(-3)=6$、

$\boxed{1}=2$

よって、

点Dのy座標は、

$3-2=1$

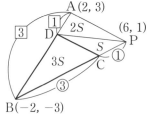

直線ABの式は、$y=\dfrac{3}{2}x$だから、$1=\dfrac{3}{2}x$、

$x=\dfrac{2}{3}$　$\mathrm{D}\left(\dfrac{2}{3},\ 1\right)$

答 $\mathrm{D}\left(\dfrac{2}{3},\ 1\right)$

問題2

△BCPの面積が△BAOの$\dfrac{1}{3}$になっている。

さてx座標でみれば、点A、C、Bは順に、

-2、0、3だから、AC：CB＝2：3

そこで **ベスト解030B** より、△APC：△BCP＝

AC：CB＝2S：3S

つまり、△BOA＝3△BCP＝3×3S＝9Sだ

から、△PAO＝4Sとなればよい。

よって、BP：PO＝△BAP：△OAP＝

5S：4S＝5：4

ここでB(3, 9)だから、y座標の差で考えれば、

$\boxed{9}=9$、$\boxed{1}=1$

よって、点Pのy座標は、

$9-5=4$

直線OBの式は、

$y=3x$だから、

$4=3x$、$x=\dfrac{4}{3}$

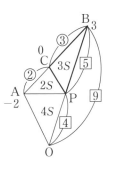

答 $x=\dfrac{4}{3}$

ベスト解 031 高校入試問題にチャレンジ

問題

$\mathrm{A}\left(-2,\ \dfrac{4}{3}\right)$、C($-2$, 0)だから、

△OAC＝$2×\dfrac{4}{3}×\dfrac{1}{2}=\dfrac{4}{3}$

よって、△BED＝2△OAC＝$2×\dfrac{4}{3}=\dfrac{8}{3}$

ここで、直線ABとy軸との交点をFとする。

これは直線ABの切片だから、

ベスト解017 より、$-\dfrac{1}{3}×(-2)×4=\dfrac{8}{3}$、

$\mathrm{F}\left(0,\ \dfrac{8}{3}\right)$

よって△BFO＝$\dfrac{8}{3}×4×\dfrac{1}{2}=\dfrac{16}{3}$

このことから、△BED＝$\dfrac{1}{2}$△BFO、ED∥FO

だから、**ベスト解031** より、

BD：BO＝1：$\sqrt{2}$

BO：DO＝$\sqrt{2}$：$(\sqrt{2}-1)$

x座標の差で考

えれば、

4：DO

$=\sqrt{2}：(\sqrt{2}-1)$

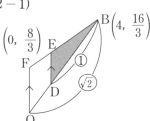

16

$$\sqrt{2}\mathrm{DO} = 4(\sqrt{2}-1) = 4\sqrt{2}-4$$

$$\mathrm{DO} = 4 - 2\sqrt{2}$$

よって、$t = 4 - 2\sqrt{2}$

答 $t = 4 - 2\sqrt{2}$

ベスト解 032 高校入試問題にチャレンジ

問題1

$\mathrm{AC} = \mathrm{DB} = 4$、$\mathrm{AC} \mathbin{/\!/} \mathrm{DB}$ だから、四角形 ADBC は平行四辺形。

ベスト解 032 より、
求める直線は、対角線 AB の中点 P を通る。$\mathrm{P}(-1, 5)$ だから、$y = -5x$

答 $y = -5x$

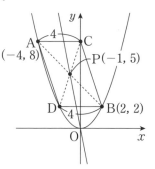

問題2

(1) $\mathrm{A}(2, 2)$ は $y = ax^2$ 上にあるから、

$$2 = a \times 2^2,\ a = \frac{1}{2}$$

答 $a = \dfrac{1}{2}$

(2)(a) 四角形 PQRS は長方形である。

$\mathrm{P}\left(t, \dfrac{1}{2}t^2\right)$、$\mathrm{Q}(t, t^2)$ から、

$$\mathrm{QP} = t^2 - \frac{1}{2}t^2 = \frac{1}{2}t^2$$

周の長さは、

$$2(\mathrm{SP} + \mathrm{QP}) = 2\left(2t + \frac{1}{2}t^2\right) = t^2 + 4t$$

答 $t^2 + 4t$

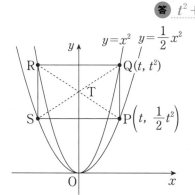

(b)(ア) $t^2 + 4t = 60$、整理して、

$(t-6)(t+10) = 0$、$t > 0$ だから、$t = 6$

答 $t = 6$

(イ) ベスト解 032 より、求める直線は、対角線の交点 T を通る。

$\mathrm{Q}(6, 36)$、$\mathrm{S}(-6, 18)$ から、$\mathrm{T}(0, 27)$

これと $\mathrm{A}(2, 2)$ を通るから、

$$y = -\frac{25}{2}x + 27$$

答 $-\dfrac{25}{2}$

ベスト解 033 高校入試問題にチャレンジ

問題1

$\mathrm{A}(-4, 8)$、$\mathrm{B}(2, 2)$、$\mathrm{D}(0, 12)$ だから、直線 AD の傾きは 1

このことから、四角形 OADB は、$\mathrm{AD} \mathbin{/\!/} \mathrm{OB}$ の台形。面積を二等分する直線が通る点を P とすると、ベスト解 033 より、

$$\mathrm{P}\left(\frac{0 + (-4) + 0 + 2}{4},\ \frac{0 + 8 + 12 + 2}{4}\right)$$

$$= \left(-\frac{1}{2},\ \frac{11}{2}\right)$$

よって、直線 PB の式は、$y = -\dfrac{7}{5}x + \dfrac{24}{5}$

これと直線 AD $y = x + 12$ の交点を計算する。

答 $(-3, 9)$

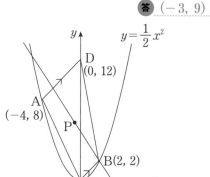

問題2

(1) $\mathrm{A}(2, 4)$ は $y = \dfrac{a}{x}$ 上にあるから、

$$4 - \frac{a}{2},\ a = 8$$

答 $a = 8$

17

(2) 点Bは$y = \dfrac{8}{x}$上の点だから、B(4, 2)

よって、直線ABの傾きは-1

さて点Cのx座標は2だから、点Eのx座標は-2　Dのx座標は4だから、直線EDの傾きは、 ベスト解017 より、

$b(-2+4) = -1$、$b = -\dfrac{1}{2}$

答 $b = -\dfrac{1}{2}$

(3) 図のような座標になる。面積を二等分する直線が通る点をPとすると、 ベスト解033 より、

$\mathrm{P}\left(\dfrac{(-2)+(-4)+4+2}{4},\right.$

$\left.\dfrac{(-2)+(-8)+(-8)+(-2)}{4}\right)$

$= (0, -5)$

よって、

直線APの式は、

$y = \dfrac{9}{2}x - 5$

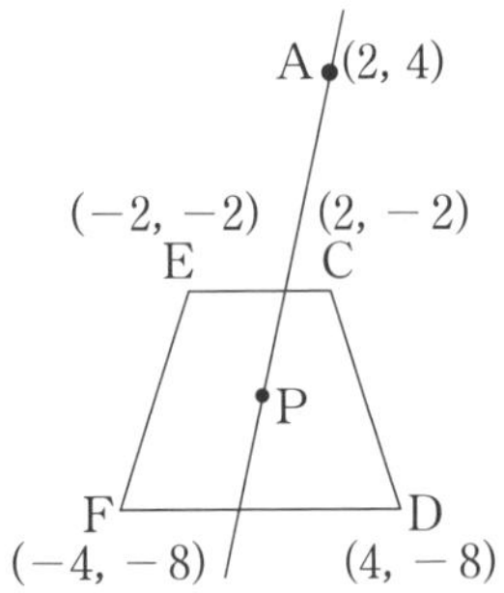

答 $y = \dfrac{9}{2}x - 5$

A (2, 4)

(−2, −2) (2, −2)
E　　　C

P

F　　　　　　D
(−4, −8)　　　(4, −8)

ベスト解
034 高校入試問題にチャレンジ

問題

C、Dの座標は図のようになる。

ベスト解034 より、面積を計算すると、

$\triangle \mathrm{CAE} = \dfrac{1}{2} \times$ 台形ABDC

$= \dfrac{1}{2} \times (8+2) \times \{2-(-4)\} \times \dfrac{1}{2} = 15$

ここで図より、

$8 \times h \times \dfrac{1}{2} = 15$、

$h = \dfrac{15}{4}$

よってEのx座標は、

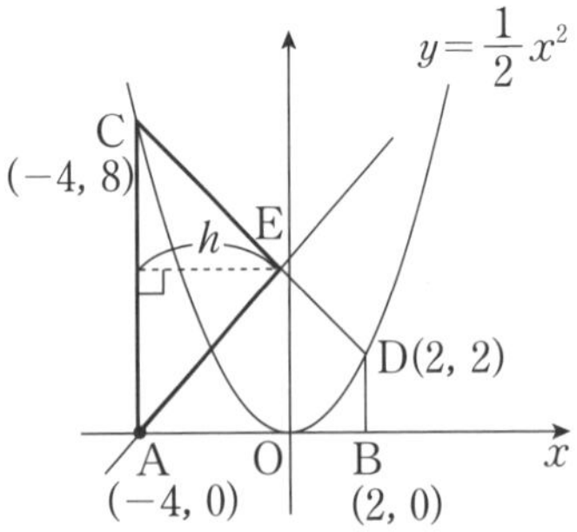

$y = \dfrac{1}{2}x^2$

C
(−4, 8)

E
h

D(2, 2)

A　O　B　　x
(−4, 0)　(2, 0)

$-4 + \dfrac{15}{4} = -\dfrac{1}{4}$

答 $x = -\dfrac{1}{4}$

ベスト解
035 高校入試問題にチャレンジ

問題1

(1) A(2, 2)は$y = ax^2$上にあるから、

$2 = a \times 2^2$、$a = \dfrac{1}{2}$

答 $a = \dfrac{1}{2}$

(2)(ア) B(6, 18)だから、P(−6, 18)

点Qは直線APの切片だから、

ベスト解017 より、

$-\dfrac{1}{2} \times (-6) \times 2 = 6$、$y = 6$

答 $y = 6$

(イ) 等積変形により、ABが共通で点QとRを交換する。

まず直線ABの式は、

$y = \dfrac{1}{2}(2+6)x - \dfrac{1}{2} \times 2 \times 6 = 4x - 6$

この直線とx軸との交点のx座標は、

$0 = 4x - 6$、$x = \dfrac{3}{2}$

ここで ベスト解035 の等積変形を利用する。直線ABに平行で点Qを通る直線の式は、$y = 4x + 6$

この直線とx軸との交点のx座標は、

$0 = 4x + 6$、$x = -\dfrac{3}{2}$ (…ア)

$\dfrac{3}{2} - \left(-\dfrac{3}{2}\right) = 3$を利用し、$\dfrac{3}{2} + 3 = \dfrac{9}{2}$

(…イ)

$\triangle \mathrm{ABQ} = \triangle \mathrm{ABR}$を満たす点Rは、アとイがあるが、$x > 0$だからイのみ。

答 $x = \dfrac{9}{2}$

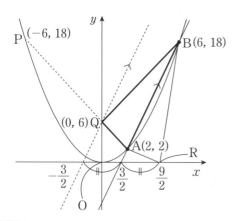

問題2

(1) 答 $y = 2x + 4$

(2) C(0, 4)だから、D(0, −4)

答 D(0, −4)

(3) ベスト解035 の等積変形を利用する。AB は共通で点DとPを交換する。

直線ABとx軸との交点のx座標は、

$0 = 2x + 4$、$x = -2$

直線ABに平行で点Dを通る直線の式は、

$y = 2x - 4$

この直線とx軸との交点のx座標は、

$0 = 2x - 4$、$x = 2$ （…ア）

$2 - (-2) = 4$を利用して、$-2 - 4 = -6$（…イ）

求める点Pのx座標は、アとイだから、

$x = 2$、-6

答 $x = 2$、-6

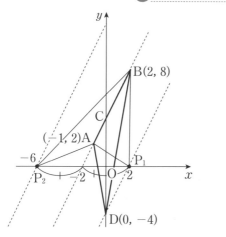

問題

(1) 点A(2, 2)は$y = ax^2$上の点だから、

$2 = a \times 2^2$、$a = \dfrac{1}{2}$

答 $a = \dfrac{1}{2}$

点Bは$y = \dfrac{1}{2}x^2$上の点だから、

$p = \dfrac{1}{2} \times (-4)^2 = 8$

答 $p = 8$

(2) ベスト解036 より、まずy軸上に点Eを、

$\triangle AEB = \dfrac{2}{3} \triangle AOB$となるようにとる。

直線ABとy軸との交点をDとし、

$DE = \dfrac{2}{3}DO$となればよい。

直線ABの式は、ベスト解017 より、

$y = \dfrac{1}{2}(-4+2)x - \dfrac{1}{2} \times (-4) \times 2 = -x + 4$

よって、$DE = \dfrac{2}{3}DO = \dfrac{2}{3} \times 4 = \dfrac{8}{3}$

ここで題意を満たすのは図の場合だから、

$EO = DO - DE = 4 - \dfrac{8}{3} = \dfrac{4}{3}$

ここで$\triangle BEA = \triangle BCA$となればよいから、

$E\left(0, \dfrac{4}{3}\right)$を通り、ABと平行な直線を引き、

等積変形する。すると直線CEは、

$y = -x + \dfrac{4}{3}$だから、$x = \dfrac{4}{3}$

答 $C\left(\dfrac{4}{3},\ 0\right)$

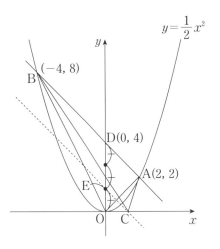

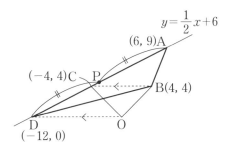

問題

ベスト解029 **問題2** と同一なので(1)(2)は省略。

(1) **答** $a = \dfrac{1}{4}$

(2) **答** $y = \dfrac{1}{2}x + 6$

(3) ベスト解037 より、Bを頂点とする三角形を作る。四角形OBAC $=$ △BADへ等積変形する。

原点を通りBCと平行な直線と、ACの延長との交点をDとする。

直線BCはx軸と平行だから、Dのy座標は0とわかる(★)。

直線ACの式は(2)より$y = \dfrac{1}{2}x + 6$だから、

これと★から、D$(-12, 0)$

そこで、△BADの面積を二等分する。

ベスト解030A より、

2点A、Dの中点P$\left(-3, \dfrac{9}{2}\right)$を通る。

求める直線は、これと点Bを通るから、

$$y = -\dfrac{1}{14}x + \dfrac{30}{7}$$

答 $y = -\dfrac{1}{14}x + \dfrac{30}{7}$

問題

(1) D$(0, 5)$、A$(4, 8)$だから、

$$y = \dfrac{3}{4}x + 5$$

答 $y = \dfrac{3}{4}x + 5$

(2) 直線CEが△OABの面積を二等分する。

$\dfrac{1}{2}$△OAB $=$ △ADOだから、 ベスト解038 より、台形CDEAを作り、図の色のついた図形を交換して、△ADO $=$ △ECOとなればよい。

そこで、点Dを通り直線CAと平行な直線と、AOとの交点がEとなる。

直線CAの傾きは$\dfrac{1}{2}$だから、これと平行で点Dを通る直線の式は、$y = \dfrac{1}{2}x + 5$ (…⑦)

またOAの式は
$y = 2x$だから(…⑦)、
⑦⑦よりEの座標は、
E$\left(\dfrac{10}{3}, \dfrac{20}{3}\right)$

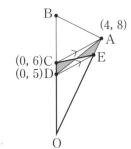

答 E$\left(\dfrac{10}{3}, \dfrac{20}{3}\right)$

問題

A$(2, 4)$は$y = \dfrac{a}{x}$上にあるから、

$4=\frac{a}{2}$、$a=8$、B(4, 2)

ここからC、Fの座標を求める。題意より、AB // EDとなっていることに注意する。

直線ABの式は、$y=-x+6$（…ア）

すると直線EDの傾きも -1　ここで直線EDと直線CFはy軸について対称だから、直線CFの傾きは1

点Dのx座標は4だから、点Fのx座標は -4

これと点Cのx座標の2から、直線FCの傾きから立式して、

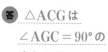

ベスト解 017 より、$b(-4+2)=1$、$b=-\frac{1}{2}$

つまり、C(2, −2)、F(−4, −8)だから、直線FCの式は、$y=x-4$（…イ）

アイより、G(5, 1)

ここで、ベスト解 039B を使うので、△ACGのそれぞれの辺の長さを求める。

$AC=4-(-2)=6$

他の2辺は ベスト解 069A 三平方の定理から、

$AG^2=(5-2)^2+(4-1)^2=18$

$CG^2=(5-2)^2+\{1-(-2)\}^2=18$

よって、$AG^2+CG^2=AC^2$ が成り立つので、

ベスト解 069B より三平方の定理の逆が成り立つから、

$\angle AGC=90°$

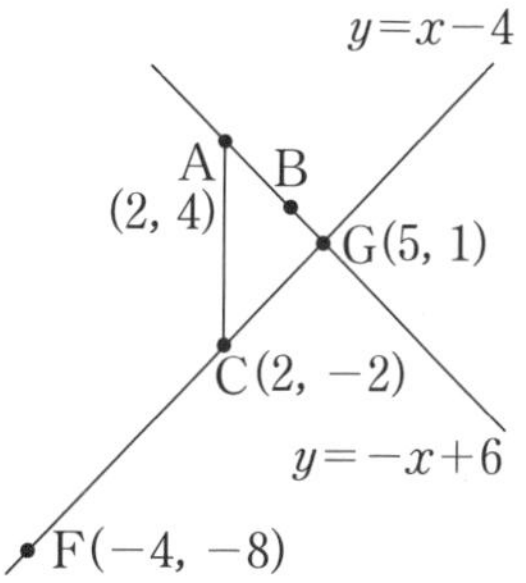

答 △ACGは∠AGC＝90°の直角二等辺三角形

ベスト解 040 高校入試問題にチャレンジ

問題1

直線ABの式は、$y=-x+4$だから、図の点Cの座標はC(4, 0)

よって求める体積は、ベスト解 040AB より、△CAOを回転させた立体から、△CBOを回転させた立体を除く。

$8^2\pi\times4\times\frac{1}{3}-2^2\pi\times4\times\frac{1}{3}$

$=(8^2-2^2)\pi\times4\times\frac{1}{3}=80\pi$

答 80π

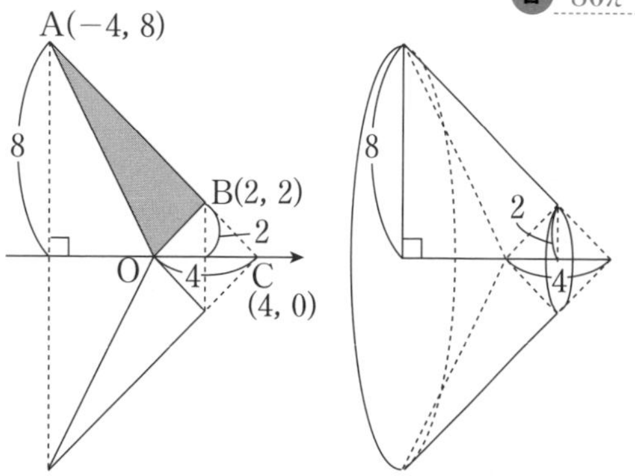

問題2

P(2, −6)だから、Q(0, −6)

よって、求める体積は、ベスト解 040C より、

$4^2\pi\times16\times\frac{1}{3}-2^2\pi\times8\times\frac{1}{3}$

$=\frac{256}{3}\pi-\frac{32}{3}\pi=\frac{224}{3}\pi$

答 $\frac{224}{3}\pi$

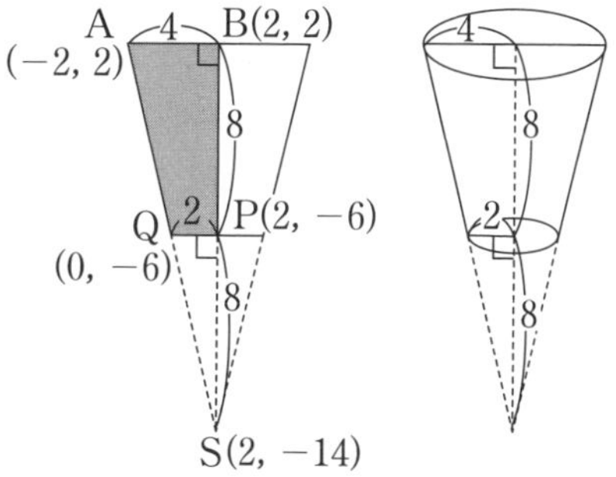

ベスト解 041 高校入試問題にチャレンジ

問題1

点Pはy軸上にあるから、y軸で跳ね返っている。よって ベスト解 041 より、点Aをy軸について対称に移動し、この点とBを直線で結ぶ。

点Aをy軸について対称に移動した点A′も関数$y=ax^2$上にある。

よって、直線A′Bの切片が5になればよい。

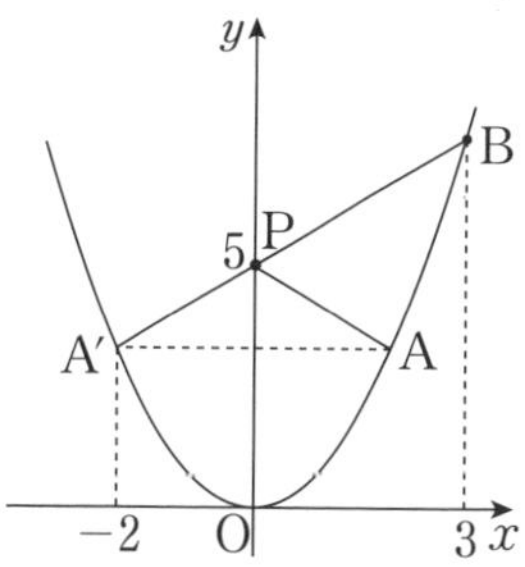

ベスト解017 より、

$$-a \times (-2) \times 3 = 5, \quad a = \frac{5}{6}$$

答 $a = \frac{5}{6}$

問題2

点Dは直線 $y = \frac{1}{2}x - 2$ と x 軸との交点だから

D(4, 0)

点Eは線分ODの中点だから、E(2, 0)

Fは y 軸上にあるから、y 軸で跳ね返っている。

よって ベスト解041 より、点Eを y 軸について

対称に移動し、この点とAを直線で結ぶ。

点Eを y 軸について対称に移動した点を

E′(−2, 0) とする。

直線E′Aの式は、$y = \frac{7}{5}x + \frac{14}{5}$

よって、$y = \frac{14}{5}$

答 $y = \frac{14}{5}$

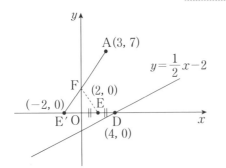

ベスト解 042 高校入試問題にチャレンジ

問題1

ベスト解042AB より、●印の11個。

答 11個

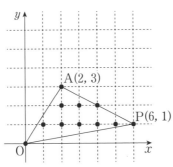

問題2

ベスト解042C より計算する。

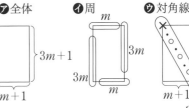

全体の数は**ア**より、

$(m+1)(3m+1) = 3m^2 + 4m + 1$（個）

周上の数は**イ**より、$(3m + m) \times 2 = 8m$（個）

対角線上の数は**ウ**より、対角線の式は、

$y = -3x + 3m$ で、x 座標が整数ならばすべて

y 座標も整数である。このような数は、$x = 0$、

…、m まで $(m+1)$ 個あるが、両端はすでに数

えているから除いて、$(m-1)$（個）

これより、○ = **イ** + **ウ** = $8m + m - 1 =$

$9m - 1$（…**エ**）

よって ● = **ア** − ○ = $(3m^2 + 4m + 1) - (9m - 1)$

$= 3m^2 - 5m + 2 = (m-1)(3m-2)$（…**オ**）

(1) $m = 4$ だから、

エより、○ = $9 \times 4 - 1 = 35$（個）、

オより、● = $3 \times 10 = 30$（個）

答 白い点35個、黒い点30個

(2) $9m - 1 = 458$、$m = 51$

● = $50 \times 151 = 7550$（個）

答 $m = 51$、黒い点7550個

ベスト解 043 高校入試問題にチャレンジ

問題1

青が2回出る

ベスト解043A より、

$(青・青) = \frac{3}{6} \times \frac{3}{6} = \frac{1}{4}$

青と白が1回ずつ出る

ベスト解043A より、

$(青・白) = \frac{3}{6} \times \frac{2}{6} = \frac{1}{6}$

$(白・青) = \frac{2}{6} \times \frac{3}{6} = \frac{1}{6}$

$$\frac{1}{6}+\frac{1}{6}=\frac{1}{3}$$

答 青玉と白玉が1回ずつ出る場合の方が
　　起こりやすい

問題2

白球1個、他4個として考える。

ベスト解 043B より、

$$(白・他)=\frac{1}{5}\times\frac{4}{4}=\frac{1}{5}$$

$$(他・白)=\frac{4}{5}\times\frac{1}{4}=\frac{1}{5}$$

$$\frac{1}{5}+\frac{1}{5}=\frac{2}{5}$$

答 $\frac{2}{5}$

ベスト解 044　高校入試問題にチャレンジ

問題1

ベスト解 044 からそれぞれ計算する。

まず6人から2人の選び方は、$\dfrac{6\times5}{2\times1}=15$

$$ア\cdots\frac{\frac{4\times3}{2\times1}}{15}=\frac{6}{15}、\quad イ\cdots\frac{4\times2}{15}=\frac{8}{15}、$$

$$ウ\cdots\frac{\frac{2\times1}{2\times1}}{15}=\frac{1}{15}$$

答 イ $\frac{8}{15}$

問題2

ベスト解 044 より、5枚のカードから3枚の取り

出し方は、$\dfrac{5\times4\times3}{3\times2\times1}=10$（通り）

9以下になる組み合わせは、
(1, 2, 3)、(1, 2, 4)、(1, 2, 5)、(1, 3, 4)、
(1, 3, 5)、(2, 3, 4)の6通り

$$\frac{6}{10}=\frac{3}{5}$$

答 $\frac{3}{5}$

ベスト解 045　高校入試問題にチャレンジ

問題1

5枚のカードから3枚の取り出し方は、

$$\frac{5\times4\times3}{3\times2\times1}=10（通り）$$

ベスト解 045 より、③のカード以外の4枚のカードを使えばよい。4枚から3枚を選ぶには、

$$\frac{4\times3\times2}{3\times2\times1}=4（通り）$$

$$1-\frac{4}{10}=\frac{3}{5}$$

答 $\frac{3}{5}$

問題2

(1)　箱Aから4通り、箱Bから4通りだから、
　　　$4\times4=16$　　　　　答 16通り

(2)　(A, B)＝(1, 1)、(4, 4)の2通りだから、

$$\frac{2}{16}=\frac{1}{8}$$

答 $\frac{1}{8}$

(3)　引き分け以外はどちらかが勝つから、

　　　ベスト解 045 より、$1-\dfrac{1}{8}=\dfrac{7}{8}$

答 $\frac{7}{8}$

ベスト解 046　高校入試問題にチャレンジ

問題1

ベスト解 046 より、4枚の硬貨の表裏の出方は、
$2^4=16$（通り）

　4枚のうち、表がどの2枚かの選び方は、

$$\frac{4\times3}{2\times1}=6（通り）$$

$$\frac{6}{16}=\frac{3}{8}$$

答 $\frac{3}{8}$

問題2

ベスト解046 より、3枚の硬貨の表裏の出方は、

$2^3 = 8$（通り）

ベスト解045 より、すべて裏の場合を考える。

これは1通り

$1 - \dfrac{1}{8} = \dfrac{7}{8}$

答 $\dfrac{7}{8}$

問題3

ベスト解046 より、4枚の硬貨の表裏の出方は、

$2^4 = 16$（通り）

4枚のコインを1、2A、2B、4とする。

(1) 表になるのが、2Aと2B、4の2通りある。

$\dfrac{2}{16} = \dfrac{1}{8}$

答 $\dfrac{1}{8}$

(2) **ベスト解045** より、4未満になるのは、

すべて裏、裏3枚と1か2Aか2B、裏2枚と1と2A、裏2枚と1と2Bの6通り

$1 - \dfrac{6}{16} = \dfrac{5}{8}$

答 $\dfrac{5}{8}$

ベスト解 047 高校入試問題にチャレンジ

問題

ベスト解047 より、サイコロの目の出方は、

$6 \times 6 = 36$（通り）

(1) (1, 4)、(2, 3)、(3, 2)、(4, 1)の4通り

答 4通り

(2) ア…9

目の数の和が5になるのは、(1)の4通り

目の数の和が9になるのは、(3, 6)、(4, 5)、(5, 4)、(6, 3)の4通り

イ…$\dfrac{4+4}{36} = \dfrac{2}{9}$

答 ア 9、イ $\dfrac{2}{9}$

(3) 2つのサイコロの目の和で分類する。

和と頂点の位置は表のようになる。

大＼小	1	2	3	4	5	6
1	2C	3D	4A	5B	6C	7D
2	3D	4A	5B	6C	7D	8A
3	4A	5B	6C	7D	8A	9B
4	5B	6C	7D	8A	9B	10C
5	6C	7D	8A	9B	10C	11D
6	7D	8A	9B	10C	11D	12A

頂点A…9、頂点B…8、頂点C…9、
頂点D…10

最も多い頂点Dに止まる確率は、$\dfrac{10}{36} = \dfrac{5}{18}$

答 頂点D、$\dfrac{5}{18}$

ベスト解 048 高校入試問題にチャレンジ

問題

(1) Q(3, 3)、(6, 6)でそうなので、$b = 3$、6

答 $b = 3$、6

(2) $a \times b \times \dfrac{1}{2} = 6$ だから、$ab = 12$

$(a, b) = (2, 6)$、(3, 4)、(4, 3)、(6, 2)
4通り

答 4通り

(3) aを決め、OAを直径とする半円を描き、確かめていく。

$a = 1$（直径1）のとき、

Q(2, 2)、(3, 3)、(4, 4)、(5, 5)、(6, 6)が題意を満たすので、$b = 2$、3、4、5、6の5通り

$a = 2$（直径2）のとき、

Q(3, 3)、(4, 4)、(5, 5)、(6, 6)が題意を満たすので、$b = 3$、4、5、6の4通り

$a = 3$（直径3）のとき、

Q(1, 1)、(4, 4)、(5, 5)、(6, 6)が題意を満たすので、$b = 1$、4、5、6の4通り

$a = 4$（直径4）のとき、

Q(1, 1)、(5, 5)、(6, 6)が題意を満たすので、$b = 1$、5、6の3通り

$a = 5$（直径5）のとき、

Q(1, 1)、(2, 2)、(6, 6) が題意を満たすので、
$b = 1$、2、6 の<u>3通り</u>
$a = 6$（直径6）のとき、
Q(1, 1)、(2, 2) が題意を満たすので、$b = 1$、
2 の<u>2通り</u>
サイコロの目の出方は、$6 \times 6 = 36$（通り）
だから、$\dfrac{5+4+4+3+3+2}{36} = \dfrac{21}{36} = \dfrac{7}{12}$

答 $\dfrac{7}{12}$

ベスト解 049 **高校入試問題にチャレンジ**

問題

サイコロの目の出方は、$6 \times 6 = 36$（通り）

(1) $b = 2a$ として、$(a, b) = (1, 2)$、$(2, 4)$、$(3, 6)$
の 3通り
$\dfrac{3}{36} = \dfrac{1}{12}$

答 $\dfrac{1}{12}$

(2) $y = -x + 8$ は、x が整数ならばyも整数
である。そこで、$bx = ay$ とし、交点の座標
ごとに分類する。
$1 \leqq a \leqq 6$、$1 \leqq b \leqq 6$ だから、
交点が $(2, 6)$ のとき、$2b = 6a$、$b = 3a$
　$(a, b) = (1, 3)$、$(2, 6)$ の<u>2通り</u>
交点が $(6, 2)$ も同様に<u>2通り</u>
交点が $(3, 5)$ のとき、$3b = 5a$
　$(a, b) = (5, 3)$ の<u>1通り</u>
交点が $(5, 3)$ も同様に<u>1通り</u>
交点が $(4, 4)$ のとき、$4b = 4a$、$b = a$
　$(a, b) = (1, 1)$、$(2, 2)$、$(3, 3)$、
$(4, 4)$、$(5, 5)$、$(6, 6)$ の<u>6通り</u>
$\underline{2 + 2 + 1 + 1 + 6 = 12}$（通り）、$\dfrac{12}{36} = \dfrac{1}{3}$

答 $\dfrac{1}{3}$

(3) 例えば $y = \dfrac{b}{a}x$ が点 A を通れば、$y = \dfrac{a}{b}x$
は点 B を通る。

このことなどから、$y = \dfrac{b}{a}x$、$y = \dfrac{a}{b}x$、
$y = -x + 8$ はすべて $y = x$ について対称。
そこで半径$\sqrt{2}$の円を、$(3, 3)$を中心に描く。
$y = \dfrac{b}{a}x$ や $y = \dfrac{a}{b}x$ が次のときがそうである。

2本の直線が $y = 6x$ と $y = \dfrac{1}{6}x$ のとき、
$(a, b) = (1, 6)$ ならば、$y = 6x$ と $y = \dfrac{1}{6}x$
$(a, b) = (6, 1)$ ならば、$y = \dfrac{1}{6}x$ と $y = 6x$
2本の直線が $y = 5x$ と $y = \dfrac{1}{5}x$ のとき、
$(a, b) = (1, 5)$、$(5, 1)$
2本の直線が $y = 4x$ と $y = \dfrac{1}{4}x$ のとき、
$(a, b) = (1, 4)$、$(4, 1)$
2本の直線が $y = 3x$ と $y = \dfrac{1}{3}x$ のとき、
$(a, b) = (1, 3)$、$(2, 6)$、$(3, 1)$、$(6, 2)$
2本の直線が $y = \dfrac{5}{2}x$ と $y = \dfrac{2}{5}x$ のとき、
$(a, b) = (2, 5)$、$(5, 2)$
以上、12通り

答 12通り

※ 参考 以上の場合、下図の・印を通る。

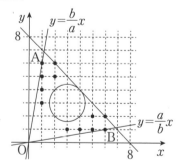

ベスト解 050 **高校入試問題にチャレンジ**

問題1

証明 △ABE と △ACD において、
BE = CD（仮定より）（…❶）
AB = AC（正三角形の辺）（…❷）

25

∠ABE = ∠ACD（$\overset{\frown}{AD}$ の円周角）（…❸）

以上、❶❷❸より、「2組の辺とその間の角が
それぞれ等しい」から、

△ABE ≡ △ACD

問題2

証明 △B′AE と △DCE において、

B′A = BA = DC（仮定より）（…❹）

∠EB′A = ∠CBA = ∠EDC（= 90°）（…❺）

∠B′AE = 180° − ∠EB′A − ∠B′EA

$\qquad$ = 180° − 90° − ∠B′EA

$\qquad$ = 180° − 90° − ∠DEC（対頂角）

$\qquad$ = 180° − ∠EDC − ∠DEC

$\qquad$ = ∠DCE（…❻）

以上、❹❺❻より、「1組の辺とその両端の角
がそれぞれ等しい」から、

△B′AE ≡ △DCE

合同な2つの図形の対応する辺の長さは等しい
から、AE = CE

$\qquad$ よって、三角形EACは二等辺三角形となる。

別解 △BCA ≡ △B′CA より、

∠BCA = ∠B′CA（…❼）

$\qquad$ AD ∥ BC より、

∠BCA = ∠DAC（…❽）

以上、❼❽より、

$\qquad$ ∠B′CA = ∠DAC だから、三角形EACは底
角が等しいから二等辺三角形となる。

ベスト解 051 高校入試問題にチャレンジ

問題1

証明 △AEB と △CDB において、

AB = CB（正三角形の辺）（…❶）

EB = DB（正三角形の辺）（…❷）

∠EBA = 60° − ∠ABD = ∠DBC（…❸）

以上、❶❷❸より、「2組の辺とその間の角が
それぞれ等しい」から、

△AEB ≡ △CDB

※ **参考** △AEB ≡ △CDB ≡ △CFA となっている。

問題2

$\qquad$ △AED と △CGD において、

AD = CD（正方形の辺）（…❶）

DE = DG（正方形の辺）（…❷）

∠ADE = 90° − ∠EDC = ∠CDG（…❸）

以上、❶❷❸より、「2組の辺とその間の角が
それぞれ等しい」から、

△AED ≡ △CGD

合同な2つの図形の対応する角の大きさは等し
いから、

∠DCG = ∠DAE = ∠DAB × $\dfrac{1}{2}$ = 45°

答 45°

※四角形 ABCD は正方形だから、

$\qquad$ △DAC ≡ △BAC

$\qquad$ よって、∠EAD = ∠BAD × $\dfrac{1}{2}$

ベスト解 052 高校入試問題にチャレンジ

問題

△ABC ∽ △DBE

AB : BC = DB : BE

DB = x とおくと、

9 : 6 = x : 3、 6x = 27、

$x = \dfrac{9}{2}$

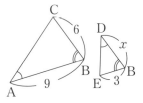

答 $\dfrac{9}{2}$

ベスト解 053 高校入試問題にチャレンジ

問題

(1) 図のように、△CHG ∽ △ACD

$\quad$ CH : HG = AC : CD

$\quad$ 5 : 2 = 11 : CD $\quad$ CD = 22 × $\dfrac{1}{5}$ = $\dfrac{22}{5}$

$\quad$ △ACD ≡ △ABD だから、

$\quad$ BD = CD = $\dfrac{22}{5}$

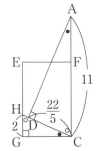

答 $\dfrac{22}{5}$ cm

(2) $BC = \dfrac{22}{5} \times 2 = \dfrac{44}{5}$

ここでEH∥ACだから、

$\triangle EBH \backsim \triangle ABC$

$BH : BC = HE : CA$

$(BC - HC) : BC = HE : CA$

$\left(\dfrac{44}{5} - 5\right) : \dfrac{44}{5} = HE : 11$

$\dfrac{19}{5} : \dfrac{44}{5} = HE : 11$

$HE = 11 \times \dfrac{19}{5} \times \dfrac{5}{44} = \dfrac{19}{4}$

$FC = EG = EH + HG = \dfrac{19}{4} + 2 = \dfrac{27}{4}$

答 $\dfrac{27}{4}$ cm

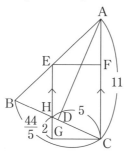

ベスト解
054
高校入試問題にチャレンジ

問題

(1) 証明 ベスト解054 にあるように、

CF∥BDから錯角が等しいことを利用する。

$\triangle ABG$と$\triangle ACD$において、

$AB = AC$（二等辺三角形）（…❶）

$\angle ABG = \angle ACD$（$\overset{\frown}{AD}$の円周角）（…❷）

$\angle BAG = \angle BCF$（$\overset{\frown}{BF}$の円周角）

　　　　$= \angle CBD$（CF∥BD）

　　　　$= \angle CAD$（$\overset{\frown}{CD}$の円周角）（…❸）

以上、❶❷❸より、「1組の辺とその両端の

角がそれぞれ等しい」から、

$\triangle ABG \equiv \triangle ACD$

(2) (1)より、$AG = AD = 3$

ここで$\triangle AGE \backsim \triangle AFC$だから、

$AG : AF$

$= AE : AC$

$AG : (AG + GF) = AE : AB$

$3 : 10 = AE : 8$

$AE = 3 \times 8 \times \dfrac{1}{10} = \dfrac{12}{5}$

$CE = AC - AE$

　　$= 8 - \dfrac{12}{5} = \dfrac{28}{5}$

答 $\dfrac{28}{5}$ cm

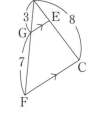

ベスト解
055
高校入試問題にチャレンジ

問題1

(1) 証明 $\triangle ADE$と$\triangle BDC$において、

$\angle ADE = \angle BDC$（対頂角）（…❶）

$\angle EAD = \angle CBD$（$\overset{\frown}{EC}$の円周角）（…❷）

以上❶❷より、「2組の角がそれぞれ等しい」

から、$\triangle ADE \backsim \triangle BDC$

(2) 証明 仮定より、

$\triangle ABC$と$\triangle EFC$は共に二等辺三角形で、

$\angle BAC = \angle BEC$（$\overset{\frown}{BC}$の円周角）だから、

$\angle ABC = \angle EFC$（○印）

さて、$\triangle ACE$と$\triangle GEF$において、

$EC = FE$（仮定より）（…❸）

$\angle AEC = 180° - \angle ABC$（円に内接する四

　　　　　角形の性質）

　　　　$= 180° - \angle EFC$（○印より）

　　　　$\angle GFE$（…❹）

$\angle EAC = \angle FGE$（$\overset{\frown}{EC}$の円周角）（…❺）

$\triangle ACE$と$\triangle GEF$の内角の和は180°なので、

❹❺より、

$\angle ACE = \angle GEF$（…❻）

以上、❸❹❻より、「1

組の辺とその両端の角が

それぞれ等しい」から、

$\triangle ACE \equiv \triangle GEF$

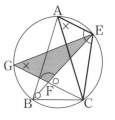

※ 参考

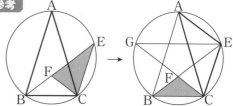

△ABCと△EFCは、点Cを中心とした回転系の相似（ ベスト解 055 ）。

さらに、△CFB∽△EFGだから、△CEA∽△EFGとなる。

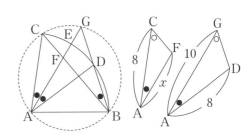

問題2

証明 △ADBと△CEBにおいて、

$$\angle DBA = \angle DBE - \angle ABE$$
$$= 45° - \angle ABE$$
$$= \angle ABC - \angle ABE$$
$$= \angle EBC \quad (\cdots \text{①})$$

$$DB : EB = AB : BC = 1 : \sqrt{2} \quad (\cdots \text{②})$$

以上①②より、「2組の辺の比とその間の角がそれぞれ等しい」から、△ADB∽△CEB

※ **参考** △ABCと△DBEは、点Bを中心とした回転系の相似。（ ベスト解 055 参照。）

ベスト解 056 高校入試問題にチャレンジ

問題1

$\overset{\frown}{CD}$ について、

$$\angle CBD = \frac{1}{2} \angle CAD$$

$\overset{\frown}{EC} = \overset{\frown}{DE}$ から、$\dfrac{1}{2} \angle CAD = \angle CAE$

よって、∠CBG = ∠CAGだから、 ベスト解 056A より、4点C、A、B、Gは同一円周上にある（★）。

(1) △CAFと△GADにおいて、

$$\angle CAF = \angle GAD \ (\overset{\frown}{EC} = \overset{\frown}{DE}) \ (\cdots \text{①})$$
$$\angle ACF = \angle AGD \ (\text{★より}) \ (\cdots \text{②})$$

以上①②より、「2組の角がそれぞれ等しい」から、△CAF∽△GAD

(2) (1)より、CA : FA = GA : DA

CA : FA = (GE + EA) : DA

$$8 : x = (8 + 2) : 8, \quad 10x = 8 \times 8, \quad x = \frac{32}{5}$$

答 $\dfrac{32}{5}$ cm

問題2

証明 AF = AD = ABだから、 ベスト解 056C より、点Aを中心とし、3点F、D、Bを通る円を描く。

△DEBと△FDBにおいて、

$$\angle DBE = \angle FBD \ (\text{共通}) \ (\cdots \text{①})$$
$$\angle EDB = 45°$$
$$= \frac{1}{2} \times 90°$$
$$= \frac{1}{2} \times \angle DAB$$
$$= \angle DFB$$
$$(\overset{\frown}{DB} \text{より}) \ (\cdots \text{②})$$

以上①②より、「2組の角がそれぞれ等しい」から、△DEB∽△FDB

ベスト解 057 高校入試問題にチャレンジ

問題1

ベスト解 057 にあるように、

DE∥BCから、∠GBC = ∠DGBだから、△DBGは二等辺三角形（★）。

また、△ADE∽△ABC、

AD : AB = DE : BC

AD : 12 = 2 : 8、

AD = 3

よって、

DB = AB − AD

　　= 12 − 3 = 9

EG = DG − DE

　　= DB − DE（★より）

　　= 9 − 2 = 7

答 7cm

問題2

CDの延長とBFの延長の交点をGとする。

AB∥GCから、 ベスト解057 にあるように、
∠ABF＝∠BGEだから、△BEGは二等辺三
角形（☆）。

$$GD = GE - DE$$
$$= BE - DE（☆より）$$
$$= BE - (DC - EC)$$
$$= 10 - (11 - 6)$$
$$= 10 - 5 = 5$$

△GDF∽△GCB
GD：DF＝GC：CB
5：DF＝16：8、
$$DF = \frac{5}{2}$$

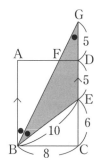

答 $\dfrac{5}{2}$ cm

ベスト解 058 高校入試問題にチャレンジ

問題1

ベスト解058 差の配分より、
BC－AD＝10－3＝7を、2：4＝①：②に配
分する。

$$③ = 7、① = 7 \times \frac{1}{3} = \frac{7}{3}$$
$$EF = AD + ① = 3 + \frac{7}{3} = \frac{16}{3}$$

答 $\dfrac{16}{3}$ cm

問題2

AD＝2a、BC＝5a＝xとする。
ベスト解058 差の配分より、
AP：PB＝②：①
BC－AD＝5a－2a＝3a
③＝3a、①＝a
よって、PQ＝AD＋②＝2a＋2a＝4aと置け
る。
4a＝16、a＝4
x＝5a＝5×4＝20

答 x＝20

ベスト解 059 高校入試問題にチャレンジ

問題1

ベスト解059 の考え方を使い、EF：FCを求める。
△EBF∽△CDFだから、

$$EF : CF = EB : CD$$
$$= (AB - AE) : CD$$
$$= (10 - 4) : 10 = 3 : 5$$

そこで、△EGF∽△EBC

$$EG : EB = EF : EC$$
$$= 3 : (3 + 5) = 3 : 8$$
$$EG = EB \times \frac{3}{8} = 6 \times \frac{3}{8} = \frac{9}{4}$$

答 $\dfrac{9}{4}$ cm

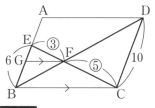

問題2

ベスト解059 より、線分EFの延長と辺AB、
DCの延長の交点をそれぞれI、Jとする。
DG＝①とおけば、GC＝②より、DC＝③
△JCF∽△JDEで、
CF：DE＝JC：JD＝1：2
だからJC＝③
また、△IBF∽△IAEで、
BF：AE
＝IB：IA
＝3：2
だからIA＝⑥
そして、
△IBH∽△JGH
BH：GH
＝IB：JG＝9：5

答 9：5

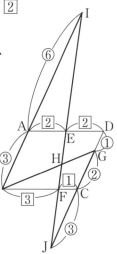

ベスト解 060 高校入試問題にチャレンジ

問題

ベスト解060 より、点Gを通りBCと平行な直線
を引き、AB、EFとの交点をそれぞれI、Jと

する。

図の台形EFCDで、**ベスト解058** 差の配分 より、

$ED - FC = \boxed{6} - \boxed{3} = \boxed{3}$、$CG:GD = 2:1$ だから、$JG = \boxed{5}$

$\triangle BFH \backsim \triangle GJH$

$BH:GH$

$= BF:GJ$

$= 9:5$

答 9:5

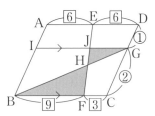

ベスト解 061 高校入試問題にチャレンジ

問題

$EF \parallel BD$ より、$\triangle AEF \backsim \triangle ABD$ より、$AF:AD = AE:AB = 1:2$ だから、点FはADの中点。

下の**図⑦**で、$FG:GC = FD:CI = 1:4$

図⑦で、$FH:CH = FD:CB = 1:2$

ベスト解061 連比 より、

$FG:GH:HC = 3:2:10$

$CH:HG = 10:2 = 5:1$

答 5:1

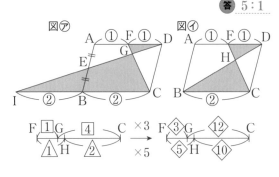

別解 $BH:HD = ②:①$

$\triangle AEF \backsim \triangle ABD$ より、

$EF:BD = AE:AB = 1:2$

$BD = ③$だから、$EF = ①.5$

よって、$BD:EF:HD = 3:1.5:1$

$= 6:3:2$

$\triangle EFG \backsim \triangle DHG$ より、

$FG:HG = EF:DH = \boxed{3}:\boxed{2}$

$\triangle FHD \backsim \triangle CHB$ より、

$FH:CH = FD:CB = 1:2 = \boxed{5}:\boxed{10}$

よって、$CH:HG = \boxed{10}:\boxed{2} = 5:1$

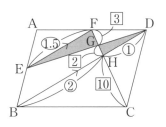

ベスト解 062 高校入試問題にチャレンジ

問題1

ベスト解062A より、

$\triangle AEC = S$ とすると、$\triangle AED = S$　これより、$\triangle ADC = 2S$

$AD:AB = 1:3$ だから、$\triangle ABC = 6S$

$\triangle ABC:\triangle AEC = 6:1$

答 6:1

別解 $\triangle ABC = S$ と置くと、

$\triangle ADC = S \times \dfrac{1}{3} = \dfrac{1}{3}S$

$\triangle AEC = \triangle ADC \times \dfrac{1}{2} = \dfrac{1}{3}S \times \dfrac{1}{2} = \dfrac{1}{6}S$

$S : \dfrac{1}{6}S = 6:1$

問題2

ベスト解062A より、$\triangle DBC = 2S$ とすれば、

$CD:DP = 2:3$ より、$\triangle PBD = 3S$

ベスト解062B より、

$\triangle CAP:\triangle CBP = AD:DB = 3:1$

$\triangle CBP = 5S$ だから、$\triangle CAP = 15S$

だから、

四角形APBC

$= 15S + 5S = 20S$

$20S:2S$

$= 10:1$

答 10倍

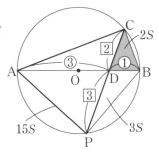

問題

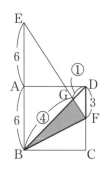

$\triangle$EBG $\backsim$ $\triangle$FDG

BG : DG = EB : FD

$= 12 : 3 = 4 : 1$

よって、 ベスト解 063 より、

$\triangle$GBF $= \triangle$DBF $\times \dfrac{4}{5}$

$= $ DF $\times$ BC $\times \dfrac{1}{2} \times \dfrac{4}{5}$

$= 3 \times 6 \times \dfrac{1}{2} \times \dfrac{4}{5} = \dfrac{36}{5}$

答 $\dfrac{36}{5}$ cm²

問題

(1) 図より、$\triangle$ADC $\backsim$ $\triangle$EGF

AD : DC = EG : GF

$6 : 4 = 4 : $FG

6FG $= 4 \times 4$、

FG $= \dfrac{8}{3}$

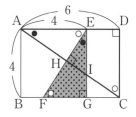

答 $\dfrac{8}{3}$ cm

(2) $\triangle$EGF を介し、四角形 HFGI の面積を求める。

$\triangle$AHE $\backsim$ $\triangle$CHF

EH : FH = AE : CF $= 4 : \left(\dfrac{8}{3} + 2 \right)$

$= 4 : \dfrac{14}{3} = 12 : 14 = 6 : 7$（…**ア**）

また、AE = EG、$\angle$EAI = $\angle$GEF、

$\angle$AEI = $\angle$EGF より、$\triangle$AEI $\equiv$ $\triangle$EGF

よって、IE = FG $= \dfrac{8}{3}$ だから、

EI : IG $= \dfrac{8}{3} : \left(4 - \dfrac{8}{3} \right) = 2 : 1$（…**イ**）

アイから、 ベスト解 064 B より、

四角形 HFGI $= \triangle$EFG $\times \left(1 - \dfrac{6}{13} \times \dfrac{2}{3} \right)$

$= \triangle$EFG $\times \left(1 - \dfrac{4}{13} \right)$

$= \triangle$EFG $\times \dfrac{9}{13} = \dfrac{8}{3} \times 4 \times \dfrac{1}{2} \times \dfrac{9}{13} = \dfrac{48}{13}$

四角形 HFGI : 長方形 ABCD

$= \dfrac{48}{13} : 4 \times 6 = \dfrac{2}{13} : 1$

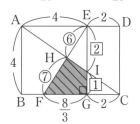

答 $\dfrac{2}{13}$ 倍

問題

$\triangle$ADE $\backsim$ $\triangle$ABC（★）で、

AD : AB = DE : BC $= 1 : 2 = $ EF : BC

$\triangle$EGF $\backsim$ $\triangle$CGB

EG : CG = EF : CB $= 1 : 2$

さて、$\triangle$ADE と $\triangle$GBC において、★より、

$\angle$AED = $\angle$GCB

ベスト解 065 より、

$\triangle$ADE : $\triangle$GBC

$= $ ED $\times$ EA : CB $\times$ CG

$= ① \times ③ : ② \times ②$

$= 3 : 4$

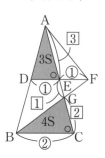

答 3 : 4

問題

6点を結んだ図形は、1辺6cmの正六角形。

$\triangle$AGF $\backsim$ $\triangle$EGB で、AF : EB $= 1 : 2$ だから、

ベスト解 066 A より、$\triangle$AGF $= S$ とすると、

$\triangle$AGF : $\triangle$EGB = AF² : EB² $= 1^2 : 2^2$

$= S : 4S$

また、FG：BG ＝ 1：2

だから、ベスト解062A

より、△FGE ＝ 2S

　＝ △AGB

よって、右の図のように、

△AGF：四角形BCDE

＝ △AGF：四角形BAFE

＝ △AGF：($S＋2S＋4S＋2S$)

＝ $S：9S$

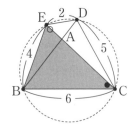

答 1：9

ベスト解067 **高校入試問題にチャレンジ**

問題

ベスト解056A より、4点B、C、D、Eは同一円
周上にある。

　△ABE：△ABC ＝ EA：AC

＝ △DEB：△DCB

ここで、円に内接する四角形の性質より、

∠DEB ＋ ∠DCB ＝ 180°だから、

△DEBと△DCBの∠Eと∠Cは補角をなす。

ベスト解067 より、

△DEB：△DCB

＝ ED × EB：CD × CB

＝ 2 × 4：5 × 6

＝ 8：30

＝ 4：15

答 4：15

ベスト解068 **高校入試問題にチャレンジ**

問題1

△BCAで、点O、Dはそれぞれの辺の中点だ
から、ベスト解068A 三角形の中点連結定理より、

AC ＝ 2OD ＝ 2 × 2 ＝ 4

答 4cm

問題2

(1) 証明 △ABCで

ベスト解068A 三角形の中点連結定理より、

$$PQ ＝ \frac{1}{2}AC、AC／／PQ（…ア）$$

△ADCで

ベスト解068A 三角形の中点連結定理より、

$$SR ＝ \frac{1}{2}AC、AC／／SR（…イ）$$

アイより、PQ ＝ SR、PQ／／SR

よって、四角形PQRSは「1組の対辺が平行
で長さが等しい」ので平行四辺形。

(2) 同じく、$SP ＝ \frac{1}{2}DB、SP／／DB（…ウ）$

ここで、PQ ＝ SP、PQ ⊥ SPとなればよい
から、アとウより、AC ＝ BD、AC ⊥ BDと
なるように点Dをとればよい。

ベスト解069 **高校入試問題にチャレンジ**

問題1

ベスト解069B より、三平方の定理の逆が成り立
てばよい。

与えられた3辺を2乗してみる。

ア　$4＋49＜64$

イ　$9＋16＝25$

ウ　$9＋25＞30$

エ　$2＋3＜9$

オ　$3＋7＝10$

答 イ、オ

問題2

△DEFの面積を介して比べる。

まずABを求める。

△ABDで三平方の定理より、

$$AB ＝ \sqrt{BD^2－AD^2} ＝ \sqrt{13^2－12^2}$$
$$＝ \sqrt{169－144} ＝ \sqrt{25} ＝ 5$$

△FEB ∽ △FCDより、

BF：DF ＝ BE：DC ＝ BE：AB

＝ 2：5（＝ 4：10）、

BG：GD ＝ 1：1（＝ 7：7）

ベスト解061 連比より、

BF：FG：GD ＝ 4：3：7（…ア）

また、△IAE ∽ △ICD

EI：ID ＝ AE：CD ＝ 3：5

より、ED：ID ＝ 8：5（…イ）

アイを利用して、

四角形EFGI = △DEF − △DIG

ベスト解064B より、

$$= \triangle DEF \times \left(1 - \frac{5}{8} \times \frac{7}{10}\right)$$

$$= \triangle DEF \times \left(1 - \frac{7}{16}\right)$$

$$= \triangle DEF \times \frac{9}{16} \ (\bigstar)$$

ここで、

$$\triangle DEF = \triangle DEB \times \frac{FD}{BD} = \triangle DEB \times \frac{10}{14}$$

$$= 2 \times 12 \times \frac{1}{2} \times \frac{10}{14} = \frac{60}{7}$$

$\bigstar$ より、$\frac{60}{7} \times \frac{9}{16} = \frac{135}{28}$　答 $\frac{135}{28}$ cm²

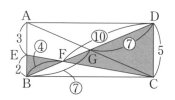

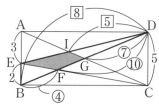

ベスト解 070 **高校入試問題にチャレンジ**

問題

(1) 関数①より、A(5, 12)だから、△OAB
で三平方の定理より、

$$OA = \sqrt{OB^2 + AB^2} = \sqrt{5^2 + 12^2} = \sqrt{25 + 144}$$
$$= \sqrt{169} = 13$$

答 13

(2) △AOB ∽ △ACD

AO : AB = AC : AD

$13 : 12 = AC : 3$、$12AC = 13 \times 3$

$$AC = \frac{13}{4}$$

$$CB = AB - AC = 12 - \frac{13}{4} = \frac{35}{4}$$

$$C\left(5, \frac{35}{4}\right)$$

よって、
直線OCの式は、

$$y = \frac{7}{4}x$$

答 $y = \frac{7}{4}x$

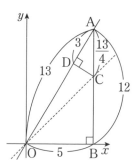

ベスト解 071 **高校入試問題にチャレンジ**

問題

AP : PD = 1 : 3より、

$$AP = \frac{1}{4}AD = \frac{1}{4} \times 12 = 3$$

△APBのBPの長さは、
三平方の定理で、

$$BP = \sqrt{AP^2 + AB^2}$$
$$= \sqrt{3^2 + 6^2} = \sqrt{45} = 3\sqrt{5}$$

下の図のように、△ABP ∽ △QCB

BP : PA = CB : BQ

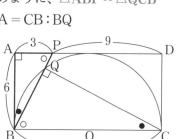

$3\sqrt{5} : 3 = 12 : BQ$、$3\sqrt{5}BQ = 3 \times 12$

$$BQ = \frac{3 \times 12}{3\sqrt{5}} = \frac{12}{\sqrt{5}} = \frac{12\sqrt{5}}{5}$$

$$PQ = PB - QB$$

$$= 3\sqrt{5} - \frac{12\sqrt{5}}{5} = \frac{15\sqrt{5} - 12\sqrt{5}}{5} = \frac{3\sqrt{5}}{5}$$

答 $\frac{3\sqrt{5}}{5}$ cm

ベスト解 072 **高校入試問題にチャレンジ**

問題1

FIの長さをまず考える。それには 例題1 (1)を

使う。

△EBCで三平方の定理より、

$$EC = \sqrt{EB^2 + BC^2} = \sqrt{5^2 + 12^2} = \sqrt{25 + 144}$$
$$= \sqrt{169} = 13$$

例題1 にあるように、Fから辺BCへ垂線FJを
下ろすと、△CEB ≡ △FIJより、FI = CE = 13

よって、HI = FI − FH = 13 − 9 = 4

ここで、

△ECB ∽ △ICH

EB : CB
 = IH : CH
5 : 12 = 4 : CH、
$$CH = \frac{48}{5}$$

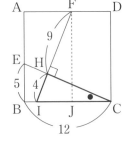

答 $\dfrac{48}{5}$ cm

問題2

まず、△DAPと△PBEは相似になっている
ことを示す。またそれぞれの四角形は、
△DAPと△PBEを使って表せる。

CE = CB − BE = 8 − 2 = 6

△DECで三平方の定理より、

$$DE = \sqrt{DC^2 + CE^2} = \sqrt{8^2 + 6^2} = \sqrt{64 + 36}$$
$$= \sqrt{100} = 10$$

ここで、QE = DE − DQ = 10 − 8 = 2

そこで、△DAPと△DQPで、

DA = DQ、DPは共通、

∠DAP = ∠DQP = 90°

だから、△DAP ≡ △DQP

同様にして、△EBP ≡ △EQP

このことから、∠DPE = 90°だから、

△DAP ∽ △PBE

DA : AP = PB : BE

ここでAP = xとすれば、PB = AB − AP
 = 8 − x

8 : x = (8 − x) : 2、x(8 − x) = 8 × 2

整理して、x² − 8x + 16 = 0、x = 4

四角形APQD : 四角形BEQP
 = 2△DAP : 2△PBE
$$= 2 \times 4 \times 8 \times \frac{1}{2} : 2 \times 4 \times 2 \times \frac{1}{2}$$

= 4 : 1

答 **4 : 1**

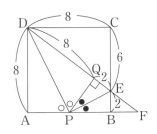

問題

(1) **証明** △ADCと△EBCにおいて、

CD = CB（正三角形の辺）（…❶）

AC = EC（正三角形の辺）（…❷）

∠ACD = ∠BCD + ∠ACB
       = 60° + ∠ACB
       = ∠ECA + ∠ACB
       = ∠ECB （…❸）

以上、❶❷❸より、「2組の辺とその間の角
がそれぞれ等しい」から、

△ADC ≡ △EBC

(2) AB = AC、BD = CD、ADは共通だから、
△ABD ≡ △ACDより、BC ⊥ AD

（ア） △CGDは三角定規型㋐だから、

$$GD = \frac{\sqrt{3}}{2}CD = \frac{\sqrt{3}}{2} \times 6 = 3\sqrt{3} \quad (\cdots ㋐)$$

答 $3\sqrt{3}$ cm

（イ） EF = BE − BF = AD − BF
       = AG + GD − BF （★）

△ABGで三平方の定理より、

$$AG = \sqrt{AB^2 - BG^2} = \sqrt{4^2 - 3^2}$$
$$= \sqrt{16 - 9} = \sqrt{7} \quad (\cdots ㋑)$$

(1)より、

△FBGは、∠FBG
 = ∠GDC = 30°

だから、

三角定規型㋐。

$$BF = \frac{2}{\sqrt{3}}BG$$

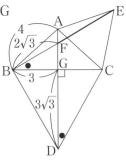

$$= \frac{2}{\sqrt{3}} \times 3 = 2\sqrt{3}$$

（…㋒）

$$★ = ⓘ + ⓐ - ⓦ = \sqrt{7} + 3\sqrt{3} - 2\sqrt{3} = \sqrt{7} + \sqrt{3}$$

答 $\sqrt{7} + \sqrt{3}$ (cm)

問題1

(1) △ABH は三角定規型Ⓐ。

$$AH = \frac{\sqrt{3}}{2}AB = \frac{\sqrt{3}}{2} \times 6 = 3\sqrt{3}$$

答 $3\sqrt{3}$ cm

(2) $BC \times AH = 8 \times 3\sqrt{3} = 24\sqrt{3}$

答 $24\sqrt{3}$ cm²

問題2

(1) 証明 △OBE と △ODF において、

∠BOE = ∠DOF（= 60°）(…❶)

∠OBE = ∠ODF（仮定より）(…❷)

OB = OD（仮定より）(…❸)

以上❶❷❸より、「1組の辺とその両端の角がそれぞれ等しい」から、△OBE ≡ △ODF

(2) 下の図のように△ODB は OB = OD、

∠BOD = 60°

だから正三角形（★）。

よって、∠ODB = 60°

また、∠AOD = 60°だから、錯角が等しく、

AO∥DB

そこで△BED ∽ △AEO だから、

OA : DB = OE : DE

★より、DB = OE + ED = 3 + 4 = 7 で、

OA : 7 = 3 : 4、4OA = 7 × 3、

$$OA = \frac{21}{4} = OC$$

答 $\frac{21}{4}$ cm

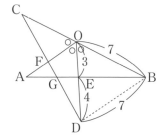

(3) △OAE は∠AOE = 60°だから、

ベスト解074 より、点Eから OA へ垂線 EH を下ろす。

すると△EOH は、三角定規型Ⓐで、

$$EH = OE \times \frac{\sqrt{3}}{2} = 3 \times \frac{\sqrt{3}}{2} = \frac{3\sqrt{3}}{2}$$

$$△OAE = OA \times EH \times \frac{1}{2}$$

$$= \frac{21}{4} \times \frac{3\sqrt{3}}{2} \times \frac{1}{2} = \frac{63\sqrt{3}}{16}$$

答 $\frac{63\sqrt{3}}{16}$ cm²

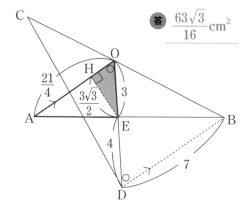

問題

(1) ∠EAC = ∠EAD + ∠DAC = 45° + 45°

= 90°

△EAC での三平方の定理より、

$$CE = \sqrt{EA^2 + AC^2} = \sqrt{\left(2\sqrt{2}\right)^2 + \left(\sqrt{2}\right)^2}$$

$$= \sqrt{10}$$

答 $\sqrt{10}$ cm

(2) 証明 △BCD と △CDE において、

∠BCD = ∠BCA + ∠ACD

= ∠CDA + ∠ADE = ∠CDE（= 135°）

(…❶)

CB : CD = DC : DE = 1 : $\sqrt{2}$(…❷)

以上❶❷より、「2組の辺の比とその間の角がそれぞれ等しい」から、△BCD ∽ △CDE

(3) △CED は∠EDC = 135°だから、

ベスト解075 より、図の三角定規型Ⓘを補い（色のついた図形）、

$$△CED = ED \times HC \times \frac{1}{2} = 2 \times 1 \times \frac{1}{2} = 1$$

そこで(2)から、∠CED = ∠CDF

35

であり、∠DCE は重なるから、

△CED ∽ △CDF

△CED : △CDF = EC² : DC²

$= \left(\sqrt{10}\right)^2 : \left(\sqrt{2}\right)^2 = 5 : 1$

$\triangle CDF = \triangle CED \times \dfrac{1}{5} = 1 \times \dfrac{1}{5} = \dfrac{1}{5}$

答 $\dfrac{1}{5}$ cm²

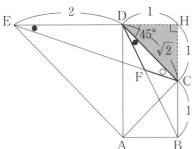

ベスト解 076 高校入試問題にチャレンジ

問題1

(1) 下の図のように D から垂線 DI を下ろすと、
△CDE は正三角形だから、

∠DCI = ∠CDA = 60°

よって、$DI = \dfrac{\sqrt{3}}{2}CD = \dfrac{\sqrt{3}}{2} \times 6 = 3\sqrt{3}$

$CI = \dfrac{1}{2}CD = \dfrac{1}{2} \times 6 = 3$

ベスト解 076 より、△DBI で三平方の定理

より、$BD = \sqrt{BI^2 + DI^2} = \sqrt{11^2 + \left(3\sqrt{3}\right)^2}$

$= \sqrt{121 + 27} = \sqrt{148} = 2\sqrt{37}$

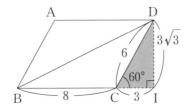

答 $2\sqrt{37}$ cm

(2) ベスト解 064A より、

$\triangle CGH = \triangle CEA \times \dfrac{CG}{CE} \times \dfrac{CH}{CA}$

$= AE \times DI \times \dfrac{1}{2} \times \dfrac{CG}{CE} \times \dfrac{CH}{CA}$ (★)

ここで、△EGD ∽ △CGB

EG : CG = ED : CB = 6 : 8 = 3 : 4

★ $= 2 \times 3\sqrt{3} \times \dfrac{1}{2} \times \dfrac{4}{7} \times \dfrac{1}{2} = \dfrac{6\sqrt{3}}{7}$

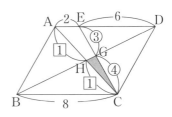

答 $\dfrac{6\sqrt{3}}{7}$ cm²

問題2

(1) **証明** △ABE と △ACD において、

BE = CD（仮定より）(…❶)

AB = AC（正三角形の辺）(…❷)

∠ABE = ∠ACD（$\overset{\frown}{AD}$ の円周角）(…❸)

以上、❶❷❸ より、「2組の辺とその間の角
がそれぞれ等しい」から、

△ABE ≡ △ACD

(2)(ア) △BFE において、

∠BEF = 180° − ∠AEB

= 180° − ∠ADC（(1)より）

= 180° − (180° − ∠ABC)

（円に内接する四角形の性質より）

= ∠ABC = 60° (…❹)

また、∠EFB = ∠ACB（$\overset{\frown}{AB}$ の円周角）

(…❺)

以上❹❺ より、△BFE は正三角形。

(1)より、

EB = DC = 4 だから、これが1辺の長さ。

正三角形の面積は、ベスト解 073B より、

$\dfrac{\sqrt{3}}{4} \times 4^2 = 4\sqrt{3}$

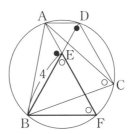

答 $4\sqrt{3}$ cm²

（イ）　△ABCは正三角形だから、BCの代わりにABを求める。

△ABE で、∠AED＝60°だから、

ベスト解076 より、図のように三角定規型㋐を補う。AE＝AD＝2だから、色の付いた三角形の長さがわかる。

△ABHで三平方の定理より、

$$AB = \sqrt{BH^2 + AH^2} = \sqrt{5^2 + \left(\sqrt{3}\right)^2}$$
$$= \sqrt{28} = 2\sqrt{7}$$

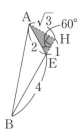

答　$2\sqrt{7}$ cm

ベスト解 077　高校入試問題にチャレンジ

問題1

ABは円の直径だから、∠ACB＝90°

(1)　証明　△ABCと△CDOについて、

∠OAC＝∠OCA（OA＝OCより）（…❶）

∠ACB＝∠COD（＝90°）（…❷）

以上❶❷より、「2組の角がそれぞれ等しい」から、△ABC∽△CDO

(2)　COが円の半径であることに注意する。

（ア）　△ABCで三平方の定理より、

$$AC = \sqrt{AB^2 - BC^2} = \sqrt{6^2 - 2^2}$$
$$= \sqrt{36 - 4} = \sqrt{32} = 4\sqrt{2}$$

△ABC∽△CDO

AB：AC＝CD：CO

$6 : 4\sqrt{2} = CD : 3$、$4\sqrt{2}\,CD = 18$、

$$CD = \frac{9\sqrt{2}}{4}$$

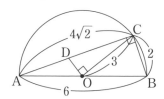

答　$\dfrac{9\sqrt{2}}{4}$ cm

（イ）　$AD : DC = \left(4\sqrt{2} - \dfrac{9\sqrt{2}}{4}\right) : \dfrac{9\sqrt{2}}{4}$

$$= \frac{7\sqrt{2}}{4} : \frac{9\sqrt{2}}{4} = 7 : 9$$

ベスト解064A より、

$$\triangle AOD = \triangle ABC \times \frac{AO}{AB} \times \frac{AD}{AC}$$

$$= CB \times AC \times \frac{1}{2} \times \frac{AO}{AB} \times \frac{AD}{AC}$$

$$= 2 \times 4\sqrt{2} \times \frac{1}{2} \times \frac{1}{2} \times \frac{7}{16} = \frac{7\sqrt{2}}{8}$$

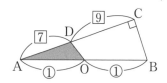

答　$\dfrac{7\sqrt{2}}{8}$ cm^2

問題2

(1)　証明　△ACDと△EBFにおいて、

∠ADC＝180°－∠ABC

（円に内接する四角形の性質）

＝180°－∠AFE（CB∥EFより）

＝∠EFB（…❶）

∠DCA＝∠FBE（$\overparen{AD}$の円周角）（…❷）

以上❶❷より、「2組の角がそれぞれ等しい」から、△ACD∽△EBF

(2)(ア)　ACは直径だから、∠ABC＝90°、

△ACBで三平方の定理より、

$$AB = \sqrt{AC^2 - BC^2} = \sqrt{12^2 - 3^2}$$
$$= \sqrt{144 - 9} = \sqrt{135} = 3\sqrt{15}$$

答　$3\sqrt{15}$ cm

（イ）　CB∥EFより、△ACB∽△AEF

AC：EC＝AB：FB

$12 : 2 = 3\sqrt{15} : FB$、$12FB = 2 \times 3\sqrt{15}$、

$$FB = \frac{\sqrt{15}}{2}$$

答　$\dfrac{\sqrt{15}}{2}$ cm

37

（ウ）　△ACB∽△AEF より、

AB：BC＝AF：FE

$3\sqrt{15}:3=\left(3\sqrt{15}-\dfrac{\sqrt{15}}{2}\right):FE$

$3\sqrt{15}:3=\dfrac{5\sqrt{15}}{2}:FE$、　$FE=\dfrac{5}{2}$

ここで、△EFB で三平方の定理より、

$EB=\sqrt{EF^2+FB^2}=\sqrt{\left(\dfrac{5}{2}\right)^2+\left(\dfrac{\sqrt{15}}{2}\right)^2}$

$=\sqrt{\dfrac{25}{4}+\dfrac{15}{4}}=\sqrt{10}$

(1)より、△ACD∽△EBF

ベスト解066 より、

$△ACD:△EBF=AC^2:EB^2$

$=12^2:\left(\sqrt{10}\right)^2=144:10=72:5$

よって、$△ACD=△EBF\times\dfrac{72}{5}$

$=FB\times EF\times\dfrac{1}{2}\times\dfrac{72}{5}$

$=\dfrac{\sqrt{15}}{2}\times\dfrac{5}{2}\times\dfrac{1}{2}\times\dfrac{72}{5}=9\sqrt{15}$

答　$9\sqrt{15}\,cm^2$

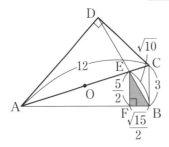

よって、∠BDC＝30°（図の●印）

すると△BGC は1辺4の正三角形だから、

ベスト解078 より、三角定規型Ⓐで、

下の図の $BI=\dfrac{\sqrt{3}}{2}BG=2\sqrt{3}$

△GFE で、AB∥DC だから、

∠GFE＝90°、$GF=\dfrac{1}{2}GE=2$

よって、DF＝DG－FG＝4－2＝2

△HDF で、$HF=\dfrac{1}{\sqrt{3}}DF=\dfrac{2\sqrt{3}}{3}$

四角形BHFG

$=△BDG-△HDF$

$=DG\times BI\times\dfrac{1}{2}-DF\times HF\times\dfrac{1}{2}$

$=4\times2\sqrt{3}\times\dfrac{1}{2}-2\times\dfrac{2\sqrt{3}}{3}\times\dfrac{1}{2}$

$=4\sqrt{3}-\dfrac{2\sqrt{3}}{3}$

$=\dfrac{10\sqrt{3}}{3}$

答　$\dfrac{10\sqrt{3}}{3}\,cm^2$

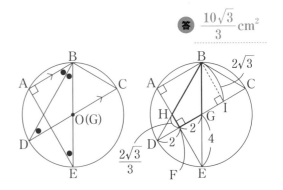

ベスト解
078　高校入試問題にチャレンジ

問題

$\overparen{AB}=\overparen{BC}$ より、∠AEB＝∠BDC

△BDO で、OD＝OB より、

∠BDC＝∠OBD

AB∥DC より、∠BDC＝∠DBA

ここで△BAE で、∠BAE＝90°だから、

∠ABE＋∠AEB

＝∠DBA＋∠OBD＋∠AEB

＝3∠BDC＝90°

ベスト解
079　高校入試問題にチャレンジ

問題

証明　ACDO は正方形で、△AOD は直角二
等辺三角形（★）。

(1)　△EAD と△AGD において、

$∠AED=\dfrac{1}{2}∠AOD=45°$（…❶）

一方、★より ∠GAD＝45°（…❷）

よって❶❷より、∠AED＝∠GAD（…❸）、

∠ADG は共通（…❹）

以上❸❹より、「2組の角がそれぞれ等しい」から、△EAD∽△AGD

(2) 正方形ACDOの1辺は3である。

(1)より、AD：ED＝GD：AD（…㋐）

まずGDは、GO＝BO－BG＝3－2＝1

△GODで三平方の定理より、

$GD = \sqrt{OG^2 + OD^2} = \sqrt{1^2 + 3^2} = \sqrt{10}$

続けてADは★より $AD = \sqrt{2}\,OD = 3\sqrt{2}$

㋐は、$3\sqrt{2} : ED = \sqrt{10} : 3\sqrt{2}$

$\sqrt{10}\,ED = 18$、$ED = \dfrac{18}{\sqrt{10}} = \dfrac{18\sqrt{10}}{10} = \dfrac{9\sqrt{10}}{5}$

答 $\dfrac{9\sqrt{10}}{5}$ cm

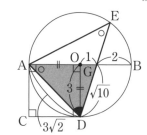

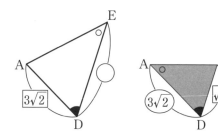

ベスト解 080　高校入試問題にチャレンジ

問題1

ベスト解080 角の二等分線定理より、

BD：DC＝AB：AC＝6：8＝3：4

$BD = BC \times \dfrac{3}{7} = 9 \times \dfrac{3}{7} = \dfrac{27}{7}$

答 $\dfrac{27}{7}$ cm

問題2

(1) 〔証明〕 △ABCと△DAFにおいて、

∠ACB＝∠DFA（＝90°）（…❶）

∠BAC＝90°－∠DAF＝∠ADF（…❷）

以上❶❷より、「2組の角がそれぞれ等しい」から、△ABC∽△DAF

(2) 題意より、AD＝AC＝8

(1)より、AB：BC＝DA：AF、

$10 : 6 = 8 : AF$、$10AF = 6 \times 8$、$AF = \dfrac{24}{5}$

ここで、△ACDは直角二等辺三角形だから、

∠ACE＝∠BCE＝45°から、

ベスト解080 角の二等分線定理より、

AE：EB＝CA：CB＝8：6

$AE = AB \times \dfrac{4}{7}$

$= 10 \times \dfrac{4}{7} = \dfrac{40}{7}$

FE＝AE－AF

$= \dfrac{40}{7} - \dfrac{24}{5} = \dfrac{32}{35}$

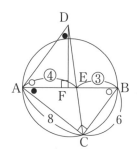

答 $\dfrac{32}{35}$ cm

ベスト解 081　高校入試問題にチャレンジ

問題1

△ABDで三平方の定理から、

$BD = \sqrt{AB^2 + AD^2} = \sqrt{AB^2 + BC^2}$

$= \sqrt{3^2 + 4^2} = 5$

(1) △ABD∽△GBA（★）

DB：BA＝AB：BG

$5 : 3 = 3 : BG$、$BG = \dfrac{9}{5}$　**答** $\dfrac{9}{5}$ cm

(2) △BGH∽△BED

BG：GH＝BE：ED

ここで、△ABD≡△EDBだから、

BG：GH＝DA：AB

$\dfrac{9}{5} : GH = 4 : 3$、$GH = \dfrac{27}{20}$

また、★で

DB：DA＝AB：AG

$5 : 4 = 3 : AG$、

$AG = \dfrac{12}{5}$

AH＝AG－HG

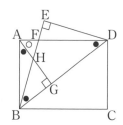

$$= \frac{12}{5} - \frac{27}{20} = \frac{21}{20}$$

答 $\dfrac{21}{20}$ cm

問題2

△BECにおいて、BE＝BA＝6だから、三平方の定理より、

$$EC = \sqrt{BC^2 - BE^2} = \sqrt{10^2 - 6^2} = \sqrt{64} = 8$$

△BEC∽△CFP

BE：EC＝CF：FP

BE：EC＝(EF－EC)：FP

6：8＝(10－8)：FP

$$FP = \frac{8}{3} = DP$$

答 $\dfrac{8}{3}$ cm

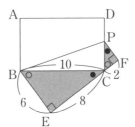

ベスト解 082 高校入試問題にチャレンジ

問題

ベスト解082 より、△EBD∽△DCF（★）

ED：DB＝DF：FC＝AF：FC

　＝(AC－FC)：FC＝7：5より、

ED＝7a、DB＝5aとおく。

★より、

EB：BD＝DC：CF

(12－7a)：5a＝(12－5a)：5

5(12－7a)＝5a(12－5a)

60－35a＝60a－25a²

$$60 - 35a = 60a - 25a^2$$

整理して、$5a^2 - 19a + 12 = 0$

$(5a - 4)(a - 3) = 0$、$7a < 12$、$a < \dfrac{12}{7}$より、

$$a = \frac{4}{5}$$

△DEF＝△AEF（☆）であり、

ベスト解074 より、Eから辺ACに垂線EHを下ろすと、

$$EH = \frac{\sqrt{3}}{2} AE = \frac{\sqrt{3}}{2} \times \frac{28}{5} = \frac{14\sqrt{3}}{5} だから、$$

☆ $= 7 \times \dfrac{14\sqrt{3}}{5} \times \dfrac{1}{2} = \dfrac{49\sqrt{3}}{5}$

答 $\dfrac{49\sqrt{3}}{5}$ cm²

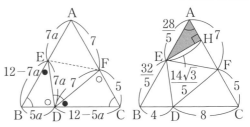

別解 **ベスト解064A** より、

$$\triangle AEF = \triangle ABC \times \frac{AE}{AB} \times \frac{AF}{AC}$$

と計算してもよい。

ベスト解 083 高校入試問題にチャレンジ

問題

(1) 点Gは長方形の対角線の交点だから

GB＝GC。よって、∠GCB＝∠GBC（…⑦）

また折り返した図形の性質から、

∠GCB＝∠HCG（…⑦）

⑦⑦より、∠GBC＝∠HCG　これと∠GHC

共通から △HCG∽△HBC

この相似比は、HG：HC＝8：12＝2：3だから、GC：CB＝2x：3xとおく。

GB＝GCも利用して、

HG：HC＝HC：HB

8：12＝12：(2x＋8)、8(2x＋8)＝12×12、

16x＋64＝144、16x＝80、x＝5

BG＝GC＝2x＝2×5＝10

答 10 cm

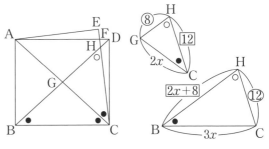

(2) BD＝2BG＝2×10＝20

　　よって、HD＝BD－BH＝20－(2x＋8)

$$= 20 - 18 = 2$$

また、△DBCの三平方の定理より、

$$DC = \sqrt{DB^2 - BC^2} = \sqrt{20^2 - 15^2} = \sqrt{175}$$
$$= 5\sqrt{7}$$

下の図のように△FHD∽△CHB

$$FD : DH = CB : BH$$

$$FD : 2 = 15 : 18、18FD = 2 \times 15、FD = \frac{5}{3}$$

また、下の図で、Hを通る辺ADの垂線IJを引くと、IH : HJ = DH : BH = 1 : 9 だから、

$$IH = DC \times \frac{1}{10} = 5\sqrt{7} \times \frac{1}{10} = \frac{\sqrt{7}}{2}$$

$$\triangle DFH = FD \times IH \times \frac{1}{2} = \frac{5}{3} \times \frac{\sqrt{7}}{2} \times \frac{1}{2}$$

$$= \frac{5\sqrt{7}}{12}$$

答 $\dfrac{5\sqrt{7}}{12}$ cm^2

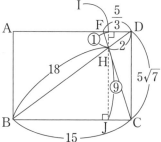

ベスト解
084 高校入試問題にチャレンジ

問題

(1) △ABCは二等辺三角形で、点Oは底辺の中点だからAO⊥BC

BD : DO : OC = 1 : 1 : 2 だから、DC = 9

$$\triangle ADC = DC \times AO \times \frac{1}{2} = 9 \times 6 \times \frac{1}{2} = 27$$

答 27 cm^2

(2) △ADOで三平方の定理より、

$$AD = \sqrt{AO^2 + DO^2} = \sqrt{6^2 + 3^2} = \sqrt{45} = 3\sqrt{5}$$

ベスト解084 より △ADC∽△BDE、対応する辺で、

$$AD : BD = 3\sqrt{5} : 3 = \sqrt{5} : 1$$

答 $\sqrt{5} : 1$

(3) △ADC = 15S とすれば、BD : DC = 3 : 9 = 1 : 3（★）だから、△ABD = 5S

また、ベスト解066 より、

△ADC : △BDE

$$= AD^2 : BD^2 = \left(\sqrt{5}\right)^2 : 1^2 = 15S : 3S$$

★より、△DEC = 9S

△ADC : 四角形ABEC = 15S : 32S

$$四角形ABEC = \frac{32}{15}\triangle ADC = \frac{32}{15} \times 27$$

$$= \frac{288}{5}$$

答 $\dfrac{288}{5}$ cm^2

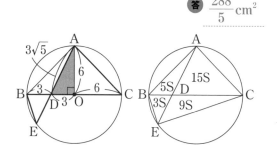

ベスト解
085 高校入試問題にチャレンジ

問題

(1) 半径は、△ABCで三平方の定理より、

$$AC = \sqrt{AB^2 + BC^2} = \sqrt{2^2 + \left(2\sqrt{2}\right)^2}$$
$$= \sqrt{4 + 8} = \sqrt{12} = 2\sqrt{3}$$

これが直径だから、$2\sqrt{3} \times \dfrac{1}{2} = \sqrt{3}$

答 $\sqrt{3}$ cm

次に、FEを出すためにFAを求める。

△FADで三平方の定理より、

$$FA = \sqrt{AD^2 + FD^2} = \sqrt{\left(2\sqrt{2}\right)^2 + 1^2}$$
$$= \sqrt{8 + 1} = 3$$

ここで∠EAD = ∠ECD（$\overset{\frown}{ED}$の円周角）、

∠AFC共通（ベスト解085 ）より、

△FAD∽△FCE

$$FA : FD = FC : FE$$

$$3 : 1 = 3 : FE、FE = 1$$

また∠FAC = ∠FDE（円に内接する四角

41

形の性質）、∠AFC共通（ **ベスト解085** ）より、

△FAC∽△FDE

FA：AC＝FD：DE

$3：2\sqrt{3}＝1：DE$、$DE＝\dfrac{2\sqrt{3}}{3}$

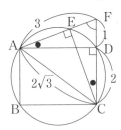

答 $\dfrac{2\sqrt{3}}{3}$ cm

(2) 下の図のように、Eから辺BCに垂線EH

をおろすと、$\triangle BCE＝BC×EH×\dfrac{1}{2}$（★）

ここで、台形FABCで、 **ベスト解058** 差の配分

より、$EH＝2＋(3－2)×\dfrac{2}{3}＝2＋\dfrac{2}{3}＝\dfrac{8}{3}$

★ $＝2\sqrt{2}×\dfrac{8}{3}×\dfrac{1}{2}＝\dfrac{8\sqrt{2}}{3}$

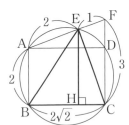

答 $\dfrac{8\sqrt{2}}{3}$ cm²

ベスト解 086 高校入試問題にチャレンジ

問題

△CABで三平方の定理より、

$AC＝\sqrt{AB^2－CB^2}＝\sqrt{12^2－6^2}＝\sqrt{144－36}$
$＝\sqrt{108}＝6\sqrt{3}$

よって、AD＝DCより、

$CD＝\dfrac{1}{2}AC＝\dfrac{1}{2}×6\sqrt{3}＝3\sqrt{3}$

ここからBDとDEの比を求める。

すると△CDBで三平方の定理より、

$BD＝\sqrt{CD^2＋CB^2}＝\sqrt{\left(3\sqrt{3}\right)^2＋6^2}$
$＝\sqrt{27＋36}＝\sqrt{63}＝3\sqrt{7}$

ここで **ベスト解084** より、

△CDB∽△EDA

CD：DB＝ED：DA

$3\sqrt{3}：3\sqrt{7}＝ED：3\sqrt{3}$、$ED＝\dfrac{9\sqrt{7}}{7}$

また、円の中心をOとすれば、△CABで、点
DとOはそれぞれの辺の中点だから、

ベスト解068A 三角形の中点連結定理より、

DO∥CB、よって、EF∥DO∥CB

これより△BEFで、

$BO：OF＝BD：DE＝3\sqrt{7}：\dfrac{9\sqrt{7}}{7}＝⑦：③$

最後にFGとBCを比べる。

すると、AF＝OA－OF＝⑦－③＝④

△ABC∽△AFG

BC：FG＝AB：AF

6：FG＝14：4

$FG＝\dfrac{12}{7}$

答 $\dfrac{12}{7}$ cm

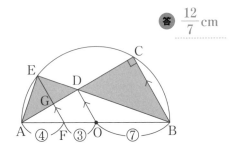

ベスト解 087 高校入試問題にチャレンジ

問題

(1) △ABCで、 **ベスト解087** を使い、BQの長
さを求める。

$BQ^2＝AB^2－AQ^2$

$BQ^2＝BC^2－CQ^2$（★）

$AB^2－AQ^2＝BC^2－CQ^2$

CQ＝xとして、

$7^2－(8－x)^2＝5^2－x^2$

$49－(64－16x＋x^2)＝5^2－x^2$

$-15+16x-x^2=25-x^2$、$16x=40$、$x=\dfrac{5}{2}$

★より、$BQ^2=5^2-\left(\dfrac{5}{2}\right)^2=25-\dfrac{25}{4}=\dfrac{75}{4}$、

$BQ=\dfrac{5\sqrt{3}}{2}$

答　$\dfrac{5\sqrt{3}}{2}$ cm

(2)　$AQ=AC-CQ=8-\dfrac{5}{2}=\dfrac{11}{2}$、

　ベスト解084 より、

　$\triangle AQB \backsim \triangle PQC$

　$AQ:BQ=PQ:CQ$

　$\dfrac{11}{2}:\dfrac{5\sqrt{3}}{2}=PQ:\dfrac{5}{2}$、$PQ=\dfrac{11\sqrt{3}}{6}$

　$BP=BQ+QP$

　$=\dfrac{5\sqrt{3}}{2}+\dfrac{11\sqrt{3}}{6}$

　$=\dfrac{26\sqrt{3}}{6}=\dfrac{13\sqrt{3}}{3}$

答　$\dfrac{13\sqrt{3}}{3}$ cm

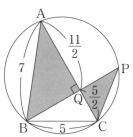

ベスト解 088　**高校入試問題にチャレンジ**

問題

(1)　$\triangle ABC$ と $\triangle BEC$ において、

　$\angle ACB=\angle BCE$（共通）（…❶）

　$\angle BAC=\angle CAD$（仮定より）

　　　　$=\angle CBE$（$\overparen{CD}$ の円周角）（…❷）

以上❶❷より、「2組の角がそれぞれ等しい」

から、$\triangle ABC \backsim \triangle BEC$

(2)　(1)から、$AC:CB=BC:CE$

　$3:2=2:CE$、$CE=\dfrac{4}{3}$

よって、$AE=AC-EC=3-\dfrac{4}{3}=\dfrac{5}{3}$

つまり $AC:AE=3:\dfrac{5}{3}=9:5$ だから、

$\triangle ABE=\dfrac{5}{9}\triangle ABC$（★）、

ここでAから辺BCに下ろした垂線をAH

とする。

$\triangle ABH$ で三平方の定理より、

$AH=\sqrt{AB^2-BH^2}=\sqrt{3^2-1^2}=\sqrt{8}=2\sqrt{2}$

$★=BC\times AH\times\dfrac{1}{2}\times\dfrac{5}{9}=2\times2\sqrt{2}\times\dfrac{1}{2}\times\dfrac{5}{9}$

　$=\dfrac{10\sqrt{2}}{9}$

答　$\dfrac{10\sqrt{2}}{9}$ cm^2

(3)　$\triangle ABC$ と $\triangle ADC$ に分けて、$\triangle ADC$ は

$\triangle ABC$ と比べる。

　ベスト解084 より、$\triangle EBC \backsim \triangle EAD$

$BE:CE=AE:DE$

ここで(1)の相似より、$AB=AC$ だから、

$BE=BC=2$

よって、$2:\dfrac{4}{3}=\dfrac{5}{3}:DE$、$DE=\dfrac{10}{9}$

ここで、ベスト解062B より、

$\triangle ABC:\triangle ADC=BE:DE=2:\dfrac{10}{9}$

　　　　　　　　　　$=9:5$

$\triangle ADC=\dfrac{5}{9}\triangle ABC$

よって、

四角形$ABCD=\triangle ABC+\dfrac{5}{9}\triangle ABC$

　　　　　　$=\dfrac{14}{9}\triangle ABC$

　　　　　　$=2\times2\sqrt{2}\times\dfrac{1}{2}\times\dfrac{14}{9}=\dfrac{28\sqrt{2}}{9}$

答　$\dfrac{28\sqrt{2}}{9}$ cm^2

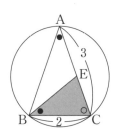 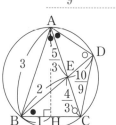

問題

(1) 円に内接する四角形の性質より、
$$\angle\mathrm{BAD} = 180° - \angle\mathrm{BCD} = 180° - 60°$$
$$= 120°$$

答 $120°$

(2) **証明** $\triangle\mathrm{PAB}$は、
$\mathrm{AP} = \mathrm{BP}$（仮定より）（…❶）、
$\angle\mathrm{BAC} = \angle\mathrm{BDC} = 60°$（$\overgroup{\mathrm{BC}}$の円周角）
（…❷）

以上❶❷より、底角60°の二等辺三角形だから$\triangle\mathrm{PAB}$は正三角形であるといえる。

(3) 円に内接する四角形の性質より、
$\angle\mathrm{CBA} = 180° - \angle\mathrm{CDA}$（…❸）
また$\mathrm{BC} = \mathrm{DC}$より、$\triangle\mathrm{ACD}$を点Cを中心に、$\triangle\mathrm{QCB}$となるように回転移動させる。
このとき❸より、3点Q、B、Aは一直線上にある。
すると、四角形ABCD
$= \triangle\mathrm{BCA} + \triangle\mathrm{ACD} = \triangle\mathrm{BCA} + \triangle\mathrm{QCB}$
$= \triangle\mathrm{QCA}$（…★）
ここで、(2)より、$\angle\mathrm{BAC} = 60°$
$\angle\mathrm{ACQ} = \angle\mathrm{DCB} = 60°$
だから、$\triangle\mathrm{QCA}$は正三角形。
またその1辺は、
$\mathrm{QB} + \mathrm{BA} = \mathrm{AD} + \mathrm{BA} = 3 + 5 = 8$

ベスト解 073 B より、
$$★ = \frac{\sqrt{3}}{4} \times 8 \times 8 = 16\sqrt{3}$$

答 $16\sqrt{3}\ \mathrm{cm}^2$

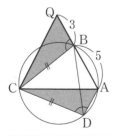

別解 **ベスト解 073 B** より、
$$\triangle\mathrm{BCD} = \frac{\sqrt{3}}{4} \times 7 \times 7 = \frac{49\sqrt{3}}{4}$$
また(1)より、$\angle\mathrm{BCD} + \angle\mathrm{BAD} = 180°$よ

り補角をなすから、**ベスト解 067** より、
$$\triangle\mathrm{BCD} : \triangle\mathrm{BAD} = 7 \times 7 : 5 \times 3 = 49 : 15$$
$$\triangle\mathrm{BAD} = \frac{15}{49}\triangle\mathrm{BCD} = \frac{15}{49} \times \frac{49\sqrt{3}}{4}$$
$$= \frac{15\sqrt{3}}{4}$$

よって、
四角形ABCD $= \triangle\mathrm{BCD} + \triangle\mathrm{BAD}$
$$= \frac{49\sqrt{3}}{4} + \frac{15\sqrt{3}}{4} = 16\sqrt{3}$$

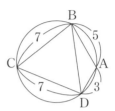

問題

(1) $180° \times (5 - 2) = 540°$

答 $540°$

(2) $\triangle\mathrm{ABC}$は$\mathrm{BA} = \mathrm{BC}$の二等辺三角形。
$\angle\mathrm{ABC} = 540° \div 5 = 108°$
よって、$\angle\mathrm{BAC} = (180° - 108°) \div 2 = 36°$
$(= \angle\mathrm{ABE})$
$\angle\mathrm{BPC} = \angle\mathrm{BAP} + \angle\mathrm{ABP} = 36° + 36°$
$= 72°$

答 $72°$

(3) **ベスト解 090** より、$\triangle\mathrm{BAC} \backsim \triangle\mathrm{PAB}$
$\mathrm{AB} : \mathrm{AC} = \mathrm{AP} : \mathrm{AB}$（★）
ここで$\mathrm{AC} = x$とおけば、
$\mathrm{AP} = \mathrm{AC} - \mathrm{PC} = \mathrm{AC} - \mathrm{ED} = x - 2$
（四角形PCDEは平行四辺形）
★より、$2 : x = (x - 2) : 2$
$x^2 - 2x - 4 = 0$、
$$x = \frac{-(-2) \pm \sqrt{(-2)^2 - 4 \times 1 \times (-4)}}{2 \times 1}$$
$$= \frac{2 \pm 2\sqrt{5}}{2}$$
$$= 1 \pm \sqrt{5}、$$
$x > 0$より、

$x = 1 + \sqrt{5}$

答 $1 + \sqrt{5}\,(\text{cm})$

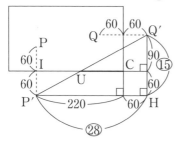

ベスト解 091 **高校入試問題にチャレンジ**

問題

ベスト解 091 より、下の図のようになる。

$\triangle\text{UIP}' \backsim \triangle\text{P}'\text{HQ}'$ より、

$\text{UI} : \text{IP}' = \text{P}'\text{H} : \text{HQ}'$

$\text{UI} : 60 = 28 : 15$、$\text{UI} = 112$

$\text{CU} = \text{CI} - \text{UI} = 220 - 112 = 108$

答 $108\,\text{cm}$

ベスト解 092 **高校入試問題にチャレンジ**

問題1

(1) $y = \dfrac{1}{4}x^2$ に、$x = -2$ を代入して、$y = 1$

答 $\text{A}(-2,\ 1)$

(2) (1)と、$\text{B}(4,\ 4)$ だから、$y = \dfrac{1}{2}x + 2$

答 $y = \dfrac{1}{2}x + 2$

(3) Aからx軸に平行に引いた直線と、Bからx軸に下ろした垂線の交点をIとする。

　$\triangle\text{ABI}$で三平方の定理より、

$$\text{AB} = \sqrt{\text{AI}^2 + \text{BI}^2} = \sqrt{6^2 + 3^2} = \sqrt{36 + 9}$$
$$= \sqrt{45} = 3\sqrt{5}$$

答 $3\sqrt{5}$

(4) OからABに垂線AHを下ろす。

ベスト解 092 より、$\triangle\text{AOB}$の面積を利用して、距離OHを求める。

ベスト解 021B より、

$$\triangle\text{AOB} = \{4 - (-2)\} \times 2 \times \frac{1}{2} = 6 \text{ だから、}$$

$$\text{AB} \times \text{OH} \times \frac{1}{2} = \triangle\text{AOB}$$

$$3\sqrt{5} \times \text{OH} \times \frac{1}{2} = 6、\ \text{OH} = \frac{4\sqrt{5}}{5}$$

答 $\dfrac{4\sqrt{5}}{5}$

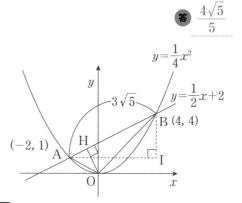

問題2

$\angle\text{ABC} = \angle\text{ADC}$ より、

ベスト解 056A より、4点A、C、D、Bは同一円周上（★）にある。

(1) $\triangle\text{BAD}$で三平方の定理より、

$$\text{AD} = \sqrt{\text{AB}^2 + \text{BD}^2} = \sqrt{11^2 + 2^2} = \sqrt{121 + 4}$$
$$= \sqrt{125} = 5\sqrt{5}$$

★より、$\angle\text{ACD} = 90°$ だから、

$\triangle\text{ACD}$で三平方の定理より、

$$\text{CD} = \sqrt{\text{AD}^2 - \text{AC}^2}$$
$$= \sqrt{125 - 10^2}$$
$$= \sqrt{125 - 100} = 5$$

答 $5\,\text{cm}$

(2) ベスト解 067 より、

$$\text{AE} : \text{ED} = \triangle\text{BAC} : \triangle\text{BDC}$$
$$= \text{AB} \times \text{AC} : \text{DB} \times \text{DC}$$
$$= 11 \times 10 : 2 \times 5 = 11 : 1\ (\cdots\text{⑦})$$

また、ここで、$\text{BF} \parallel \text{DC}$ だから、

$\triangle\text{BFE} \backsim \triangle\text{CDE}$

$\text{FE} : \text{DE} = \text{BE} : \text{CE}\ (☆)$

ベスト解 067 より、

$$☆ = △BAD : △CAD = BA × BD : CA × CD$$
$$= 11 × 2 : 10 × 5 = 11 : 25 \ (…イ)$$

ア＝イで、 **ベスト解061** 連比より、

$$AD : FE = 300 : 11$$

$$EF = \frac{11}{300} AD = \frac{11}{300} × 5\sqrt{5} = \frac{11\sqrt{5}}{60}$$

答 $\dfrac{11\sqrt{5}}{60}$ cm

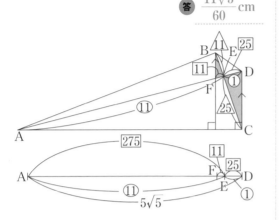

ベスト解 093 高校入試問題にチャレンジ

問題1

まず円の半径を求める。

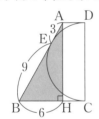 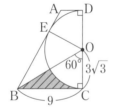

左上の図で、Aから辺BCに向かって垂線を下ろすと、△ABHにおいて、AE＝AD＝3、
BE＝BC＝9だから、AB＝3＋9＝12
BH＝BC－AD＝9－3＝6

△ABHで三平方の定理より、

$$AH = \sqrt{AB^2 - BH^2} = \sqrt{12^2 - 6^2} = \sqrt{144 - 36}$$
$$= \sqrt{108} = 6\sqrt{3}$$

よって、この円の半径は $6\sqrt{3} × \dfrac{1}{2} = 3\sqrt{3}$

さて、求める図形は、右上の図の斜線の図形の2倍である。△BOCは **ベスト解073** より三角定規型㋐だから、∠BOC＝60°
斜線の図形

$$= 9 × 3\sqrt{3} × \frac{1}{2} - (3\sqrt{3})^2 × \pi × \frac{60°}{360°}$$

$$= \frac{27\sqrt{3}}{2} - \frac{9}{2}\pi$$

よって、$\left(\dfrac{27\sqrt{3}}{2} - \dfrac{9}{2}\pi \right) × 2 = 27\sqrt{3} - 9\pi$

答 $27\sqrt{3} - 9\pi$ (cm²)

問題2

はじめにAP（＝AQ）を求める。
図において、PA＝xとし、Dから辺ABに垂線DHを下ろす。△DAHで、DA＝DP＋PA
＝DS＋PA＝3＋x、DH＝CB＝12、
AH＝AQ－HQ＝AP－DS＝x－3
△ADHで三平方の定理より、

$$DA^2 = DH^2 + AH^2$$
$$(3 + x)^2 = 12^2 + (x - 3)^2$$
$$x^2 + 6x + 9 = 144 + x^2 - 6x + 9$$
$$12x = 144, \quad x = 12$$

OQは円の半径だから、OQ＝6
△OAQで三平方の定理より、

$$OA = \sqrt{AQ^2 + OQ^2}$$
$$= \sqrt{12^2 + 6^2}$$
$$= \sqrt{144 + 36}$$
$$= \sqrt{180} = 6\sqrt{5}$$

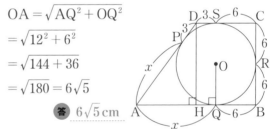

答 $6\sqrt{5}$ cm

ベスト解 094 高校入試問題にチャレンジ

問題1

点Dは△ABCの内心（ **ベスト解094A** ）である。
次の図で2●＋2○＝90°だから、●＋○＝45°
したがって、△DABで∠ADB＝180°－45°
＝135°で常に一定。
すると、点Dは、O′を中心とした円周上にある。
図の、$\overset{\frown}{AEB}$ の中心角＝2∠ADB＝2×135°
＝270°。つまり、∠AO′B＝90°
△AO′Bは三角定規型㋑だから、

$$AO' = \frac{1}{\sqrt{2}} AB = \frac{1}{\sqrt{2}} × 4 = 2\sqrt{2}$$

よって求める長さは、

$$2 \times \pi \times 2\sqrt{2} \times \frac{90°}{360°} = \sqrt{2}\pi$$

答 $\sqrt{2}\pi\,\mathrm{cm}$

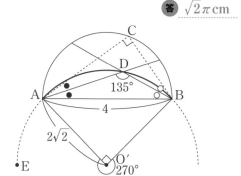

問題2

点Dは△ABCの傍心（ ベスト解 094 B ）のうちの1つ。

△ABCの外角で、

$2\bigcirc = 42° + 2\bullet$

$\bigcirc = 21° + \bullet$（…㋐）

△DBCの外角で、

$\bigcirc = x + \bullet$（…㋑）

㋐と㋑の右辺どうしを比較して、$x = 21°$

答 $\angle x = 21°$

ベスト解
095

高校入試問題にチャレンジ

問題

下の図のように四角形AEFBは等脚台形。

A、Bからそれぞれ辺EFに垂線AJ、BIを下ろすと、EJ＝FIだからEJ＝1

△AEJで三平方の定理より、

$AJ^2 = AE^2 - EJ^2 = 3^2 - 1^2 = 8$

△AFJで三平方の定理より、

$AF = \sqrt{AJ^2 + JF^2} = \sqrt{8 + 3^2} = \sqrt{8 + 9} = \sqrt{17}$

答 $\sqrt{17}\,\mathrm{cm}$

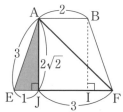

ベスト解
096

高校入試問題にチャレンジ

問題1

ベスト解 096 より、BC、EFの中点をそれぞれM、Nとし、**面AMNDについて対称のイメージを持つ**。

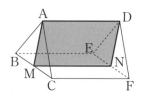

(1) △ABCは正三角形。 ベスト解 073 B より、

$$\triangle ABC = \frac{\sqrt{3}}{4} \times 6 \times 6 = 9\sqrt{3}$$

答 $9\sqrt{3}\,\mathrm{cm}^2$

(2) ∠DAC＝90°だから、△DACで三平方の定理より、

$$DC = \sqrt{AD^2 + AC^2} = \sqrt{CF^2 + BC^2}$$
$$= \sqrt{8^2 + 6^2} = \sqrt{64 + 36} = 10$$

また、△DAC∽△DHG

$DC : AC = DG : HG$

$DC : AC = (AD - AG) : HG$

$10 : 6 = 6 : HG$、　$GH = \dfrac{18}{5}$

答 $\dfrac{18}{5}\,\mathrm{cm}$

(3) (2)の相似で、$DC : DA = DG : DH$

$10 : 8 = 6 : DH$、　$DH = \dfrac{24}{5}$

ここで、$DI = DH$だから、

△DBC∽△DIH

$DC : CB = DH : HI$

$10 : 6 = \dfrac{24}{5} : HI$、　$HI = \dfrac{72}{25}$

答 $\dfrac{72}{25}\,\mathrm{cm}$

問題2

△OAGについて対称だから、 ベスト解 096 より、この面を抜き出す。

△OAGで、

$$AG = OG = 8 \times \frac{\sqrt{3}}{2} = 4\sqrt{3}$$

（ ポイント2Ⓔ 参照。）

ここで下の図のようにJをとり、色の付いた
△OGJの3辺の比を利用する。

OH＝GHだから、△OHGは二等辺三角形だ
から、HからOGへ垂線HKを下ろせば、Kは
OGの中点になり、

$$OK＝OG×\frac{1}{2}＝4\sqrt{3}×\frac{1}{2}＝2\sqrt{3}$$

そこで△OHK∽△OGJだから、

OH：OK＝OG：OJ

OH：OK＝$4\sqrt{3}$：4

OH＝$\sqrt{3}$OK＝$\sqrt{3}×2\sqrt{3}＝6$

よって、HA＝OA－OH＝8－6＝2

ここで△AHI∽△OGJだから、

AH：HI＝OG：GJ

AH：HI＝$4\sqrt{3}$：$4\sqrt{2}$

$$HI＝\frac{\sqrt{2}}{\sqrt{3}}HA＝\frac{\sqrt{2}}{\sqrt{3}}×2＝\frac{2\sqrt{6}}{3}$$

答 $\dfrac{2\sqrt{6}}{3}$ cm

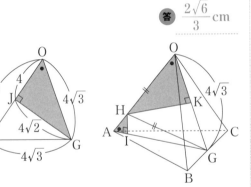

ベスト解
097 高校入試問題にチャレンジ

問題1

AF＝$6×\sqrt{2}＝6\sqrt{2}$

△AFGで三平方の定理より、

AG＝$\sqrt{\left(6\sqrt{2}\right)^2＋6^2}＝\sqrt{72＋36}＝\sqrt{108}＝6\sqrt{3}$

ベスト解097 より、△AFGの面積を2通りの方法
で表す。

$$AG×FI×\frac{1}{2}＝FG×AF×\frac{1}{2}$$

$$6\sqrt{3}×FI×\frac{1}{2}＝6×6\sqrt{2}×\frac{1}{2}$$

$$FI＝\frac{6\sqrt{2}}{\sqrt{3}}＝2\sqrt{6}$$

答 $2\sqrt{6}$ cm

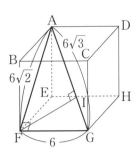

問題2

Oから底面ABCDへ下ろした垂線の足をJと
する。

辺AD、BCの中点をそれぞれM、Nとする。
またMから平面Pへ下ろす垂線の足をIとす
る。

すると、AD∥BCだから、AD∥平面P

よってAH＝MI

これはMから△OBCに垂線を下ろしているの
と同じだから、対称性よりこの点Iは線分ON
上にある。

△OMJで、OJ＝$2\sqrt{2}$、MJ＝2より、

三平方の定理から、OM＝$2\sqrt{3}$＝ON

ベスト解097 より、△OMNの面積を2通りの方
法で表す。

$$MN×OJ×\frac{1}{2}＝ON×MI×\frac{1}{2}$$

$$4×2\sqrt{2}×\frac{1}{2}＝2\sqrt{3}×MI×\frac{1}{2}$$

$$MI＝\frac{4\sqrt{2}}{\sqrt{3}}＝\frac{4\sqrt{6}}{3}$$

答 $\dfrac{4\sqrt{6}}{3}$ cm

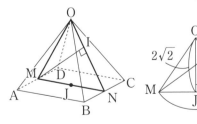

ベスト解
098 高校入試問題にチャレンジ

問題1

△CABで、H、Mは線分CA、CBのそれぞ
れ中点だから、

ベスト解 068 A 三角形の中点連結定理より、

$$HM = \frac{1}{2}AB = 3$$

ここで、∠OHC＝∠OHB＝90°だから、
面ABCD⊥OH
よって、∠OHM＝90°
そこで△OHMで三平方の定理より、

$$OH = \sqrt{OM^2 - HM^2} = \sqrt{9^2 - 3^2} = \sqrt{81-9}$$
$$= \sqrt{72} = 6\sqrt{2}$$

答 $6\sqrt{2}$ cm

問題2

頂点Aから正方形BCDEへ下ろした垂線の足をHとする。するとHは対角線BDの中点である。

$$HD = \frac{\sqrt{2}}{2}CD = \frac{\sqrt{2}}{2} \times 6 = 3\sqrt{2}$$

（ ポイント **2** Ⓑ-1 参照。）

△AHDで三平方の定理より、

$$AH = \sqrt{9^2 - \left(3\sqrt{2}\right)^2} = \sqrt{81-18}$$
$$= \sqrt{63} = 3\sqrt{7}$$

求める立体の体積は、

$$6 \times 6 \times 3\sqrt{7} \times \frac{1}{3}$$
$$= 36\sqrt{7}$$

答 $36\sqrt{7}$ cm³

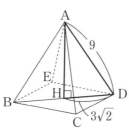

ベスト解 099 高校入試問題にチャレンジ

問題

頂点Aから底面BCDへ下ろした垂線の足をHとする。すると底面の△BCDは正三角形だから、ベスト解 099 より、Hはその重心である。
CDの中点をMとすると、

$$BM = \frac{\sqrt{3}}{2}BC = \frac{\sqrt{3}}{2} \times 6 = 3\sqrt{3}$$

Hは重心だから、BH：HM＝2：1で、

$$BH = 3\sqrt{3} \times \frac{2}{3} = 2\sqrt{3}$$

ここで△ABHで三平方の定理より、

$$AH = \sqrt{9^2 - \left(2\sqrt{3}\right)^2} = \sqrt{81-12} = \sqrt{69}$$

よって求める体積は、

ベスト解 073 B の正三角形の
面積も使い、

$$\frac{\sqrt{3}}{4} \times 6 \times 6 \times \sqrt{69} \times \frac{1}{3}$$
$$= 9\sqrt{23}$$

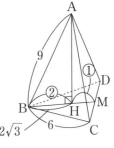

答 $9\sqrt{23}$ cm³

ベスト解 100 高校入試問題にチャレンジ

問題

(1) △OAMで三平方の定理より、

$$OM = \sqrt{\left(2\sqrt{3}\right)^2 - 2^2} = \sqrt{12-4} = \sqrt{8} = 2\sqrt{2}$$

△OCNで三平方の定理より、

$$ON = \sqrt{4^2 - 2^2} = \sqrt{16-4} = \sqrt{12} = 2\sqrt{3}$$

答 OM $2\sqrt{2}$ cm、ON $2\sqrt{3}$ cm

(2) $$OH^2 = OM^2 - MH^2 = (2\sqrt{2})^2 - x^2$$
$$= 8 - x^2$$

答 $8-x^2$

(3) MH＝x cmとして、△ONHに注目して、OH^2をxを用いて表せば、

$$OH^2 = ON^2 - NH^2 = (2\sqrt{3})^2 - (4-x)^2$$

これと(2)より、

$$8 - x^2 = (2\sqrt{3})^2 - (4-x)^2$$
$$8 - x^2 = 12 - (16 - 8x + x^2)$$

整理して、$8x = 12$、$x = MH = \frac{3}{2}$

答 $\frac{3}{2}$ cm

(4) ベスト解 100 より、

三角すい OHCD ＝ △OHN × CD × $\frac{1}{3}$

$$= HN \times OH \times \frac{1}{2} \times CD \times \frac{1}{3} \quad (★)$$

$$HN = 4 - \frac{3}{2} = \frac{8-3}{2} = \frac{5}{2}$$

OHの長さは、△ONHで三平方の定理より、

$$\sqrt{\left(2\sqrt{3}\right)^2 - \left(\frac{5}{2}\right)^2} = \sqrt{12 - \frac{25}{4}} = \sqrt{\frac{48-25}{4}}$$

$$= \sqrt{\frac{23}{4}} = \frac{\sqrt{23}}{2}$$

★ $= \dfrac{5}{2} \times \dfrac{\sqrt{23}}{2} \times \dfrac{1}{2} \times 4 \times \dfrac{1}{3} = \dfrac{5\sqrt{23}}{6}$

答 $\dfrac{5\sqrt{23}}{6}\,\mathrm{cm}^3$

$$= \mathrm{BP} \times \mathrm{QI} \times \frac{1}{2} \times \mathrm{MH} \times \frac{1}{3}$$

$$= 5 \times \frac{32}{5} \times \frac{1}{2} \times \frac{3\sqrt{3}}{2} \times \frac{1}{3} = 8\sqrt{3}$$

答 $8\sqrt{3}\,\mathrm{cm}^3$

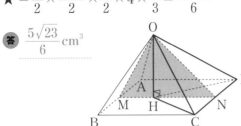

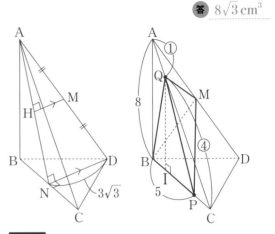

ベスト解 101　高校入試問題にチャレンジ

問題1

ベスト解101 より、図のように、△QBPを底面とし、Mから下ろした垂線MHを高さと見なす。BCの中点をNとし△ANDをつくる。△DBCは1辺6の正三角形だから、△DBNは三角定規型。

よって、$\mathrm{DN} = \dfrac{\sqrt{3}}{2}\mathrm{BD} = \dfrac{\sqrt{3}}{2} \times 6 = 3\sqrt{3}$

ここで、∠ABC＝90°、∠ABD＝90°より、

ベスト解098A からAB⊥面DBC

よって、面ABC⊥面DBCだから、
DN⊥面ABC

さて、DN∥MHとなる点Hをとる。
すると、Mは△AND上の点だから、HはAN上にある。
△ADN∽△AMHで、
DN：MH＝AD：AM

$3\sqrt{3}$：MH＝2：1、 $\mathrm{MH} = \dfrac{3\sqrt{3}}{2}$

続いて△QBPの面積を求める。
△ABCで三平方の定理より、
$\mathrm{AC} = \sqrt{6^2 + 8^2} = \sqrt{36 + 64} = 10$
右側の図のように垂線QIを引けば、
△CAB∽△CQIで、
CQ：CA＝QI：AB

8：10＝QI：8、 $\mathrm{QI} = \dfrac{32}{5}$

立体$\mathrm{M - QBP} = \triangle\mathrm{QBP} \times \mathrm{MH} \times \dfrac{1}{3}$

問題2

ベスト解101 より、正方形ABCDを底面とし、GHを高さと見る。

$\mathrm{AH} = \dfrac{1}{2}\mathrm{AC} = \dfrac{1}{2} \times \sqrt{2}\mathrm{AB} = \dfrac{1}{2} \times \sqrt{2} \times 6$
$= 3\sqrt{2}$

△OAHで三平方の定理より、
$\mathrm{OH} = \sqrt{9^2 - \left(3\sqrt{2}\right)^2} = \sqrt{81 - 18} = \sqrt{63} = 3\sqrt{7}$
ここで、次の図のように補助平行線を引けば、
OG：GH＝1：1となる。

（ **ポイント1** 参照。）

よって、$\mathrm{GH} = \dfrac{1}{2}\mathrm{OH} = \dfrac{1}{2} \times 3\sqrt{7} = \dfrac{3\sqrt{7}}{2}$

四角すいGABCD
＝ 正方形$\mathrm{ABCD} \times \mathrm{GH} \times \dfrac{1}{3}$

$= 6 \times 6 \times \dfrac{3\sqrt{7}}{2} \times \dfrac{1}{3} = 18\sqrt{7}$

答 $18\sqrt{7}\,\mathrm{cm}^3$

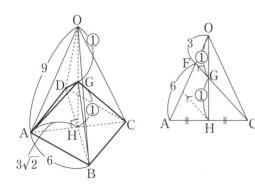

これが★と同じになればよい。

ここで、AH = CH だから、

$$\sqrt{2}\,t \times \left(6\sqrt{2} - \frac{\sqrt{2}}{2}t\right) \times \frac{1}{2} \times \frac{1}{3} = 4$$

$$\sqrt{2}\,t \times \left(6\sqrt{2} - \frac{\sqrt{2}}{2}t\right) \times \frac{1}{2} = 12$$

$$t\left(6 - \frac{1}{2}t\right) = 12,\quad t(12 - t) = 24,$$

$$t^2 - 12t + 24 = 0$$

$$0 < t \leq 6\ より、\ t = 6 - 2\sqrt{3}$$

（答） $6 - 2\sqrt{3}$ （秒後）

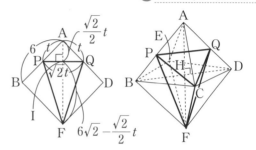

ベスト解 102 高校入試問題にチャレンジ

問題

BD、AF、CE は対称性より 1 点で交わり、それを H とする。

正八面体の体積は、

四角すい A - BCDE × 2

$$= 正方形 BCDE \times AH \times \frac{1}{3} \times 2$$

$$= 6 \times 6 \times AH \times \frac{1}{3} \times 2$$

この $\frac{1}{6}$ だから、

$$6 \times 6 \times AH \times \frac{1}{3} \times 2 \times \frac{1}{6} = 4AH\ (\cdots ★)$$

ここから三角すい CPFQ へ話を移す。

△PFQ は四角形 ABFD 上にある。

四角形 ABFD は 4 辺の長さがすべて等しく、AF = BD だから、**正方形であることがわかる。**

すると、△PFQ の、出発してから t 秒後の様子は図から、PQ = $\sqrt{2}\,t$

IF = $\sqrt{2}$ AB - AI

$$= \sqrt{2}\,AB - \frac{1}{\sqrt{2}}AP = 6\sqrt{2} - \frac{\sqrt{2}}{2}t$$

よって、体積は、点 H も四角形 ABFD 上の点だから、

$$△PQF \times CH \times \frac{1}{3}$$

$$= PQ \times IF \times \frac{1}{2} \times CH \times \frac{1}{3}$$

$$= \sqrt{2}\,t \times \left(6\sqrt{2} - \frac{\sqrt{2}}{2}t\right) \times \frac{1}{2} \times CH \times \frac{1}{3}$$

ベスト解 103 高校入試問題にチャレンジ

問題1

ベスト解 103 B より、

$$立体 C - AFI = 立体 C - AFG \times \frac{AI}{AG}$$

$$= △CFG \times AB \times \frac{1}{3} \times \frac{AI}{AG}\ (★)$$

ここで、AF = $6\sqrt{2}$、FI = $2\sqrt{6}$ で、△AFI で三平方の定理より、

$$AI = \sqrt{AF^2 - FI^2}$$

$$= \sqrt{\left(6\sqrt{2}\right)^2 - \left(2\sqrt{6}\right)^2}$$

$$= \sqrt{72 - 24} = \sqrt{48}$$

$$= 4\sqrt{3}$$

さて、

ベスト解 096 例題 2 より、

AG = $6\sqrt{3}$

よって、

AG : AI

= $6\sqrt{3} : 4\sqrt{3}$

= 3 : 2

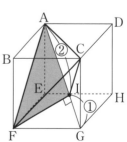

$$\bigstar = 6 \times 6 \times \frac{1}{2} \times 6 \times \frac{1}{3} \times \frac{2}{3} = 24$$

答 $24\,\mathrm{cm}^3$

問題2

点R、Aから面BCDへそれぞれ垂線を下ろし、その足をH、Iとすれば、これらの線分は、対称面APDに含まれる。

三角すいR–BCD：三角すいA–BCD

$$= \triangle BCD \times RH \times \frac{1}{3} : \triangle BCD \times AI \times \frac{1}{3}$$

$$= RH : AI \quad (\bigstar)$$

ベスト解097 **例題2** で、$PQ = 4$、$QR = \dfrac{2\sqrt{33}}{3}$

だから、

△RPQで三平方の定理より、

$$RP = \sqrt{PQ^2 - QR^2} = \sqrt{4^2 - \left(\frac{2\sqrt{33}}{3}\right)^2}$$

$$= \sqrt{16 - \frac{44}{3}} = \sqrt{\frac{4}{3}} = \frac{2\sqrt{3}}{3}$$

$AP = 4\sqrt{3}$ だから（ **ポイント2Ⓔ** 参照）、

$$\bigstar = RH : AI = RP : AP$$

$$= \frac{2\sqrt{3}}{3} : 4\sqrt{3}$$

$$= 1 : 6$$

答 $\dfrac{1}{6}$ 倍

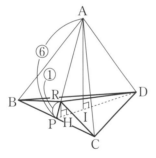

ベスト解104 **高校入試問題にチャレンジ**

問題

ベスト解104B より、

三角すいOPDE

$$= 三角すいOABC \times \frac{OP}{OA} \times \frac{OD}{OB} \times \frac{OE}{OC}$$

$$= 三角すいOABC \times \frac{1}{3}$$

これより、

$$\frac{OP}{OA} \times \frac{OD}{OB} \times \frac{OE}{OC}$$

$$= \frac{OP}{OA} \times \frac{2}{3} \times \frac{2}{3} = \frac{OP}{OA} \times \frac{4}{9} = \frac{1}{3}$$

ゆえに、$\dfrac{OP}{OA} = \dfrac{3}{4}$

$OA = 6$ だから、$\dfrac{OP}{6} = \dfrac{3}{4}$、$OP = \dfrac{9}{2}$

$$AP = OA - OP = 6 - \frac{9}{2} = \frac{3}{2}$$

答 $\dfrac{3}{2}$ cm

ベスト解105 **高校入試問題にチャレンジ**

問題

ベスト解105A より、

立体P：全体 $= 2 \times 2 \times 2 : 5 \times 5 \times 5 = 8 : 125$

そこで、立体Qは、$125 - 8 = 117$

答 $\dfrac{117}{8}$ 倍

ベスト解106 **高校入試問題にチャレンジ**

問題1

△JEHと△IBGは平行で、∠JEH = ∠IBG、∠JHE = ∠IGBより、△JEH ∽ △IBGだから、求める立体IBG–JEHは三角すい台である。

よって **ベスト解106** から考える。

三角すい台だから次の図のように、EB、HG、JIの延長は1点で交わる。この点をKとする。

$EH = EF - HF = 8 - 2 = 6$

△KBG ∽ △KEHより、

$KB : KE = BG : EH = 2 : 6 = 1 : 3$

これより、$KB : BE : KE = 1 : 2 : 3$

$$KE = \frac{3}{2}BE = \frac{3}{2} \times 4 = 6$$

また△DEF ∽ △JEH

$EF : FD = EH : HJ$

$8 : 4 = 6 : HJ$、$HJ = 3$

ここで、△JEH ⊥ KEだから、

立体BE–IGHJ = 立体IBG–JEH

$$= 三角すいK–JEH \times \left(1 - \frac{KB^3}{KE^3}\right)$$

$$= \triangle JEH \times KE \times \frac{1}{3} \times \left(1 - \frac{KB^3}{KE^3}\right)$$

$$= 6 \times 3 \times \frac{1}{2} \times 6 \times \frac{1}{3} \times \left(1 - \frac{1^3}{3^3}\right)$$

$$= 18 \times \frac{26}{27} = \frac{52}{3}$$

答 $\dfrac{52}{3} \mathrm{cm}^3$

別解 三角すい KEHJ － 三角すい KBGI としてもよい。

問題2

題意より、正四角すい台であり、各辺の延長の交点を図のように J とする。

$\triangle JAB \backsim \triangle JEF$ だから、

$JA : JE = AB : EF = 2 : 4 = 1 : 2$

これより、$JA : AE : JE = 1 : 1 : 2$

$JE = 2AE = 6$

底面の正方形 EFGH の対角線の交点を I とすると、対称性より JI は四角すい J－EFGH の高さとなる。

$EI = \dfrac{\sqrt{2}}{2} EF = \dfrac{\sqrt{2}}{2} \times 4 = 2\sqrt{2}$

（ **ポイント 2Ⓑ-1** 参照。）

ここで $\triangle JEI$ で三平方の定理より、

$JI = \sqrt{JE^2 - EI^2} = \sqrt{6^2 - \left(2\sqrt{2}\right)^2} = \sqrt{36 - 8}$

$\quad = \sqrt{28} = 2\sqrt{7}$

立体 ABCD－EFGH

$= 立体 J-EFGH \times \left(1 - \dfrac{JA^3}{JE^3}\right)$

$= 正方形 EFGH \times JI \times \dfrac{1}{3} \times \left(1 - \dfrac{JA^3}{JE^3}\right)$

$= 4 \times 4 \times 2\sqrt{7} \times \dfrac{1}{3} \times \left(1 - \dfrac{1^3}{2^3}\right)$

$= \dfrac{32\sqrt{7}}{3} \times \dfrac{7}{8} = \dfrac{28\sqrt{7}}{3}$

答 $\dfrac{28\sqrt{7}}{3} \mathrm{cm}^3$

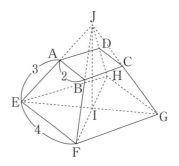

別解 四角すい JEFGH － 四角すい JABCD としてもよい。

ベスト解 107 高校入試問題にチャレンジ

問題

ベスト解 107B より、

正方形 LMJK ⊥ IN であることがわかる。

正方形 $LMJK \times IN \times \dfrac{1}{3}$

$= JL \times MK \times \dfrac{1}{2} \times IN \times \dfrac{1}{3}$

$= 10 \times 10 \times \dfrac{1}{2} \times 10 \times \dfrac{1}{3}$

$= \dfrac{500}{3}$

答 $\dfrac{500}{3} \mathrm{cm}^3$

ベスト解 108 高校入試問題にチャレンジ

問題1

ベスト解 108 より、立体 CPQ－GHF を $\triangle QGH$ で2つの立体に分割する。

立体 CPQ－GHF

$= 四角すい Q-CPHG ＋ 三角すい Q-HFG$

$= 四角形 PHGC \times GF \times \dfrac{1}{3}$

$\qquad\qquad\qquad + \triangle HFG \times QF \times \dfrac{1}{3}$

$= (PH + CG) \times HG \times \dfrac{1}{2} \times GF \times \dfrac{1}{3}$

$\qquad\qquad\qquad + GF \times GH \times \dfrac{1}{2} \times QF \times \dfrac{1}{3}$

$$= (3+4) \times 3 \times \frac{1}{2} \times 1 \times \frac{1}{3} + 1 \times 3 \times \frac{1}{2} \times 1 \times \frac{1}{3}$$

$$= \frac{7}{2} + \frac{1}{2} = 4$$

答 $4\,\mathrm{cm}^3$

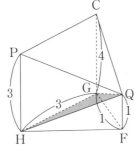

ベスト解 108

問題2

ベスト解108 より、△DBQで2つの立体に分割する。

立体BDPQR

$= $ 三角すい D－PQB ＋ 三角すい D－BQR

$= \triangle\mathrm{PQB} \times \mathrm{DA} \times \dfrac{1}{3} + \triangle\mathrm{BQR} \times \mathrm{DC} \times \dfrac{1}{3}$

$= \mathrm{BQ} \times \mathrm{AB} \times \dfrac{1}{2} \times \mathrm{DA} \times \dfrac{1}{3}$

$\qquad + \mathrm{BQ} \times \mathrm{CB} \times \dfrac{1}{2} \times \mathrm{DC} \times \dfrac{1}{3}$

$= 5 \times 4 \times \dfrac{1}{2} \times 4 \times \dfrac{1}{3}$

$\qquad + 5 \times 4 \times \dfrac{1}{2} \times 4 \times \dfrac{1}{3}$

$= \dfrac{40}{3} + \dfrac{40}{3} = \dfrac{80}{3}$

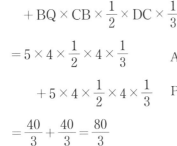
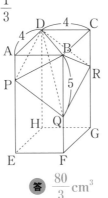

答 $\dfrac{80}{3}\,\mathrm{cm}^3$

ベスト解 109　高校入試問題にチャレンジ

問題

(1)　CD＝HI、CD∥HIである。

次の図のように、

$$\mathrm{DH} = (\mathrm{DE}-\mathrm{AB}) \times \frac{1}{2} = (5-3) \times \frac{1}{2} = 1$$

△ADHで三平方の定理より、

$$\mathrm{AH}^2 = \mathrm{AD}^2 - \mathrm{DH}^2 = 8^2 - 1^2 = 64 - 1 = 63$$

$(\mathrm{AH} = \mathrm{AI} = 3\sqrt{7})$

すると△AIHは二等辺三角形で、AからIH

へ垂線ALを下ろせば、

$$\mathrm{AL} = \sqrt{\mathrm{AH}^2 - \mathrm{LH}^2} = \sqrt{63 - 2^2} = \sqrt{59}$$

よって、$\triangle\mathrm{AHI} = \mathrm{HI} \times \mathrm{AL} \times \dfrac{1}{2}$

$$= 4 \times \sqrt{59} \times \frac{1}{2} = 2\sqrt{59}$$

答 $2\sqrt{59}\,\mathrm{cm}^2$

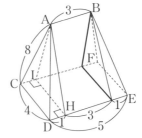
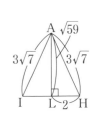

(2)　台形ADEBにおいて、AB∥JK∥DEで、AB＝3、DE＝5、AJ:JD＝2:6＝1:3だから、

ベスト解058 差の配分より、

$$\mathrm{JK} = \mathrm{AB} + (\mathrm{DE}-\mathrm{AB}) \times \frac{1}{4}$$

$$= 3 + 2 \times \frac{1}{4} = 3 + \frac{1}{2} = \frac{7}{2}$$

答 $\dfrac{7}{2}\,\mathrm{cm}$

(3)　JK∥CF∥DEなので、

ベスト解109 屋根型を利用する。

Jから面CDEFへ下ろした垂線をJMとする。このとき、

$$\mathrm{AL}:\mathrm{JM} = \mathrm{AD}:\mathrm{JD} = 8:6 = 4:3$$

$$\mathrm{JM} = \frac{3}{4}\mathrm{AL} = \frac{3}{4}\sqrt{59}$$

よって求める体積は、

$$\triangle\mathrm{JPQ} \times \frac{\mathrm{JK}+\mathrm{CF}+\mathrm{DE}}{3}$$

$$= \mathrm{PQ} \times \mathrm{JM} \times \frac{1}{2} \times \frac{\mathrm{JK}+\mathrm{CF}+\mathrm{DE}}{3}$$

$$= 4 \times \frac{3\sqrt{59}}{4} \times \frac{1}{2} \times \frac{\frac{7}{2}+5+5}{3}$$

$$= \frac{27\sqrt{59}}{4}$$

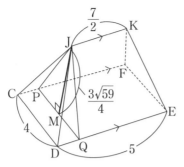

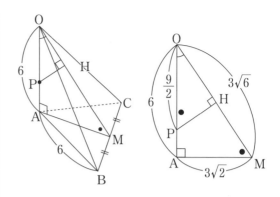

答 $\dfrac{27\sqrt{59}}{4}$ cm^3

ベスト解 110 高校入試問題にチャレンジ

問題

(1) **104 高校入試問題にチャレンジ** より、

$$\text{OP}=\dfrac{9}{2}、\ \text{AP}=\text{OA}-\text{OP}=6-\dfrac{9}{2}=\dfrac{3}{2}$$

答 $\dfrac{3}{2}$ cm

(2) 点Pから面OBCへ下ろした垂線の足をH
とすれば、その対称性より、BCの中点をM
として、Hは△OAM上にある。

そこで、$\text{AM}=\dfrac{1}{\sqrt{2}}\text{AB}=\dfrac{1}{\sqrt{2}}\times6=3\sqrt{2}$

△OAMで三平方の定理より、

$$\text{OM}=\sqrt{\text{OA}^2+\text{AM}^2}=\sqrt{6^2+\left(3\sqrt{2}\right)^2}$$
$$=\sqrt{36+18}=\sqrt{54}=3\sqrt{6}$$

△OAMと△OHPで、

∠OAM＝∠OHP、∠AOMは共通だから、

△OAM∽△OHP

OM：MA＝OP：PH

$$3\sqrt{6}:3\sqrt{2}=\dfrac{9}{2}:\text{PH}、\ \text{PH}=\dfrac{3\sqrt{3}}{2}$$

答 $\dfrac{3\sqrt{3}}{2}$ cm

ベスト解 111 高校入試問題にチャレンジ

問題

△CGBで三平方の定理より、

$$\text{CG}=\sqrt{\text{CB}^2+\text{BG}^2}=\sqrt{8^2+6^2}=\sqrt{64+36}=10$$

9秒後に点PはAから9cm進んでいるから、

AC＋CP＝9、4＋CP＝9、CP＝5

つまり、CGの中点にある。

ここで点Pを通りCFと平行な直線と、FE、
CBとの交点を図のようにH、Iとする。

△CGBの辺CGで点Pは中点だから、

ベスト解 068B 三角形の中点連結定理 より、Iも

CBの中点だから、$\text{IP}=\dfrac{1}{2}\text{BG}=\dfrac{1}{2}\times6=3$

よって、PH＝IH－IP＝9－3＝6

また、FH＝CI＝4で、△FDHは三角定規型

小なので、

$$\text{DH}=\sqrt{2}\text{FH}=4\sqrt{2}$$

最後に、**ベスト解 111** より、△PDHで三平方の
定理より、

$$\text{PD}=\sqrt{\text{DH}^2+\text{PH}^2}=\sqrt{\left(4\sqrt{2}\right)^2+6^2}$$
$$=\sqrt{32+36}=\sqrt{68}=2\sqrt{17}$$

答 $2\sqrt{17}$ cm

別解 **ベスト解 112A** より、

$$\text{PD}=\sqrt{\text{FH}^2+\text{FD}^2+\text{PH}^2}$$
$$=\sqrt{4^2+4^2+6^2}$$

と計算することもできる。

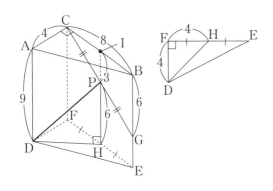

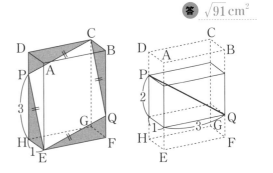

また、図より、

$$PQ = \sqrt{1^2 + 3^2 + 2^2} = \sqrt{1 + 9 + 4} = \sqrt{14}$$

$$☆ = \sqrt{26} \times \sqrt{14} \times \frac{1}{2} = \sqrt{91}$$

答 $\sqrt{91}\,\text{cm}^2$

ベスト解 112 高校入試問題にチャレンジ

問題1

四角形EICFはひし形だから、色をつけた三角形はすべて合同。

求める面積は次のように計算できる。

$$EC \times IF \times \frac{1}{2} \quad (★)$$

ECは1辺4の立方体の対角線だから、

ベスト解 112 より、

$$\sqrt{4^2 + 4^2 + 4^2} = \sqrt{16 + 16 + 16} = \sqrt{48} = 4\sqrt{3}$$

IFは、四角形IDGFはID = FGなどより長方形で、IF = DG

△DCGは三角定規型だから、

$$DG = \sqrt{2}\,CG = \sqrt{2} \times 4 = 4\sqrt{2}$$

$$★ = 4\sqrt{3} \times 4\sqrt{2} \times \frac{1}{2} = 8\sqrt{6}$$

答 $8\sqrt{6}\,\text{cm}^2$

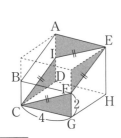

問題2

色をつけた三角形はすべて合同だから、求める四角形CPEQは、CP = PE = EQ = QCのひし形になっている。

$$CE \times PQ \times \frac{1}{2} \quad (☆)$$ と計算する。

ベスト解 112 より、

$$CE = \sqrt{1^2 + 3^2 + 4^2} = \sqrt{1 + 9 + 16} = \sqrt{26}$$

ベスト解 113 高校入試問題にチャレンジ

問題1

(1) FからDEへ垂線FMを引けば、求める体積は、$\triangle GDE \times FM \times \frac{1}{3}$ $(★)$

図で、$\triangle BDE \backsim \triangle GDI$

$BE : GI = BD : GD$

$8 : GI = 4 : 3$

$4GI = 8 \times 3$、$GI = 6$

また、△FEMは三角定規型だから、

$$FM = \frac{\sqrt{3}}{2} FE$$

$$= \frac{\sqrt{3}}{2} \times 6 = 3\sqrt{3}$$

$$★ = DE \times GI \times \frac{1}{2} \times FM \times \frac{1}{3}$$

$$= 6 \times 6 \times \frac{1}{2} \times 3\sqrt{3} \times \frac{1}{3}$$

$$= 18\sqrt{3}$$

答 $18\sqrt{3}\,\text{cm}^3$

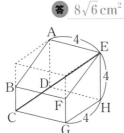

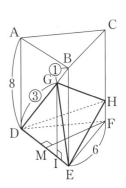

(2) 求める距離を h として、

 より、$\triangle DEH \times h \times \dfrac{1}{3} = 18\sqrt{3}$ （☆）

$\triangle DEH$ は、$HE = HD$ の二等辺三角形。

$HE^2 = HF^2 + EF^2 = \left(\sqrt{3}\right)^2 + 6^2 = 3 + 36 = 39$
$\qquad = HD^2$

$\triangle HME$ で三平方の定理より、

$HM = \sqrt{HE^2 - ME^2} = \sqrt{39 - 3^2} = \sqrt{30}$

☆ $= DE \times HM \times \dfrac{1}{2} \times h \times \dfrac{1}{3}$

$\qquad = 6 \times \sqrt{30} \times \dfrac{1}{2} \times h \times \dfrac{1}{3} = 18\sqrt{3}$

$h = \dfrac{9\sqrt{10}}{5}$

答 $\dfrac{9\sqrt{10}}{5}$ cm

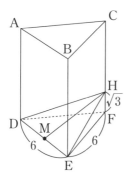

問題2

(1) より、$OP = \dfrac{9}{2}$、

$AP = OA - OP = 6 - \dfrac{9}{2} = \dfrac{3}{2}$

答 $\dfrac{3}{2}$ cm

(2) 求める距離を PH とすれば、ベスト解113 より、

$\triangle OBC \times PH \times \dfrac{1}{3} = $ 三角すい $O - PBC$（★）

$\triangle OAB$ は三角定規型㋑で、

$OB = \sqrt{2}OA = \sqrt{2} \times 6 = 6\sqrt{2} = BC = CO$

$\triangle OBC$ は正三角形だから、ベスト解073B よ

り、$\triangle OBC = \dfrac{\sqrt{3}}{4} \times 6\sqrt{2} \times 6\sqrt{2} = 18\sqrt{3}$

三角すい $O - PBC$

$\qquad = $ 三角すい $O - ABC \times \dfrac{OP}{OA}$

ここで、$OA : OP = 6 : \dfrac{9}{2} = 4 : 3$ だから、

$\qquad = 6 \times 6 \times \dfrac{1}{2} \times 6 \times \dfrac{1}{3} \times \dfrac{3}{4} = 27$

★ $= 18\sqrt{3} \times PH \times \dfrac{1}{3} = 27$、$PH = \dfrac{3\sqrt{3}}{2}$

答 $\dfrac{3\sqrt{3}}{2}$ cm

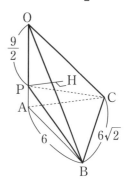

ベスト解 114 高校入試問題にチャレンジ

問題

(1) 求める立体の体積は、

$\triangle ABD \times CD \times \dfrac{1}{3}$（★）

$\triangle ABD$ は三角定規型㋑だから、

$AD = \sqrt{2} \times 3 = 3\sqrt{2}$

$\triangle CAD$ でも同様に、

$CD = \dfrac{\sqrt{2}}{2}AC = \dfrac{\sqrt{2}}{2} \times 6 = 3\sqrt{2}$

★ $= 3 \times 3 \times \dfrac{1}{2} \times 3\sqrt{2} \times \dfrac{1}{3} = \dfrac{9\sqrt{2}}{2}$

答 $\dfrac{9\sqrt{2}}{2}$ cm^3

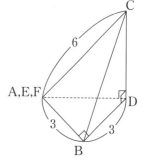

(2) $\triangle CBD$ で 三角形の中点連結

定理より、$NM = \dfrac{1}{2}CD$

また、△HAG と △NAM は、

AH：AN ＝ AG：AM、∠NAM が共通だから、△HAG ∽ △NAM

HG：NM ＝ AH：AN ＝ 2：3

よって、$HG = \dfrac{2}{3}NM$

以上より、

$HG = \dfrac{2}{3}NM$

$\quad = \dfrac{2}{3} \times \dfrac{1}{2}CD$

$\quad = \dfrac{1}{3}CD$

$\quad = \dfrac{1}{3} \times 3\sqrt{2} = \sqrt{2}$

答 $\sqrt{2}\,cm$

(3) 四面体 ABCD ＝ V とする。

ベスト解104 より、

三角すい B－AMN

$= $ 三角すい B　ADC $\times \dfrac{BN}{BC} \times \dfrac{BM}{BD}$

$= V \times \dfrac{BN}{BC} \times \dfrac{BM}{BD} = V \times \dfrac{1}{2} \times \dfrac{1}{2} = \dfrac{1}{4}V$

ベスト解105 より、

三角すい A－HIG

$= $ 三角すい A－NBM $\times \dfrac{2^3}{3^3}$

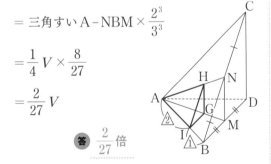

$= \dfrac{1}{4}V \times \dfrac{8}{27}$

$= \dfrac{2}{27}V$

答 $\dfrac{2}{27}$ 倍

ベスト解 115 高校入試問題にチャレンジ

問題1

ベスト解115 より、展開図にして直線で結ぶ。

△AEH で三平方の定理より、

$AH = \sqrt{AE^2 + EH^2} = \sqrt{3^2 + (4+2+4)^2}$

$\quad = \sqrt{9+100} = \sqrt{109}$

答 $\sqrt{109}\,cm$

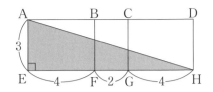

問題2

(1) $2^2 \times \pi \times 4\sqrt{2} \times \dfrac{1}{3} = \dfrac{16\sqrt{2}}{3}\pi$

答 $\dfrac{16\sqrt{2}}{3}\pi\,cm^3$

(2) 三平方の定理より、

$OA = \sqrt{2^2 + \left(4\sqrt{2}\right)^2} = \sqrt{4+32} = 6$

答 $6\,cm$

(3) 次の図の ──── 線部分の長さは $2^2\pi = 4\pi$

$\dfrac{4\pi}{6 \times 2 \times \pi} \times 360°$

$= \dfrac{1}{3} \times 360°$

$= 120°$

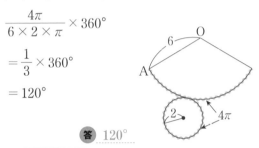

答 $120°$

(4) ベスト解115 より、展開図にして直線で結ぶ。

この円すいの側面を OB で開けば、A は $\overparen{BB'}$ の中点である。

求める面積は、

おうぎ形 OAB － △OCB（★）

ここで ∠AOB ＝ 60°、OB ＝ 6、OC ＝ 3 だから、△OCB は三角定規型 ⑦ であり、

$CB = \sqrt{3}OC = \sqrt{3} \times 3 = 3\sqrt{3}$

$★ = 6^2 \times \pi \times \dfrac{60°}{360°} - 3 \times 3\sqrt{3} \times \dfrac{1}{2}$

$= 6\pi - \dfrac{9\sqrt{3}}{2}$

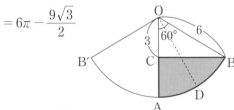

答 $6\pi - \dfrac{9\sqrt{3}}{2}\,(cm^2)$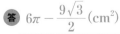

問題1

点CをABについて対称にとった点をC′とし、MをBC′の中点M′へ移して考える。

求める長さCP＋PMは、CとM′を結んだ線分CM′である。

正八面体の各面は正三角形だから、図で、∠M′BC＝120°

そこで、 ベスト解116A より、60°の直角三角形を補う。

$$CM' = \sqrt{M'H^2 + CH^2}$$
$$= \sqrt{M'H^2 + (CB + BH)^2}$$
$$= \sqrt{\left(\frac{5\sqrt{3}}{2}\right)^2 + \left(10 + \frac{5}{2}\right)^2}$$
$$= \sqrt{\left(\frac{5\sqrt{3}}{2}\right)^2 + \left(\frac{25}{2}\right)^2} = \sqrt{\frac{75}{4} + \frac{625}{4}}$$
$$= \sqrt{\frac{700}{4}} = \sqrt{175} = 5\sqrt{7}$$

答　$5\sqrt{7}$ cm

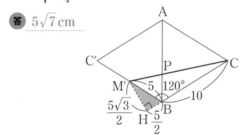

問題2

展開図で対称性より、BB′∥CD

ベスト解116B より、△ACD∽△BCH

AC：CD＝BC：CH

9：6＝6：CH、CH＝4

また、△ACD∽△AHIで、

AC：CD＝AH：HI

AC：CD＝(AC－HC)：HI

9：6＝5：HI、HI＝$\frac{10}{3}$

ここでBH＝IB′だから、

$$BH + HI + IB' = 6 + \frac{10}{3} + 6 = \frac{46}{3}$$

答　$\frac{46}{3}$ cm

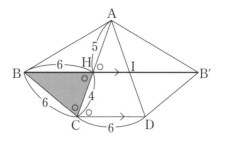

問題

△BFGは三角定規型⑪だから、

BG＝$\sqrt{2}$BF＝$\sqrt{2} \times 3 = 3\sqrt{2}$

△ABGにおいて∠ABG＝90°だから、三平方の定理より、

$$AG = \sqrt{AB^2 + BG^2} = \sqrt{3^2 + \left(3\sqrt{2}\right)^2} = \sqrt{9 + 18}$$
$$= \sqrt{27} = 3\sqrt{3}$$

そこで、図のように、B、IからAGへそれぞれ垂線BJ、IKを引く。

すると、求める立体の体積は、 ベスト解040B を利用して、

(BJを半径、AGを高さとする回転体)

　－(IKを半径、AGを高さとする回転体)（★）

である。

ここで、△ABG∽△AJB

BG：AG＝JB：AB

$3\sqrt{2} : 3\sqrt{3} = JB : 3$、JB＝$\sqrt{6}$

また、△GBJ∽△GIK

GB：GI＝BJ：IK

3：2＝$\sqrt{6}$：IK、IK＝$\frac{2\sqrt{6}}{3}$

$$★ = \left(\sqrt{6}\right)^2 \times \pi \times 3\sqrt{3} \times \frac{1}{3}$$
$$- \left(\frac{2\sqrt{6}}{3}\right)^2 \times \pi \times 3\sqrt{3} \times \frac{1}{3}$$
$$= \left\{\left(\sqrt{6}\right)^2 - \left(\frac{2\sqrt{6}}{3}\right)^2\right\} \times \pi \times 3\sqrt{3} \times \frac{1}{3}$$
$$= \left(6 - \frac{8}{3}\right) \times \pi \times \sqrt{3}$$
$$= \frac{10}{3} \times \pi \times \sqrt{3} = \frac{10\sqrt{3}}{3}\pi$$

答 $\dfrac{10\sqrt{3}}{3}\pi\,\mathrm{cm}^3$

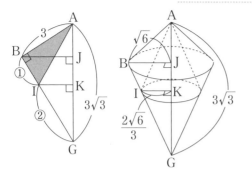

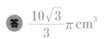

高校入試問題にチャレンジ

問題1

△ABCで三平方の定理より、

$$AC=\sqrt{AB^2-BC^2}=\sqrt{9^2-3^2}=\sqrt{81-9}$$
$$=\sqrt{72}=6\sqrt{2}$$

ここで球の中心をOとすれば、求める球の半径はOCである。

ベスト解118 より、

ベスト解080 角の二等分線定理を利用すれば、

$$OC:OA=BC:BA=3:9=1:3$$

$$OC=\dfrac{1}{4}CA=\dfrac{1}{4}\times6\sqrt{2}=\dfrac{3\sqrt{2}}{2}=r$$

また、あふれた水は球Oの体積と等しいから、

ベスト解117 より、

$$\dfrac{4}{3}\pi\times\left(\dfrac{3\sqrt{2}}{2}\right)\times\left(\dfrac{3\sqrt{2}}{2}\right)\times\left(\dfrac{3\sqrt{2}}{2}\right)=9\sqrt{2}\pi$$

答 $\dfrac{3\sqrt{2}}{2}\,\mathrm{cm}$、$9\sqrt{2}\pi\,\mathrm{cm}^3$

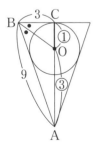

問題2

辺BC、DEの中点をそれぞれM、Nとする。

ベスト解118 より、求める球は、四角形AMFN の内接球である。

ここで、

$$AM=\dfrac{\sqrt{3}}{2}AB=\dfrac{\sqrt{3}}{2}\times6=3\sqrt{3}$$

$$AF=\sqrt{2}\,AB=\sqrt{2}\times6=6\sqrt{2}$$

（ ポイント2ⓒ 参照。）

さて、球の中心をOとすれば、対称性よりそれはAF、BD、CEの交点にあるから、OはMNの中点である。そこで、半径をOHとすると、△AMO∽△OMH

$$AM:AO=OM:OH$$

$$3\sqrt{3}:6\sqrt{2}\times\dfrac{1}{2}=6\times\dfrac{1}{2}:OH$$

$$OH=\sqrt{6}$$

求める球の体積は、

ベスト解117 より、

$$\dfrac{4}{3}\pi\times\sqrt{6}\times\sqrt{6}\times\sqrt{6}=8\sqrt{6}\pi$$

答 $8\sqrt{6}\pi\,\mathrm{cm}^3$

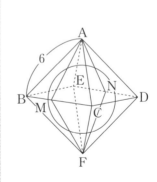

問題

(1)　$\overparen{AB}$ から、$\angle AOB = 2\angle ACB = 90°$

答　$90°$

(2)　△ABHは三角定規型⊛だから、

$$AH = \frac{\sqrt{3}}{2}AB = \frac{\sqrt{3}}{2} \times 2 = \sqrt{3}$$

答　$\sqrt{3}$ cm

(3)(ア)　そこで、仮定より、

　　　△AEB＝△DECだから、

　　　△AEB＋△EBC＝△DEC＋△EBC

　　　△ABC＝△DCB

　　　よって、AD∥BC

　　　△ABH≡△CIDだから、

　　　四角形ABCD＝四角形AHCI

　　　△AHCは三角定規型⊛だから、

　　　HC＝AH＝$\sqrt{3}$

　　　よって、$\sqrt{3} \times \sqrt{3} = 3$

答　$3cm^2$

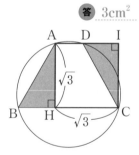

（イ）　四角すいP-ABCDの高さをhとして体積を比較すれば、

$$3 \times h \times \frac{1}{3} : \frac{4}{3}\pi \times \sqrt{2} \times \sqrt{2} \times \sqrt{2}$$

$$= h : \frac{8\sqrt{2}}{3}\pi = 1 : 4\pi$$

$$h = \frac{2\sqrt{2}}{3}$$

円Pの半径をrとして、図の色のついた図形で三平方の定理より、

$$r = \sqrt{(\sqrt{2})^2 - h^2}$$

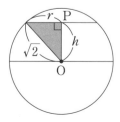

$$= \sqrt{(\sqrt{2})^2 - \left(\frac{2\sqrt{2}}{3}\right)^2}$$

$$= \sqrt{2 - \frac{8}{9}} = \sqrt{\frac{10}{9}} = \frac{\sqrt{10}}{3}$$

答　$\frac{\sqrt{10}}{3}$ cm

問題

光源をOとし、そこから方眼紙に下ろす垂線をOPとする。このとき、**図4**や**図5**のように、

PG：GC′：PC′＝1：1：2

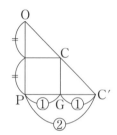

(1)(ア)　PH：PD′＝1：2だからイ

答　イ

（イ）　PH：PD′＝PE：PA′＝1：2

　　　だから、D′A′：HE＝2：1だから2

答　2cm

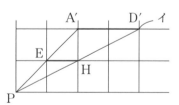

(2)　ここで $[a, b]$ のときの影の面積を求める。

四角形PC′D′A′

$$= 2a \times 2b - 2a \times (2b-2) \times \frac{1}{2} - 2b \times (2a-2)$$

$$\times \frac{1}{2} = 4ab - (2ab - 2a) - (2ab - 2b)$$

$$= 2a + 2b$$

ここで、四角形PGHEと四角形PC′D′A′の相似比は1：2だから、

面積比は$1^2 : 2^2 = 1 : 4$

影の部分 $=$ 四角形 $\mathrm{PC'D'A'} \times \dfrac{3}{4}$

$\quad = (2a + 2b) \times \dfrac{3}{4} = \dfrac{3a + 3b}{2}$ （★）

（ i ） ★で $b = 1$ だから、$\dfrac{3a + 3}{2}$

答 $\dfrac{3a + 3}{2}$

（ ii ） ★で $a = 1$ だから、$\dfrac{3b + 3}{2}$

答 $\dfrac{3b + 3}{2}$

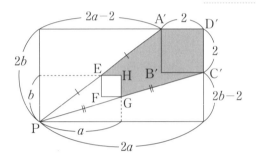